Creation of
Intelligent Operation Equipment
for Greenhouse

图解
温室智能作业装备创制

马伟　王秀　／　著

U0212865

中国农业出版社
北　京

图书在版编目（CIP）数据

图解温室智能作业装备创制 / 马伟，王秀著. —— 北京 ：中国农业出版社，2020.9

ISBN 978-7-109-24826-7

Ⅰ. ①图… Ⅱ. ①马… ②王… Ⅲ. ①温室－设备－智能控制－图解 Ⅳ. ①S625.3-64

中国版本图书馆CIP数据核字(2018)第246074号

TUJIE WENSHI ZHINENG ZUOYE ZHUANGBEI CHUANGZHI
图解温室智能作业装备创制

中国农业出版社出版

地址：北京市朝阳区麦子店街18号楼
邮编：100125
责任编辑：周锦玉
责任校对：赵硕
印刷：中农印务有限公司
版次：2020年9月第1版
印次：2020年9月北京第1次印刷
发行：新华书店北京发行所
开本：787mm×1092mm 1/16
印张：20.5
字数：510千字
定价：148.00元

版权所有·侵权必究
凡购买本社图书，如有印装质量问题，我社负责调换。
服务电话：010－59195115 010－59194918

前 言

 Preface

　　农业生产中的作业装备是人们利用机械技术作为手段，为了将人从某一特定繁重劳作中解放出来的一种手段和方法。农业装备发明的核心是提高作物栽培管理过程中的效率和精度，降低劳动强度。相对传统农田的自然环境，温室是一种人工干预创造的农业生产环境，目的是排除自然节气对农作物生长的限制，实现周年无间歇反季节农业生产。温室作为一种农业生产最重要的创新发明之一，彻底解决了现代化城市居民冬季享用新鲜蔬菜的难题，并有效促进了农民增收。

　　为了满足温室空间狭小以及作物密植的条件，一些结构更加紧凑和小巧的作业机械被设计出来为温室生产服务。20世纪90年代以来，以微耕机为代表的耕地机械得到普及。进入21世纪，国际上主流的作业装备开始朝更高效、更省力、更易操作的方向发展，信息技术和传感技术被引入对传统的机械进行改造和升级。技术的升级换代在施肥、施药、播种、消毒及环境参数控制等多个生产环节百花齐放，成为各国研究的热点。

　　我国温室种植起源于宋代，温室作业小工具的创新和实践也走在国际前列。但随着种植合作社和种植大户的出现、农业生产规模经营的发展，配套的装备研发进度开始脱节，导致面向现代规模化生产的成套温室作业装备后续乏力，迫切需要专门从事智能农业装备研究的科研院所结合自身优势瞄准郊区温室生产的实际需求，开发系列化、工具化和智能化的作业装备填补这一空白。为了解决这一生产问题，作者多年来一直奔波于北京郊区及周边省份的多个生产企业和生产基地、园区，针对实际生产中的共性问题开展需求调研，并查阅了大量外文资料，在此基础上设计了一系列针对性极强的"系统"。这些"系统"借鉴了国外的技术优势，又充分考虑我国国情，在控制方法以及硬件电路上消化吸收前人的研究成果并进行创新。这些"系统"的关键性能参数接近或优于国外同类产品，且具备自主知识产权，操作更加简便化，更加易学易用。这些实用的装备技术通过全国设施大会等方式对广大种植户进行技术培训，并利用《农业工程技术·温室园艺》作为平台进行宣介。从2009年开始，《农业工程技术·温室园艺》开设了"温室智能装备系列"专栏，特邀作者为专栏撰稿，截至2018年4月，栏目已连续刊载了105期，受到了广大读者的广泛赞扬和热情鼓励。

为了能将十年来与生产紧密结合的研究和实践成果整体呈现出来，在《农业工程技术·温室园艺》编辑部和中国农业出版社的大力支持下，作者将《农业工程技术·温室园艺》"温室智能装备系列"专栏截至2018年5月的文章进行阶段性总结和梳理后汇集成书，一方面是为了能更加系统和完整地推广和普及这些知识和技术；另一方面也是在目前"互联网共享经济"和"我爱发明"等社会经济背景下，为全民发明创新提供可借鉴的经验和方法。

本书共收录73篇文章。每篇文章都是针对某一个或多个生产基地的实际生产问题，围绕一个单项技术装备展开的设计及试验，文章相互之间会有一些共性的技术重叠，各作业环节之间的技术协作也不是很紧密，初读本书的读者可能感觉技术要点有些摸不着头绪。因此，作者在梳理和汇总的过程中尽量将相近的装备或者间隔多年后再次改进的装备文章就近排列，并按照所属的作业环节将全部文章分为植保、施肥、土壤消毒、精量播种、测控及管理装备五大部分。

书中的每篇文章篇幅不长，高度凝练，图文并茂，语言通俗，非常适合广大读者带着生产环节遇到的问题进行阅读和学习。文章中的每项装备技术都在北京郊区或周边省份的温室进行安装和应用，这些成功应用的范例在文中有所介绍，可供借鉴和参观。部分装备的半成品以及测试的试验台存放在小汤山国家精准农业基地，可供参观考察。

本书是一本实用性很强的资料手册，可供从事温室装备生产的专业科技人员和温室种植的管理人员阅读和参考，也可供广大农业技术推广站、农业机械公司的技术人员及管理人员学习和借鉴，还可供大专院校的教师和学生学习和参考。

由于作者水平有限，一些电路设计和控制算法可能不够精简。文章撰写过程中作者所在科研团队的范鹏飞、邹伟、冯青春及众多研究生提供了很多设计资料和成果，作者对这些材料也可能存有理解上的偏颇。另外，在实践过程中应结合当地条件、温室结构特点及作物种类选用装备，去粗存精，据地选器，有针对性地借鉴和吸收，做到吸收利用再创新。也恳请广大读者对本书的技术和观点提出批评和指正。

马 伟

2018年4月15日

于美国密西西比州斯通威尔

Contents

目 录

第二篇　精准施肥技术与装备 · 103

第一篇
变量施药技术与装备

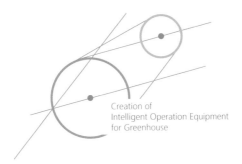

Creation of
Intelligent Operation Equipment
for Greenhouse

高效施药技术在设施生产中的研究与应用

高效施药技术，即根据我国国情及设施生产中杀菌和病虫害防治的要求，结合目前国内外现有科学技术成果，应用光机电一体化、自动化控制等技术，在施药过程中按照实际需求做到"定量、定点、定时"喷洒农药，保证喷洒的药液雾滴最大限度地附着在作物叶面而发挥药效，减少脱靶雾滴在地面的残留和空气中的悬浮量，同时尽可能少地增加温室湿度。

一、设施生产施药过程中面临的问题

设施生产中因棚室内长期密闭、高温高湿等因素而容易滋生病虫害，常见有白粉虱病、蚜虫病、霜霉病、病毒病等。为保证蔬菜高产，农民盲目加大用药量，甚至使用国家禁用的高毒、高残留的治病药物及杀虫剂，不仅导致土壤和蔬菜农药残留加重，而且危及人类身体健康。李铮等人（2006）的调查数据显示，日光温室每季喷农药（主要有芽虱净、阿威菌素等）10次以上，平均每公顷用量在900个包装单位，比露地蔬菜高1~2倍，蔬菜农药残留超标率达10%。栽培6年以上的日光温室病虫害已特别严重，蔬菜生长不良甚至烂根、叶片焦枯、果实畸形、品质下降。据测定，黄瓜、西红柿中$NO_3^- $-N分别为3 200、1 600mg/kg，西芹、油菜中$NO_3^- $-N分别为6 050、2 550mg/kg，与无公害蔬菜质量控制标准比较，茄果类超标

3～5倍，叶菜类超标2～5倍。郭克君、满大为等（2008）的研究指出，我国农药利用率很低，一般为20%左右。因此，减少农药用量、提高农药使用效率、降低温室湿度、提高温室作物品质是迫切需要解决的问题。研制出新型高效施药喷雾机对提高农药使用效率，提升温室的生产能力有重大意义。

二、背景和现状

目前世界上化学农药使用技术及其施药器械的研究面临两大课题：①如何提高农药的使用效率和有效利用率；②如何避免或减轻农药对非靶标生物的影响和对环境的污染。目前，新型农药开发、农药喷洒技术、喷洒器械正朝着精准、低量、高浓度、对靶性方向发展。近年来，世界各国都加强了农药喷洒技术的研究。这些技术是通过综合集成电子信息、农业工程、农业生物等多种科技成果，直接为农业生产服务的综合性技术。它综合运用现代农业科技成果、现代农业生产手段和现代农业经营管理方式，充分体现经营规模适度、科技含量较高、生产手段先进和管理水平较高的特点，实现以最小的农药剂量，均匀地喷洒于靶标，科学、经济、高效地利用农药，以达到最佳的防治效果，使得喷洒技术和喷洒质量朝着规范化、标准化方向发展。目前欧洲一些发达国家已经通过立法的手段，严格限制化学农药的使用数量，过量使用化学农药将受到环保执法部门的严厉处罚。因此，农药生产厂家和农场主为了在温室农业生产过程中严格执行这一标准，必须采用先进的农药喷洒技术，减少采用落后喷洒技术导致农药滴落和农药残留造成的污染。

为了提高农药使用效率，在20世纪40年代，法国的Hampe首次利用静电进行农药喷撒试验。60年代，美国的一些公司开始尝试用EHD发电式静电喷撒机进行农药药粉的喷撒试验，这种喷撒机是通过粉体自身的摩擦运动产生高电压，利用这种电压进行静电喷撒。80年代末，美国佐治亚大学的专家们首先将静电喷雾技术应用于液体药的喷撒，成功研制了静电喷雾系统(ESS)和气助式静电喷雾系统(AA-ESS)。日本也做过一些研究工作，但至今未见成熟产品问世。本研究采用先进信息技术，突破高效施药关键技术及装备，形成了系列化、多层次、多角度的信息化农业装备。本文按照装备作业操作难易程度，对自主研发的高效施药应用案例进行总结。

三、单人操作——背负便携式电动防滴喷雾机

背负便携式电动防滴喷雾机（图1）是针对温室管理劳动强度大、效率低等缺点开发的，适合北京郊区绿色无污染蔬菜生产的一种植保设备。该设备有以下优点：优化了喷头的高效雾化，解

决了喷头滴漏造成的温室环境污染问题,有效地节省了60%以上的农药用量。电动部分维护简单,具备良好的防水绝缘能力,使用安全可靠,提高工作效率2倍以上。喷药泵集成了压力自动控制技术,能根据工作中压力系统的压力变化自动加压,保持稳定的压力。工作中采用间歇方式,可以通过喷枪手柄开关实现灵活的间歇工作。设备本身的质量为6kg,装满药液为22kg。蓄电池容量参数12V 8A·h。

四、两人操作——温室精准施肥喷药一体机

温室精准施肥喷药一体机(图2)能够解决设施作物生产过程中化学肥料和化学农药过量使用的问题,通过科学合理使用化学肥料和化学农药,减少过量使用化肥和化学农药对环境造成的污染。其工作原理是利用加压滴灌系统水流的压力差驱动注肥泵工作,通过系统工作完成向整个滴灌系统的注肥作业;化学农药喷洒作业则是首先利用加压泵对喷洒化学农药进行加压处理,产生设施作物植物保护所需的高压水流;系统利用安装在机架上的塑料罐容器作为注肥系统的盛肥罐,该罐在化学农药喷洒时作为系统的盛药罐;安装在系统上的电子控制系统实现注肥系统和化学农药喷洒系统不同功能的相互转换。

这种将注肥系统和农药喷洒系统安装在一起的移动式注肥和施药的组合式系统能有效提高装备的利用效率。该系统主要包括机械结构、管路系统和系统电子控制三大部分。机械结构包括推手、机架和地轮三部分,机架的上部固定有推手、塑料桶和离心多级加压泵;机架的下部固定有万向轮和单向轮。

图1 背负便携式电动防滴喷雾机

图2 温室精准施肥喷药一体机

主要性能指标：蓄电池容量参数12V 10A·h；充电器规格220V 50Hz输入，12V 1A输出；肥箱容积75L。

五、超省药复杂系统——静电风送式喷雾机

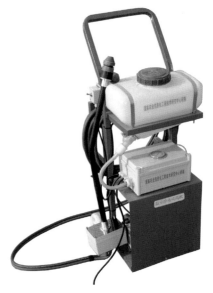

图3 静电风送式喷雾机

静电喷药技术是一种最新的高效施药技术。松尾昌树、内野敏刚等（1987）提出，使雾滴带点的方法有高压诱导带点和电晕带点。TURNBULLRJ.O（1992）研究发现雾滴所带电荷为负电荷，而植物表面电荷为正电荷（吸引力很强，为地球引力的40倍）。北京农业信息技术研究中心研制的静电风送式喷雾机（图3）利用空气压缩机产生压缩空气，压缩空气和药液同时从喷头后面进入喷枪，压缩空气高速通过喷头，在喷头处形成混合体，雾滴直径为30～50μm。施药时通过喷头顶端高压静电发生装置使雾滴携带负电，利用同性电荷排斥、异性电荷相吸的物理特性，雾滴负电荷受到植株叶面携带的正电荷吸引力而吸附在植株叶子的正面和背面，而带负电荷雾滴本身相互排除使雾滴均匀分布。在与风送技术的有机结合后，静电喷药技术克服了单一静电喷雾雾滴穿透力差的问题，从而使药液雾滴在叶片表面的沉积量显著增加，可将农药有效利用率提高到90%。

静电喷雾机与常规喷雾机相比有以下优点：叶面覆盖率提高4倍；隐蔽部位覆盖率提高6倍；土壤上沉积减少到1/5；每667m²仅需3～6L药液。主要性能指标：外观尺寸0.5m×0.4m×1.1m；工作电压220V；药箱容量3L；药管10m高压管。

六、结束语

高效施药技术在设施生产中的应用范围十分广阔，市场需求很大。随着人们对反季节蔬菜需求不断增大，对蔬菜安全的重视程度不断提高，高效施药器械将成为我国设施生产喷药器械的主导方向，其发展前景十分广阔，产业化潜力巨大。

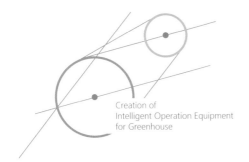

Creation of
Intelligent Operation Equipment
for Greenhouse

温室精准施肥高效施药一体化系统在设施生产中的研究与应用

近年来，设施生产中的安全和卫生质量问题已经成为各级政府工作重点、社会关注焦点和群众反映热点。随着设施生产的规模不断扩大，层次不断提高，温室落后的施肥、施药技术成为我国设施农业生产发展进入新阶段后面临的主要问题之一。我国加入世界贸易组织（WTO）以来，在面对国外严格绿色壁垒的新形势下，温室所生产农产品的质量问题显得尤为突出。因此，重视和加强温室安全化生产，有效控制温室生产化学生产资料的过量投入，切实加强安全生产管理和指导，事关农业增效、农产品的品质和食用安全、蔬菜产品的市场竞争力和蔬菜产业的可持续发展，是我国设施农业生产地的一项重要工作。

设施农业生产改变了传统生产的发展和经营模式。目前多数设施农业生产区为了降低设施内的湿度，在生产中将传统的大水漫灌转变成滴灌的灌溉方式，这样既减少了水资源的巨大浪费，同时也减少了设施内病虫害的发生规模。但采取滴灌技术后，化学肥料如何合理地施入土壤中，设施作物发生病害后如何科学合理地防治是面临的一个新问题。随着近年来全国各地设施农业的发展，设施种植管理人员普遍认识到科学施肥的重要性，重视和加强温室作物的植保工作，实施病虫无害化治理防治，设施环境中有害生物危害已经得到有效控制。另外，在设施生产中可以通过强化培训有关农药、肥料的科学使用技术，病虫害的物理防治、生态控制、生物防治技术，精准科学使用肥料和农药技术等，提升我国设施生产农产品的国际竞争力。

国外已有的设施农业施肥机械较普遍应用的是以色列生产的温室施肥

注肥系统。该注肥系统可以实现多种肥料的同时注入，但这种注肥系统的最大不足是设备的购买及维修保养成本高，并且该注肥系统适合大面积连栋温室使用，使用时要求使用纯净水，不适合在我国大面积应用。

我国目前设施生产施肥通常是采取人工方法将肥料撒在土壤的表面。目前也有一些温室基地在灌溉管路中安装注肥器，实现灌溉的同时将肥料注入灌溉管路中，但这种方法的最大不足是每个温室都必须安装一个注肥器，这样会增加温室生产成本，在实际生产中大面积推广很困难。另外，目前设施生产中如果有病虫害发生时，化学农药喷洒仍然采用传统的背负式喷药机作业，由于喷药机的压力不稳定、雾化差，造成化学农药喷施效果较差，农药使用效率低、浪费严重，并且导致设施作物以及土壤中有较多的化学农药残留，影响设施生产作物的品质和销售。为解决以上问题，本节介绍一种笔者开发的能在设施温室生产中使用的施肥施药一体化系统，通过在多个温室之间移动，根据需要采取电子控制方式切换施肥、施药功能，能够满足目前设施生产中面临的科学施肥、高效施药的需要，是适合我国温室生产应用的温室专用智能设备。

一、原理

温室精准施肥高效施药一体化系统（本节简称施肥施药一体化系统）主要用于解决设施作物生产过程中化学肥料和化学农药过量使用的问题，减少过量使用化肥和农药对环境造成的污染。其工作原理是利用加压滴灌系统水流的压力差驱动注肥泵进行作业，完成向滴灌系统的注肥作业；利用加压泵对需要喷洒的化学农药加压，通过喷头对温室作物进行喷药作业。安装在机架上的塑料罐容器既作为注肥系统的肥筒，又在化学农药喷洒时作为系统的药筒，通过安装在系统上的电子控制系统实现系统的注肥和化学农药喷洒系统不同功能的相互转换。该智能装备的电子控制系统原理见图1。

这种将注肥系统和化学农药喷洒系统安装在一起的组合式系统，目前在国内外未见报道。本研究研制的系统主要包括三大部分：①机械结构部分；②管路系统部分；③系统电子控制部分。

施肥施药一体化系统（图2）是由喷药系统和注肥系统组成的复合系统，主要应用于设施农业的精准施肥和植物病虫害的防治，通过压力模块为注肥和农药喷洒系统提供系统各自所需的压力。施肥施药一体化系统作为注肥系统使用时，控制系统可以设定准确的注肥量，溶液筒的液位达到最低液位时系统提供报警并且切断系统电源，停止系统注肥作业。喷药系统则可对喷洒农药进行加压处理，并通过压力自动调节模块和专用的喷雾喷枪实现化学农药的高效喷洒。系统可以在不同的温室之间移动，供不同的温室实现精准注肥和农药高效喷洒，可以提高肥料利用效率10%～15%，节约化学农药20%～30%，减少设施农业过量使用肥料和农药造成的环境污染。该机目前已经获得国家专利。

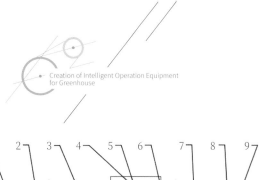

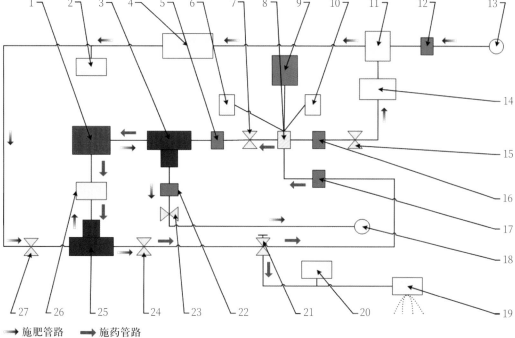

图1 施肥施药一体化系统管路系统部分和电子控制系统原理示意图

1. 水泵 2. 压力表 3. 三通 4. 过滤器 5. 单向阀 6. 电磁阀 7. 电磁阀 8. 六通 9. 肥/药筒 10. 放水节门 11. 注肥泵
12. 单向阀 13. 入口快接 14. 过滤器 15. 电磁阀 16. 单向阀 17. 单向阀 18. 出口快接 19. 喷头 20. 压力表
21. 调压阀 22. 单向阀 23. 电磁阀 24. 电磁阀 25. 三通 26. 过滤器 27. 电磁阀

图2 施肥施药一体化系统

二、性能指标

本设备采用12V充电蓄电池驱动直流电机离心水泵（图1）和直流电磁阀（图1中23、24、27），通过编程控制器调节施肥量和施药量，实现精准变量施肥和施药的功能。主要性能指标：蓄电池容量参数12V 100A·h，流量6L/min，喷雾压力0.8MPa，充电器规格220V 50Hz输入、12V 1A输出，快速充电模式充满蓄电池时间3h，肥箱容积75L，过滤器类型是针对可溶性药剂。

三、系统搭建及特色

1. 操作面板醒目明了

该系统操作面板（图3）的用户界面设计简单实用，功能分区明显，左上方是程序输入区，在设备开始作业时用于编写自动工作的控制程序；操作键盘有7个按钮，可以根据需要编写控制程序；下方的2个发光二极管用来指示设备的工作状态。右上方是手动操作区，用3个功能按钮来灵活控制设备的工作状态；施肥和施药分别使用2个不同的外接保险，可以保证一路损坏后另一路还能正常工作；外置旋钮保险便于更换保险管；面板安装了红色醒目急停开关，以方便紧急情况下设备迅速断电；三位功能总开关能控制电路在施肥和施药两个功能之间灵活切换；模式拨打开关能进行手动模式和自动模式的选择，手动模式下不用程序控制也能使设备正常工作。左下方是简明操作须知，设备的养护和使用注意事项用4句通俗的口诀总结出来。

2. 喷雾喷枪高效实用

喷雾喷枪（图4）结实耐用，扣动把手能灵活调整喷雾锥角和喷射距离；采用可以旋转的快速接头和高压管连接，操作灵活方便；安装防滴装置，在开关间隙能有效防止喷嘴雾滴滴漏，减少药液浪费；可以喷洒杀虫剂、杀菌剂，也可给叶茎类作物喷施叶面肥。

3. 喷雾压力模块化，易于维护保养

喷雾压力模块（图5）选用电流为10A的高效静音直流蠕动泵提供喷雾压力，泵的出液口采用螺纹密封活动接头，方便维护。该蠕动泵为静音水泵，工作时噪声较小，长时间工作时散热良好。喷雾压力模块可以自动调整压力，将其恒定在0.7MPa，当喷雾开始时自动加压，喷雾暂停时停止加压，并安装有压力表和充电蓄电池电压表，以便随时监测压力模块的工作状态。

4. 绕管器灵活调整，药管伸缩自如

绕管器（图6）安装在设备的前端，把手可缩回，喷雾作业时可以两人配合，灵活收放药管。该绕管器既能提高工作效率，又能避免高压药的管在喷药作业时由于未绕管而在地面上反复摩擦以致损坏药管保护层，防止温室作业时高压药管因为在地面长期摩擦引发高压管胀裂的危

图3 操作面板

图4 喷雾喷枪

图5 喷雾压力模块

图6 绕管器

险。绕管器选用铝合金材料，轻便结实，也可灵活拆卸，里外全部有防锈漆，可以适应温室湿热环境工作。

四、田间应用

施肥施药一体化系统喷药作业时必须穿专门的防护服，带防护口罩（图7）。喷雾的雾滴直径、喷射距离和喷头锥角可通过喷枪的自动开关调节。喷射距离为0.5～3.5m，基本能满足种植各种不同高度作物的植保要求。喷药系统的喷雾压力可以手动调节，分为高、中、低3个压力档，通过拨打开关调节。持续工作时间达5h（高压力档），可以在喷药模式下推动施肥施药一体化系

图7 专用防护服

统进行移动作业。施肥施药一体化系统的外轮廓宽度为0.5m，能够灵活在温室内道路推动。

施肥作业配合滴灌管道，在灌溉的同时将肥料按照设定的浓度加入灌溉管路中，在每个温室中都安装了不同接头形式的快速接头，接头只能和施肥施药一体化系统上唯一的管路连接，将施肥施药一体化系统开关切换到施肥模式，插上快速接头，打开水管阀门后，施肥施药一体化系统根据预先设定的程序自动控制电磁阀开闭，按照设定的浓度恒定地向滴灌管路中注入肥料。

本设备试验是在北京小汤山国家精准农业示范基地的设施温室中进行，喷洒的杀菌药剂为全面广谱高效杀菌药纯品多菌灵单剂（80%WP），浓度为1 500倍，目标作物为番茄，使用施肥喷药一体化系统配备的专用喷枪均匀喷洒。经过试验测试证明，本设备能够全面控制菌核病、霜霉病、白粉病，杀菌药剂的使用量与手动喷雾器比较减少一半用量。本设备示范推广是在北京大兴区长子营蔬菜育苗基地设施温室中进行。目标作物黄瓜的示范应用喷剂为农用硫酸链霉素（72%），稀释浓度为3 500倍，本设备喷雾效果良好，使用后能有效防止黄瓜细菌性角斑病的发生。

我国目前植保作业人员素质参差不齐，急需国家设立专门的机构对植保从业人员进行培训和考核。针对我国目前大部分温室种植人员农业机械操作技术水平较低的现状，施肥施药一体化系统专门设计了手动工作模式，一般人员经过简单培训即可操作设备；另外，将施肥施药两种功能集于一机，能减少温室智能农机的购买使用成本和维护保养成本，适合在我国大面积推广应用。另外，在欧美等发达国家，温室农机及农机操作员的"专业化、法律化、年检化"早在20世纪40年代已开始实施，因此随着我国经济社会的发展，有关设施生产农机的法律制度一定会不断完善，针对设施生产研究开发的智能农机一定会得到大面积应用。

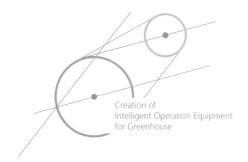

Creation of
Intelligent Operation Equipment
for Greenhouse

温室静电农药喷洒机在设施园艺生产中的研究与应用

设施农业由于其符合现代农业发展的要求，目前得到越来越多的关注。温室生产由于其反季节、高附加值、高投入、高产出的特点而得到更多的关注。温室高效生产是发展现代农业面临的一个重大课题。温室高效生产面临的首要问题就是在温室湿、热、闷的作业环境下如何进行高效施药，既满足控制病虫害的要求，又不会因为喷药而增加温室的湿度和温室发生病虫害的概率。使用高效智能温室喷药设备是解决这一问题的有效途径。

西方发达国家在智能喷药技术方面起步较早。20世纪40年代，法国Hampe首次将静电技术引入喷药领域；60年代，美国开始采用EHD发电式静电喷撒机实现粉剂农药精准高效喷粉作业；80年代，美国佐治亚大学开发出静电喷药（ESS）系统，这是静电技术在施药领域的重大突破。

由于该技术涉及诸多科学领域，我国对该项技术在农业施药上的应用起步较晚，国家农业信息化工程技术研究中心经过技术攻关，开发出一种温室静电农药喷洒机（本节简称静电喷药机）。这种静电喷药机安装有2个脚轮，有把手可用于推动，适合于不同温室间的灵活移动，可以做到一机多温室用、多人用、多种农药用；使用方便，采用多层绝缘技术，安全可靠；机器宽0.5m、高1.1m，可以灵活地在温室内部的小道推动，搬运方便；各种控制器都内嵌到机身里，外部安装有外罩，美观安全；控制单元密封在控制箱内，绝缘、防水、防潮；作业操作简单，易于维护，适合我国温室大面积推广应用。

一、静电喷药机原理

药液首先经过初级过滤器过滤后，再通过压力单元（图1）进行加压，加压后的药液经过计量孔计量后，通过喷枪（图1）实现雾化。农药在雾化过程中经过高压脉冲电极使雾滴带电，并在气流的作用下二次雾化，雾化后的高速气流将带电的雾滴送到待喷洒的靶标植株上。静电喷药机采用220V交流电源作为工作电源，电源经过控制箱调配后向系统各部分单独供电，控制箱内有电源适配器、压力单元、发光二极管及其他电子控制元件。电源首先通过电源适配器产生12V直流电压，该直流电压为液泵和中间继电器供电。液泵供电后将喷洒药液从液箱内经过管路泵出，形成高压液流，供给喷枪。控制盒上安装有压力显示表，可以实时显示液泵所供液体的压力。液泵有自动卸压和手动调节压力两种方式进行调节。

静电喷药机设计有大液箱和小液箱2个液箱。将混合好的药液经过沉淀后倒入大液箱，经过过滤后由压力单元抽取药液经过系统二次过滤加压后通过喷枪喷洒到目标植株的表面，该液箱的容积是3L。小液箱盛有纯净水，主要用途是在喷药工作完成后清洗管路和喷头，用来维护静电喷药机的压力单元、喷枪及电极，延长设备的使用寿命。机器安装的静音空气压缩机是通过中间继电器控制的，中间继电器的工作电压是直流12V，以保证设备的控制精度和安全可靠性。当电源接通，闭合启动开关后，继电器线圈吸合，空气压缩机开始工作，产生高压气流，通过管路供给喷枪，使带电药液二次雾化。喷枪内设计有高压静电发生模块，采用独立的12V充电蓄电池进行供电，可以反复充电使用，高压静电发生模块产生1.5kV脉冲高压静电，通过绝缘的内部结构供给喷头处的嵌入式脉冲电极，电极在喷枪内部形成电场，高压空气流携带的汽化液滴在飞过电场时每一个雾滴都携带负电荷，高速的带电雾滴通过喷嘴处的尼龙防护罩喷向目标植株的叶子。静电喷药机工作流程见图1。

二、静电喷药机系统设计

静电喷药机（图2和图3）主要由机架、静电系统、气体液体系统和控制系统4部分组成。机架主要作用是为喷药机的各个部分和零件提供一个安装平台，机架上安装有推手和脚轮，使温室喷药机能在不同温室之间方便移动，提高静电喷药机的使用效率。静电系统主要用来产生静电脉冲，使雾滴携带负电荷，包括蓄电池和高压静电发生模块，高压静电模块内嵌在静电喷枪内；气体液体系统主要由药箱、压力单元和静音空气压缩机组成，压力单元和压缩机分别提供喷药机所需要的高压液体和高速气流。控制系统包括开关、控制箱、指示灯等，控制箱对压力单元和空气压缩机进行控制。

Creation of Intelligent Operation Equipment
for Greenhouse

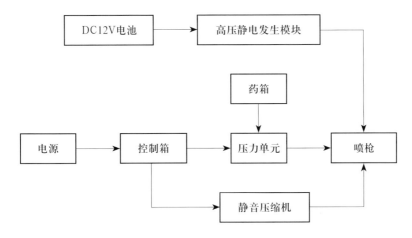

图1 静电喷药机工作流程

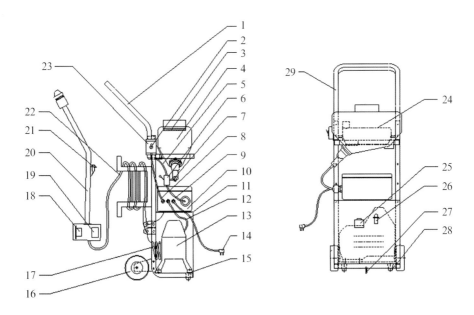

图2 静电喷药机结构图

1.推手 2.开关 3.滤网 4.大液箱 5.清洗管 6.两位三通阀 7.药液管 8.开关接线 9.进液管 10.控制箱 11.盖板 12.气泵接线 13.空气压缩机 14.电源接头 15.减震垫 16.脚轮 17.铜管 18.高压静电发生模块 19.电池 20.静电喷枪 21.开关 22.电缆 23.开关盒 24.小液箱 25.温控开关 26.安全阀 27.接地链 28.减震地脚 29.机架

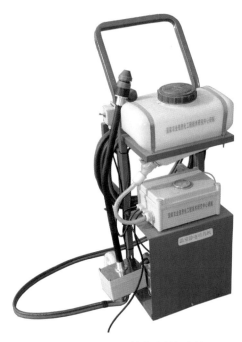

图3 静电喷药机实物

三、应用

　　静电喷药机在北京小汤山国家精准农业示范基地设施温室中进行示范应用，取得了良好的效果。杀虫剂和杀菌剂的使用周期从原来的1周1次延长到2周1次，药效能够有效地持续2周以上。用量减少到原来的1/3。甜瓜在种植过程中，使用静电喷药机进行试验，药液能有效地吸附在叶子的正面和背面。喷药作业结束后，温室封闭环境中空气中悬浮雾滴很少，与常规喷雾机器对比，使用静电喷药机附着在叶子背面的雾滴明显增多，叶子正面的雾滴也能均匀分布，叶子正面和叶子背面的雾滴附着量差异已经很小，说明这种静电技术在温室喷雾作业中能够有效解决温室喷雾面临的瓶颈，为提高农药的使用效率及降低农药残留提供了技术基础。

　　静电喷药机和常规喷药机在实际应用中叶子正面和背面雾滴吸附的对比见图4。图4 a为使用静电喷药机喷药后叶子正面的雾滴吸附情况，雾滴所带的负电荷由于同电荷互相排斥而均匀分布在叶子表面，不会凝结成较大的雾滴而导致从叶子上滚落。图4 b为使用静电喷药机喷药后叶子背面的雾滴吸附情况，雾滴所带的负电荷首先因为雾滴间同性相斥（同为负电荷）的原因而散开；当快要到达叶子时，又由于叶子携带的正电荷、异性电荷的吸引力作用，一部分雾滴被吸引力吸附到叶子背面，均匀地分布在叶子背面。一般来说，大量的害虫和病菌集中在叶子背面见不到阳光的地方，携带负电荷的雾滴有效吸附在叶子背面，这样叶子背面的病菌和害虫就能得到有效抑制。图4 c为使用常规喷药机喷药后叶子正面的雾滴吸附情况，雾滴分布不均匀，而且有一部分雾滴凝结成比较大的水珠，叶子无法有效吸收，导致药液挥发浪费。图4 d为使用常规喷药机喷雾后叶子背面的雾滴吸附情况，由于枝叶的遮挡，常规喷药机的药液无法有效到达叶子背面，喷药压力单

　图解温室智能作业装备创制

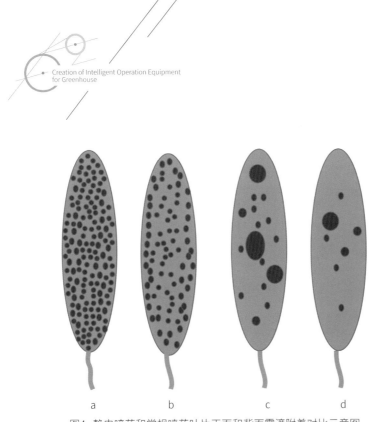

图4　静电喷药和常规喷药叶片正面和背面雾滴附着对比示意图

a. 静电喷药叶片正面　b. 静电喷药叶片背面　c. 常规喷药叶片正面　d. 常规喷药叶片背面

元产生的惯性无法"拐弯"，因此如果从上往下喷药，雾滴基本上无法吸附到叶子背面，形成少量的雾滴吸附也会凝结成水珠，植物无法有效吸收，从而无法有效抑制叶子背面的害虫和病菌。同时大量的雾滴悬浮在空气中或者喷在土壤上、地膜表面，会造成农药大量的浪费。从图4的对比中可得出静电喷药技术的优越性，这种技术摆脱了传统喷药机不适用于温室作业的顽疾，而且工作效率极高。长45m、宽8m的温室，1人0.5h就能完成喷雾作业，极大地减轻了温室管理的劳动强度。该温室静电喷药机已经获得国家专利。

作为温室高效施药的一种最新的智能装备，因为综合集成了众多最新的电子、机电一体化和空气流场学等学科的技术，产品的稳定性和售后服务显得尤为重要。在大面积推广应用时，维修和保养的培训，以及科学施药技术的普及也是这些新型设备能够站稳脚跟的前提。随着我国农产品出口面临的残留贸易壁垒增多及食品安全和环境保护的深入人心，这种温室智能农业机械必然会逐渐得到市场和社会的认可，为我国温室农产品质量和效益更上一层楼做出贡献。

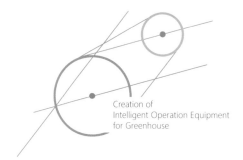

Creation of
Intelligent Operation Equipment
for Greenhouse

温室智能变量喷药机的
研究与应用

    我国设施园艺农业正以日新月异的速度迅猛发展，在这种发展形势下，必须要有温室园艺专用的高效、安全的温室智能植保机械与之匹配。针对温室园艺生产过程中的具体需求开发的专业农业机械必将成为未来温室园艺装备的主流，推动温室园艺农业的发展。

    温室智能农机综合运用先进的施药理论，充分利用现代电子技术、传感器技术、自动控制技术，并与农机装备技术有机结合，使农药的利用效率得到明显提高，并且能够减轻劳动强度、保护人员安全，是现代都市型农业的重要组成部分和精准农业技术发展的重要标志之一，显示了农业装备技术的飞跃发展。

一、现状

    病菌和虫害一直以来都是影响农作物高产量、高品质的重要因素。美国有统计数据显示，每年因为病虫害造成农作物减产的损失价值75亿美元，农药费用达36亿美元。我国植保设备技术不过关，农药使用效率低，农药用量非常大。林明远等（1996）指出，我国每年喷洒于农田中用于防治病虫害的商品农药已达80多万t。大规模使用农药不仅增加农业生产的投入和农民负担，而且将导致生态环境的严重恶化和水资源的污染。

目前我国的植保设备和农药使用技术与国外发达国家相比严重落后。施药机械水平落后引起了诸如农药有效利用率低、农产品农药残留超标、操作者中毒等问题。何雄奎(2004)指出20世纪80年代以来，因施药作业不当引发中毒的人数呈明显上升趋势。农业部公布的数据显示，2000年因为施药中毒的人数达到8万多。单正军（1997）指出在我国平均每10万人发生的中毒事故中，因为皮肤吸收导致中毒的人数占中毒总人数的90%以上。杨学军等（2002）指出在施药过程中，药液对人体的危害主要来自加药和清洗过程中人体与药液的接触。因此，如何避免加药和清洗这两个环节中的农药危害问题亟待解决。

美国在20世纪80年代中期开发了一款适合大田大面积作业的农药直接注入系统。该系统配备有速度传感器，控制器可以通过获取速度传感器信号并自动控制主管道的蝶形控制阀开度来随着速度变化控制施药量。90年代，一些欧洲国家就开始对喷雾机作业后的清洗进行严格限制，并且规定喷雾机作业后的清洗工作必须在田间进行，而且必须远离人畜。我国至今没有相关方面的立法。但是，在我国提倡发展绿色农业和"以人为本"科学发展观的当今，保护温室施药操作人员的安全已经引起有关部门的高度重视。

二、原理

温室智能变量喷药机（本节简称变量喷药机）采用"水、药分置""先分后合"的方式，具备单独的药箱和水箱，通过可编程控制器，采用电子控制方式精确控制计量泵，根据预先设定量将农药注入主水管道，从而实现变量喷药。由于使用时更换农药方便，残余药液易于处理，清洗消毒便捷，因此该设备能在最大限度上避免操作人员和农药接触导致中毒。这种温室智能变量喷药机与传统喷药机相比，用药量调节简单，能有效防止水源被污染，适合我国温室园艺生产中应用。

设备采用四级过滤系统，这样可以有效避免计量泵等压力单元器件堵塞和磨损，防止漏药和喷头堵塞。注药系统、注水系统在进入混合泵混合前就已经过过滤，滤网的网目根据溶液要求逐级增加。

作业结束后，喷药水箱可以通过控制器控制清洗管道和泵，将管道中残留药液稀释10倍后再喷向作物；吸收溶液箱装有洗手用的消毒液，施药操作人员可在作业结束后及时洗手消毒。

三、喷药机整体设计

智能温室变量喷药机主要包括注药系统、注水系统、电子控制系统、清洗系统、压力单元和机械部分等。温室智能变量喷药机工作流程见图1。

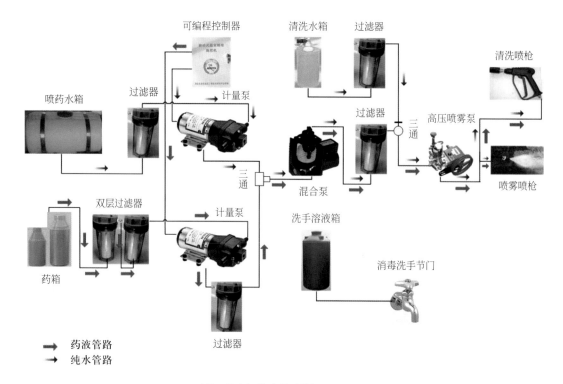

图1 温室智能变量喷药机工作流程

1.注药系统

施药时，加药和清洗两个环节极易对温室作业人员造成危害。在作业过程中需要添加农药时，人体裸露的部分如手、足、口、鼻、眼睛、耳朵等器官容易受到农药的危害，因此变量喷药机设计了农药注入系统，即农药不会直接加入药箱中。变量喷药机安装的300L大药箱只是用来盛放纯净水，在大水箱的前部安装有专用的加药箱，这种防水的塑料药箱里面安装有药瓶安装座和弹簧药瓶卡箍；另外，还设计有一种可调节的药瓶固定器，灵活装卡其他规格的药瓶，使用时可以将农药打开瓶盖后直接安装在药箱内的卡座上，将吸药管插入药瓶中，固定紧。药箱安装有防水接头，工作时精确计量泵首先根据预先设定的浓度数值直接将药液通过透明塑料吸药管经过第一层粗滤和第二层过滤器后从药瓶中抽出。药液从计量泵中出来后经过第三层过滤进入混合泵，大水箱中的纯净水经过粗滤和第二层过滤后也被抽入混合泵，在混合泵中药液和纯净水充分混合均匀后再经过过滤器进入压力泵加压，加压后形成的高压混合药液通过喷枪的过滤后从扇形喷嘴直接喷洒在目标作物上。智能农药喷洒机设计的四层过滤系统能有效延长设备的使用寿命，保证计量泵和扇形喷嘴的正常工作。当计量泵将药瓶药液全部抽干后，控制器发出报警声并关闭电磁阀，切断进水管路，暂停作业，以方便操作人员更换新药瓶。

药液管路的药箱出口处安装有止回阀，所以瓶中剩余的药液不会受到混合液的污染，方便药液的回收，可最大限度地减少农药的浪费。

2. 注水系统

喷药水箱底部安装有止回阀，可以确保喷药水箱里的水不会受到回流药液的污染。因此，喷药水箱中的清水在施药过程中一直保证是干净的。这样，水箱内壁的清洁、保养就不会对操作人员造成危害。水箱底部的过滤器也可以取出来定期清洗。这种水、药分置的方法能保证喷药水箱内壁没有农药异味，在清洗水箱内壁时皮肤不会接触农药。

3. 电子控制系统

电子控制系统以可编程控制器为核心，通过控制计量泵的加药量，达到控制喷药浓度和喷药量的目的。液位传感器检测到水箱或药箱用尽时，电子控制系统自动控制设备停止工作，关闭管路电磁阀，驱动报警模块发出提示音。当更换药液或者加水后，电子控制系统检测到液位传感器的正常信号，控制设备继续开始工作。

4. 清洗系统

温室智能变量喷药机的大水箱后端两侧各安装一个水箱，蓝色的水箱盛装混有消毒液的洗手用水溶液，方便喷药作业操作后及时洗手消毒，以免造成人体危害；橙色的水箱连接着一个清洗喷枪，用来清洗喷药机身和药液箱。这种清洗装置能最大限度避免农药原液与操作者接触，保护操作者安全。

5. 压力单元

压力单元由2个计量泵、1个高压柱塞喷雾泵和过滤器组成，能满足温室环境下的各种可溶性制剂农药的喷洒作业要求。

6. 机械部分

机械部分设计有2个万向脚轮和2个固定脚轮，可以灵活推动，在不同的温室间进行作业。喷药水箱、清洗水箱、洗手溶液箱都由活动锁扣固定，拆装方便。温室智能变量喷药机实物见图2。

图2　温室智能变量喷药机实物

四、应用

注药量突变稳定性是智能变量喷药机的一个关键指标。基于药、水分离和农药注入技术思路开发的温室智能变量喷药机，可以通过改变农药添加量而在供水量不变的情况下改变喷药浓度。

混合泵搅拌可使混合溶液浓度在农药注入量突变时很快达到浓度恒定。周舟等人（2009）对农药注入的浓度变化进行深入研究后认为，农药注入后浓度能够在短时间内达到恒定。

流量泵的注药量以0.18L/min的速度5min后突增到0.36L/min，然后又将速度突降到0.18L/min注药5min，最后突降到注药量为0时，通过测量药水混合溶液中示踪剂若丹明WT溶液（0.1g/L）的浓度变化得出注药量突变时混合溶液浓度变化曲线。结果显示，当纯水供应不变时，注药量突增会引起混合溶液浓度突变，而且混合溶液浓度能在很短的时间里达到恒定状态；注药量突减会引起混合溶液浓度突减，同样混合溶液浓度能够在很短的时间里达到稳定状态；药液量突增和突减引起的混合溶液浓度变化及浓度稳定曲线是对称的。所以在实际的温室园艺生产过程中，温室智能变量喷药机喷洒混合药液浓度的稳定延迟是可以有效避免的。

该智能变量喷药机与传统喷药机相比，工作效率明显提高，喷药作业完成后清洗药箱、水箱以及消毒等环节的劳动强度明显下降，更换、添加农药都很方便，操作人员的人身安全得到最大限度的保护，得到了设施生产农机操作技术人员的好评。

五、结束语

温室智能变量喷药机在发达国家的应用较为普遍，我国处于起步阶段，相关控制技术、原理理论、加工工艺都亟待提高和完善，在温室园艺实际生产中大面积应用有诸多障碍，还需要相关政策的辅助。但是，我国设施生产发展势头迅猛，温室园艺生产对智能农机装备的需求很大，市场潜力巨大。因此，不断吸收世界各国温室园艺智能装备的先进设计理论和科学控制原理，不断进行集成创新和技术创新，是今后我国温室园艺智能装备发展的主要方向。

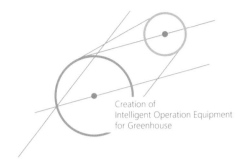

Creation of
Intelligent Operation Equipment
for Greenhouse

温室精准施药机的
设计

随着一些重大食品安全事件的发生，"放心食品"问题越来越严峻，食品安全成为社会广泛关注的焦点。设施果蔬近年来发展迅速，产生了巨大的经济价值，为农业经济的发展注入了新鲜的活力。设施农业由于其密闭的人工环境及高附加值的特点，对农作物的品质提出了更高的要求。农药的高效喷洒是保证品质的重要环节，设施果蔬生产作业时的农药精准少量投入成为广大种植户关心的首要问题。

一、原理

温室精准施药机以蓄电池作为动力，以芯片作为主控制单元，以压力传感器采集管路的压力，通过单片机实时进行控制调节。主要的工作原理见图1。

二、结构设计

京郊设施温室环境下道路宽度为0.5m左右，对施药设备的设计宽度提出了要求，同时，出入温室大多留有台阶、起伏物，道路上也多有作物藤

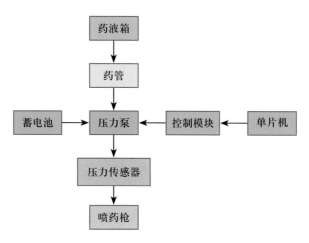

图1 温室精准施药机工作原理

图2 温室精准施药机的三维设计图

蔓，药液箱搬运不方便，必须有脚轮，考虑越障因素，脚轮的直径应为20cm左右；为避免狭小空间的磕碰撞击，控制系统应该嵌入式安装；设施施药由于空间密闭、湿度大，对施药的均匀性提出较高要求；为杜绝喷头堵塞和滴漏现象，结构应有多重过滤。综合以上因素，经过计算后进行计算机辅助设计的三维零件组装图见图2。

三、精准控制系统

555timer（定时器）是美国Signetics研制的一种集成电路定时器。在输入端设计有3个

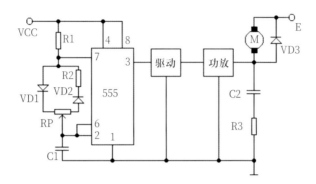

图3 温室精准施药机药量控制模块电路图

5 000 Ω的电阻。其功能主要由2个比较器决定，2个比较器的输出电压控制着RS触发端和放电管的状态。药量变量控制模块由555组成的触发器、光电耦合器和1个MOS管构成。温室精准施药机药量控制模块电路图见图3。

　　该电路采用一种占空比可调的脉冲振荡器。输出脉冲驱动施药压力泵，脉冲占空比越大，施药压力泵电驱电流就越小，转速减慢；脉冲占空比越小，施药压力泵电驱电流就越大，转速加快。因此，调节电位器RP的数值可以调整电机的速度。如电极电驱电流不大于200mA时，可用CB555直接驱动；如电流大于200mA，应增加驱动级和功放级。图3中VD3是续流二极管。在功放管截止期间为电驱电流提供通路，既保证电驱电流的连续性，又防止电驱线圈的自感反电动势损坏功放管。电容C2和电阻R3是补偿网络，它可使负载呈电阻性。整个电路的脉冲频率为3 000 ~ 5 000Hz。频率太低时电机会抖动；太高时，因占空比范围小会使施药压力泵调速范围减小。

　　该变量控制系统的特点：机械特性较硬，调速范围较宽，动态响应过程较快，启动性能较好，可靠性高，结构紧凑，输出电压0 ~ 12V，低速运行力矩大，限制速度RO调节，具有电流调控和限流保护功能，跟随性好，响应速度快。

四、方法和材料

　　本试验的目的是通过测定单位时间不同压力、不同喷头的喷雾量来确定该施药系统的流量稳定性，以及针对不同作物对象的最佳工作压力。通过对照目前广泛使用的喷药喷头，选择了3种喷头进行测试，通过电路的控制，施药测试的管路压力可以使用电位器进行精准调节。

　　试验选用了3种喷头，分别是单喷头、二喷头和三喷头。设定5种不同压力，压力1为

0.03MPa、压力2为0.06MPa、压力3为0.14MPa、压力4为0.15MPa、压力5为0.18MPa。在5个不同的压力条件下开展重复试验。施药时的流量稳定性和均匀性存在一定差异，本试验目的是评价电动施药机施药流量的稳定性，看哪个型号的喷头会有最佳的施药压力，能够达到比较好的雾化效果和流量稳定性。喷药机选用单喷头时，喷药不适合过高压力，因此设定为1、2压力档位时，施药流量有较好的稳定性，雾化效果较好。

喷药机选用二喷头时，喷药压力可适当调高，随之喷头的流量就会变大。因此设定为3压力档位时，喷雾锥角最佳，此时施药流量有较好的稳定性，雾化效果较好。

喷药机选用三喷头时，喷药压力可直接调至最高，随之喷头的流量就会达到最大。因此设定为5压力档位时，喷雾锥角最佳，此时施药流量有较好的稳定性，雾化效果较好。

五、分析和讨论

本研究参照相关文献，采用以下4个指标来评价该施药机不同压力条件下各组重复试验的流量稳定性和均匀性。参照文献的均匀度UC计算为：

$$UC = \left[1 - \frac{\frac{1}{n}\sum_{i=1}^{n}|q_i - q_{mean}|}{q_{mean}} \right] \times 100\% \tag{1}$$

式中，n为样本数；q_{mean}为样本均值；q_i为第i个样本值。分布均匀系数DU计算为：

$$DU = \frac{q}{q_{mean}} \times 100\% \tag{2}$$

式中，q为所有样本中较小的1/4样本的样本均值。变异系数CV计算为：

$$CV = \frac{s}{q_{mean}} \tag{3}$$

式中，s为样本方差；q_{mean}为样本均值。变化率q_{var}计算为：

$$q_{var} = \frac{q_{max} - q_{min}}{q_{max}} \tag{4}$$

式中，q_{min}和q_{max}分别为所有样本的最小样本值和最大样本值。q_{var}可用来反映样本的偏差范围，体现施药量的波动情况。

从表1中可得，相比较1档的低药量，2档药量的单嘴喷头UC（%）稍高，这说明低药量的稳

定性稍差。2档的均匀系数DU相对较低。在5个压力条件下，变量喷药的流量稳定性结果可较好地满足设计的要求。

六、结论

本文针对目前设施标准园建设对精准变量施药技术的迫切需求，设计开发了一种设施果蔬适用的精准变量喷药控制器。该控制器采用滑动电位器调节输出脉宽，实现对喷药泵电机转速的控制，从而达到变量施药的目的。为评价变量调节的稳定性，选用3种类型喷头进行试验，喷药压力在0.03～0.35MPa范围内调节，喷药量在600～2100mL/min范围内线性变化。试验结果表明，分布均匀系数DU为92.09%～99.82%，均匀度UC为93.95%～99.22%。该喷药机能够有效满足实际生产中变量精准喷药的需要。

表1 变量施药稳定性评价指标

压力	评价指标	测试喷头		
		单喷头	二喷头	三喷头
压力1	q_{mean}	12.96	17.89	17.74
	q_{var}	0.061	0.033	0.088
	CV (%)	0.049	0.002	0.017
	UC (%)	96.68	99.22	97.65
	DU (%)	99.82	98.54	96.26
压力2	q_{mean}	11.38	22.35	22.73
	q_{var}	0.133	0.071	0.021
	CV	0.018	0.0111	0.003
	UC (%)	97.22	98.41	99.04
	DU (%)	92.09	97.36	99.01
压力3	q_{mean}	13.69	28.36	30.49
	q_{var}	0.061	0.039	0.048
	CV	0.007	0.0044	0.013
	UC (%)	98.08	99.11	98.45
	DU (%)	97.07	98.73	97.31

压力	评价指标	测试喷头		
		单喷头	二喷头	三喷头
压力4	q_{mean}	13.25	28.86	32.73
	q_{var}	0.146	0.036	0.054
	CV	0.059	0.034	0.012
	UC (%)	93.95	99.73	99.76
	DU (%)	94.61	95.66	97.55
压力5	q_{mean}		29.68	34.83
	q_{var}		0.035	0.051
	CV		0.009	0.009
	UC (%)		98.78	98.64
	DU (%)		98.78	99.37

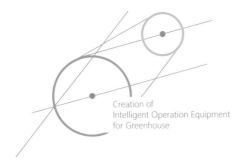

Creation of
Intelligent Operation Equipment
for Greenhouse

设施温室农药变量喷洒
压力控制器开发

　　我国是一个设施农业大国，反季节蔬菜和经济作物的种植大多采用温室种植。设施农业生产管理过程中对杀菌剂的使用比较频繁，用量较大，受传统喷药方式较落后的影响，每年造成大量的农药浪费和污染。莽璐、祁力钧等（2006）的研究指出，温室内手动施药喷雾质量差，容易造成施药人员中毒，采用单片机控制的自动变量施药系统是一个发展方向。目前，国外应用的喷杆行走速度和喷头流量自动控制技术的成本较高，在我国推广应用有难度，实现无人自动变量施药仅限于示范展示和科研使用。对于喷药机器人的研究，国家农业信息化工程技术研究中心、中国农业大学等单位都进行了大量的基础研究，也是温室自动施药的一个发展方向。曹峥勇、李伟等（2010）选择温室黄瓜作物为目标，以提高施药作业中农药的有效利用率、减少农药残留与化学污染为目的，开发设计了一种三自由度喷雾机器人控制系统，并尝试将机器视觉等工业技术引入温室施药作业中。综上所述，一方面温室施药是关系设施园艺发展的一个关键环节，设施温室的农药变量喷洒是影响温室产品附加值、降低农药残留的重要技术之一，但目前施药技术及装备存在诸多问题。另一方面由于系统过于复杂，实际生产中往往因无人会用而导致无法推广使用。所以理顺这两方面关系，利用电子精准控制，采用成熟、耐用的封装，瞄准基层实际生产环节，以稳定、高效、通用为原则的设施喷药控制设备是一个重要的发展方向。因此，在实际应用中，迫切需要开发一种压力变量调节的喷雾控制器，能够在传统的喷药机械上安装控制系统后，提高喷药机械的精度和农药的有效利用率。

一、原理

本文所讲的这种施药控制器，对于提升喷雾机械的性能和农药利用率有明显的效果，同时该系统具有良好的市场推广潜力，对促进我国喷雾植保机械的进步有重要作用。

该装置采用模块封装技术，可以使用控制器方便、灵活地控制喷雾设备作业时的压力调节。控制器使用电位器旋钮变量调节输出压力，通过压力表直观地显示对应的压力值。系统可非常方便地固定在喷雾设备上，与喷雾设备相连接，实现喷雾作业的变量控制。这种装置（图1）可以方便地实现传统喷雾机械向精准变量作业的技术升级，满足田间变量作业的需求，提高喷雾作业效率和农药有效利用率，节省农药等。

利用电子控制器灵活调节喷雾压力，实现直观显示，模块化连接功能，并且控制器稳定可靠，

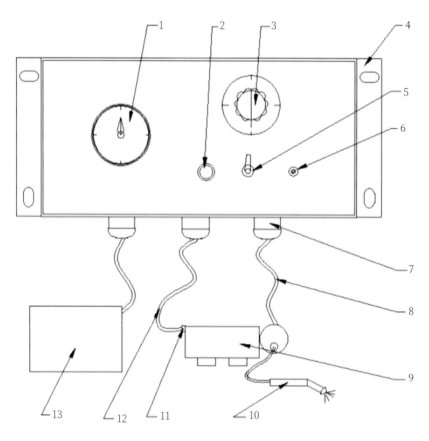

图1　农药变量喷洒压力控制器结构示意图

1.压力表　2.保险盒　3.旋钮式可调电位器　4.控制盒子　5.拨打开关　6.指示灯　7.防水接头
8.压力水管　9.压力单元　10.喷嘴　11.压力单元接口　12.电缆　13.蓄电池

这种控制原理和技术能有效满足大田和温室、果园等各种环境的压力调整作业，是成熟的控制器设备，具有很高的推广价值。

二、控制系统

农药变量喷洒压力控制器采用旋钮式可调电位器来调节脉宽调制信号（PWM），实现对压力单元转速的控制，进而控制压力的大小和喷药流量。它由电源模块、脉宽调制模块和放大驱动模块组成，工作原理见图2。

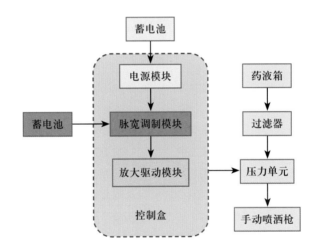

图2　农药变量喷洒压力控制器结构原理图

电源模块由L7805CV稳压模块及其周边电路组成，为脉宽调制模块供电。脉宽调制模块芯片及外围电路构成多协振荡器，产生PWM脉冲信号送至放大驱动模块，可使用与脉宽调制模块相连的旋钮电位器来调节PWM信号的脉冲宽度，产生的PWM脉冲信号通过放大驱动模块放大后能够实现对电机的驱动和控制，以及压力调节和喷药量的变量控制。其中，电源模块、脉宽调制模块、放大驱动电路都封装在控制盒子里面。控制盒子采用防水设计，能够有效避免控制器工作时受喷雾潮湿环境的影响。旋钮式可调电位器安装在盒子的外侧，方便喷雾作业对喷雾压力和流量进行调节。旋钮式可调电位器的底盘部位标有刻度和指针，操作人员可以通过刻度读取调节的流量。喷雾压力可以在调节旋钮式可调电位器的同时，在控制盒子面板上安装的压力表上直接读取。旋钮式可调电位器的调节范围可以通过脉宽调制模块预先进行设定，并且旋钮式可调电位器的调节范围可随时进行系数调整，以满足不同压力和流量的要求。

电源模块通过防水接头保护使用电缆和外部的12V蓄电池进行连接。蓄电池可以用作业拖拉机配备的电池替代。电源模块从蓄电池获得电源后对电源进行稳压，然后供给控制器内部的脉宽调制模块使用，脉宽调制模块通过调节后产生的不同脉冲宽度实现压力单元的变量调节。脉宽调制模块本身不能驱动功率很大的压力单元电机，可以在脉宽调制模块的输出端连接放大驱动模块后，再和压力单元连接。

三、田间应用

田间应用考虑到实际应用环境比较潮湿的问题，在推广应用中，控制器全部采用模块封装技术，所有控制核心都封装在防潮的控制盒子里面。控制盒子底座设有U形安装孔，操作人员可以使用螺栓将控制盒子挂在手推的电动喷药装置上，也可将控制盒拿在手上进行喷雾作业控制。控制盒底部设有3个防水接头，可以防止控制电缆和压力水管作业时被拉动，影响控制器的内部稳定。控制盒的盖子密封处设有垫圈，可起到防潮防水的作用。图3为农药变量喷洒压力控制器实物。

实际工作时，药液首先在压力单元的作用下从药液箱中被抽出，经过过滤器过滤掉多余的不溶性杂质后，药液进入压力单元。药液到达压力单元后，打开拨打开关喷嘴开始喷雾。如果这时候需要调节喷雾压力和喷药流量，可以旋转旋钮式可调电位器，通过控制器的脉宽调制模块来调节脉冲的宽度。脉宽调制模块通过电缆经过防水接头和压力单元接口相连，从而使压力单元的转速变化。脉宽调制模块和压力单元的转速有一定的线性对应关系，所以可以通过旋钮式可调电位器的刻度读出具体数值。使用旋钮式可调电位器将压力调节到合适的数值后，压力单元高压输出口的压力水管通过防水接头进入控制盒中，连接着控制盒里面的压力表。因此，调节旋钮式可调电位器的同时，用户可以从控制盒子面板的压力表上直接读出压力单元的压力读数。

拨打开关闭合时，驱动指示灯发光，起到工作提示的作用。保险盒为外置式，可以在保险管受到损坏时灵活地更换对应的保险，使用方便、操作简单。压力单元可以驱动手调喷药枪和喷嘴等多种喷雾装置。因此，本文所述的控制器是一种通用型的变量控制喷雾器，可广泛应用。

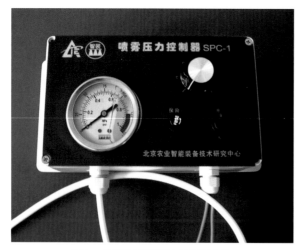

图3 农药变量喷洒压力控制器实物

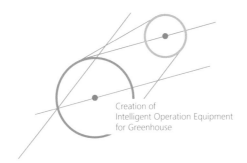

Creation of
Intelligent Operation Equipment
for Greenhouse

自走风送对靶喷药机器人的
开发和试验

现代农业的发展越来越离不开新的植保技术。喷药是农业生产的重要环节之一，高效的农药喷洒技术设备能够产生明显的经济效益，同时对减少农作物的病虫害起着非常重要的作用。传统喷药方式对作业者有身体危害。目前，国内温室喷药多依赖人工，不仅效率低，而且费时费力，由于操作者口、鼻、皮肤等时常会和农药接触，所以经常发生农药中毒事件。农药的使用能够挽回15%的粮食损失，全球在农业生产中都普遍采用农药喷洒的方式进行病虫害防治。Parker（1997）指出，全世界每年使用农药近300万t。农业统计年鉴（1997）公布我国1997年农药总销售量达到为48.2万t，防治面积约3亿hm^2，平均施药量为$16kg/hm^2$。我国目前施药技术呈现的特点是农药用量大，作业面积大，人员和施药技术水平参差不齐，变量精准喷药覆盖面积较小。吴泽祎（2007）指出我国植保机械和农药使用技术的基本特点是严重落后，造成了农药利用率低、农产品中农药残留超标、环境污染严重等问题，并针对这些问题提出了解决办法，即采用对靶喷雾技术，并认为这是一个重要的方向。采用ATmega16单片机搭建了对靶的系统进行试验，结果显示自动对靶的最大速度为1.4m/s，延迟误差小于0.15s。Giles(1997)研制的基于位置的对靶识别系统，利用摄像头采集图像定位作物行垄，采用伺服系统驱动装置进行对靶作业。在西红柿上的试验结果显示，喷在地面上的药剂量减少了72%～99%。史岩(2004)基于自动对靶喷雾和实时传感器的压力式无级变量调节，根据靶标有无和密度进行变量喷雾。作业时采用电荷耦合器件（charge coupled device，CCD）摄像机将实时采集的图像信号通过图像采集卡输入计算机进行处理，压力传感器、流量传感器、雷达传感器同步将辅助信号通过FO模块输入计算机进行处理，再利用嵌入式计算机、比例溢流阀调节搭建一个喷雾装置。从目前国际喷药技术发展的趋势看，在传统喷药领域采用新技术和新装备是一个大趋势。

本文讲述的是一种自走风送对靶喷药机器人，该装置可以使人通过无线终端控制器指挥装置实现自动喷药、喷头升降调整和风扇摇摆俯仰送风，同时可以用无线终端控制器设置其自行运动，实现无人自走控制。这两种模式之间可以相互切换，便于操作人员控制，同时能使工作人员远离药雾。该装置显著降低了人的劳动强度，提高了工作效率。该装置为创新性技术，较适合我国国情，具有较好的市场前景。

一、原理

利用充电蓄电池作为动力驱动，采用两组电机分别驱动两侧3组轮子，单侧的3个轮子采用链条驱动。采用遥控方式调节方向，也可利用灰度传感器进行无人操作自动循迹行走和转弯。风送装置采用H形竖杆设计，采用钢线悬挂风机，钢线可通过电机升降，控制器采集靶标位置进行处理，可控制风机根据靶标位置上下移动，实现最大限度地风送施药，提高叶子背面的覆盖范围。喷嘴位于风机出风口，雾滴在风力驱动下能均匀地到达高大作物及背面。

二、结构设计

自走风送对靶喷药机器人（图1）采用可反复充电的大容量蓄电池作为电源，可在温室和果园农田等环境中自动移动作业。这种装置实现喷药过程的无人操作，高度自动化作业，能够满足喷药作业的需求，在提高喷药工作效率、保护喷药人员身体安全、提高喷药效率等方面具有广阔的市场前景。

该机器人利用喷药喷头自动上下移动，结合风送技术，使雾滴均匀分布在靶标植株上。核心控制单元采用稳定的工业级芯片，性能可靠。这种控制原理和功能可有效满足温室农药喷洒自动化无人作业。

图1中系统结构主要包括底盘上固定行走轮子，承载自动喷雾系统；3对行走轮子，用链条连接，固定在底盘上；密封罩固定在底盘上，用于密封控制部分；支撑立杆固定在密封罩上，用于固定喷头；升降丝杠固定在支撑立杆上；升降滑块固定在升降丝杠；压力单元固定在底盘上，用于提供喷雾所用的压力；风扇固定在压力单元，用于提供喷雾时的送风；药箱、警示灯和无线接收天线固定在密封罩上；行走电机固定在底盘上，置于密封罩内；核心控制单元固定在底盘上，安装

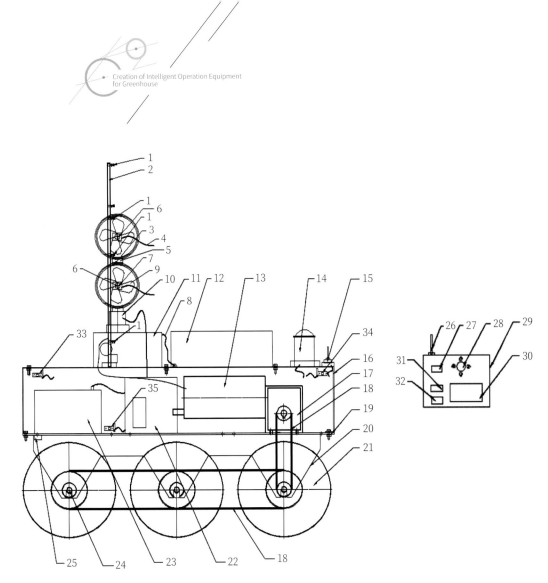

图1 自走风送对靶喷药机器人结构示意图

1. 喷雾超声波传感器模块　2. 支撑立杆　3. 升降丝杠　4. 信号电缆　5. 升降滑块　6. 喷头电磁阀
7. 喷头　8. 高压药管　9. 风扇　10. 摇摆俯仰机构　11. 压力单元　12. 药箱　13. 运动电机　14. 警示灯　15. 无线接收天线
16. 密封罩子　17. 减速箱　18. 传动链条　19. 底盘　20. 支撑挡板　21. 行走轮子　22. 核心控制单元　23. 蓄电池　24. 轮子轴
25. 蓄电池充电口　26. 无线发送天线　27. 自走模式开关　28. 手动方向控制开关　29. 无线终端控制器　30. 显示模块
31. 行走电源开关　32. 喷药电源开关手　33. 前进超声波传感器　34. 后退超声波传感器　35. 侧方超声波传感器

在密封罩内；蓄电池固定在底盘上；超声波传感器分别固定在密封罩侧面、前面、后面及支撑立柱上；风扇底部安装有摇摆俯仰机构，摇摆俯仰机构通过电缆和核心控制单元连接；无线终端控制器上设有无线发送天线，用来和无线接收天线进行信号传输。无线终端控制器上设有手动方向控制开关和显示模块，用于无线遥控所述的行走轮子，超声波传感器固定在支撑立杆上，将作物遮挡信号通过电缆传送给核心控制单元。

系统测试的目的是对作业的稳定性和精度进行评价。主要试验内容包括行进速度、喷药压力、辅助风送喷雾高度电子控制调节范围、辅助风送喷雾装置上下运行速度、喷头、机器人电子控制响应灵敏度、臭氧发生装置、主要技术参数等方面（表1）。

表1 自走风送对靶喷药机器人系统测试试验内容

序号	项目			单位	技术要求	测试结果
1	行进速度			m/s	0~1.5	1.1
2	辅助风送喷雾高度电子控制调节范围			mm	大于500	775
3	辅助风送喷雾装置上下运行速度			m/s	大于0.03	上升：0.05 下降：0.06
4	喷药压力			MPa	0.3	0.3
5	喷头			—	可更换	喷头可更换
6	机器人电子控制响应灵敏度			—	按动遥控器对机器人发出指令后，机器人反应灵敏	反应灵敏
7	臭氧发生装置			—	应配有臭气发生装置	配有臭氧发生装置
8	主要技术参数	整机质量		kg	—	128
		外形尺寸（长×宽×高）		mm	—	850×515×1985
		工作电压	行走	V	直流	2×12　DC
			液泵			12　DC
		蓄电池容量	行走	A·h	—	65
			液泵			8
		轮距		mm	—	365
		前后轮轴距		mm	—	585
		最小转弯半径		cm	—	38
		最小离地间隙		mm	—	80

三、应用

在北京昌平小汤山国家精准农业基地开展田间试验，结果表明该系统工作稳定，在1.1m/s的行走速度条件下，移动方向可灵活调节；在0.3MPa压力条件下，喷药量较稳定。在水泥地面和玉米地行间，机器人电子控制响应灵敏度表现都较好，具有较好的越障能力。北京市农业机械试验鉴定推广站在现场进行了测试，结果表明其满足了设计要求。自走风送对靶喷药机器人实物见图2。

图2 自走风送对靶喷药机器人实物

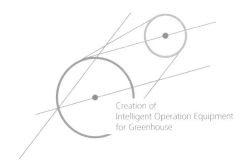

Creation of
Intelligent Operation Equipment
for Greenhouse

出风口自调节风送变量喷药机器人
开发及试验

机器人替代人在温室高温高湿环境中进行喷药作业是设施生产的重要发展方向，减轻劳动强度的同时提高施药精度，保护作业人员健康的同时节省农药用量。采用风送方式作业能够提高施药雾滴均匀性，增大覆盖范围，有助于设施环境的施药作业。出风口高度位置和风量根据靶标差异自动调节，能更加准确地实现精准喷药和药量节省效果。采用对靶方式识别作物的机器人是未来的研究重点。周恩浩等（2008）指出自动有效识别农作物的温室机器人能有效限制农药用量，光敏电阻是一个非常好的技术手段。江锃等(2014)研究指出机器人喷药沿道路边界行走，机器人自主动作温室管理具有非常重要的意义。

一、原理

出风口的高度调节控制使用风口调节电机驱动，其正反向转动实现出风口高度的变化，通过接收控制器控制信号实现高度位置的精确定位。提升带在电机驱动下带动风机升降，电机转动1周风机拉升90mm，喷头和传感器成对布置在风机的上下沿，两组喷头分别获取对应对靶传感器信号并独立驱动开关。上喷头及对应对靶传感器可达到作物上轮廓边沿，根据需要设定为比下喷头雾滴粒径大的喷雾参数，以减少雾滴在温室顶部的飘移。扇叶的转动速度可通过控制器调控，由于扇叶转速和风量为稳定线性方程，所以可通过精确调节扇叶电机速度实现风量的精确控制。滑槽的定位作用可实现风机在平稳的行走中高度升降变化。药箱用来保存农药，变量控制器通过脉冲宽度调制（Pulse Width Modulation,PWM)方式实现施药泵的变量控制，按需调节药量。出风口自调节风送变量喷药机器人系统结构原理见图1。

二、软件设计

首先实现风口电机复位，到达最低端位置，喷药压力泵将管内空气排出，通过传感器探测是否位于轨道上，作业状态是否准备好；然后开始扫描上喷头传感器和下喷头传感器的信号状态，根据扫描相对间隔信号的时间计算作物的高度，结合输入的作物品种及防治要求，计算喷量信息；并对对靶传感器扫描信号进行校验位检查，自动得出PWM控制参数及风量控制信息；最后将计算得出的控制信息生成控制信号发送给下位机控制器及驱动器。出风口自调节风送变量喷药机器人软件流程见图2。

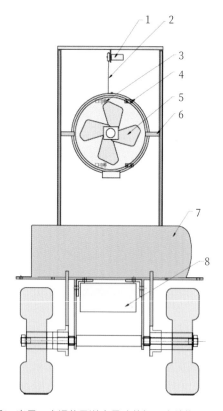

图1　出风口自调节风送变量喷药机器人结构原理图

1.风口调节电机　2.提升带　3.上喷头　4.对靶传感器
5.扇叶　6.滑槽　7.药箱　8.变量控制器

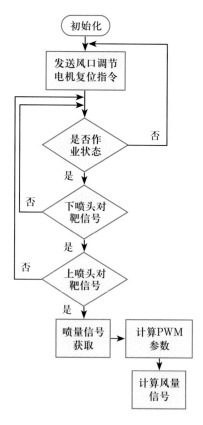

图2　出风口自调节风送变量喷药
机器人软件流程图

三、试验及结果

出风口自调节风送变量喷药机器人实物的试验（图3）采用渔线网捕捉的方式获取喷洒的雾滴，从而得出雾滴空间分布范围。系统行走轨道选用长度为3m的角钢，轨道水平放置在渔线网平行方向，轨道距离渔线网距离是4m。

按图3的布置方式重复测量3次，获得试验结果后求平均值，可得渔线网所在平面的喷射覆盖范围是$0.8m^2$。用渔线网代替靶标作物测试系统的对靶施药功能，在低速行进速度为$0.15m/s$时，采用红外光电传感器来对模拟靶标进行探测，其探测靶标的精度是100%。试验结果见表1。

图3 出风口自调节风送变量喷药机器人实物试验现场

表1 出风口自调节风送变量喷药机器人试验数据

序号	项目	测试结果
1	喷施幅面（cm）	100×80（距离4m时）
2	喷施作业速度（mm/s）	11.6
3	机器人行走速度（m/s）	0.15
4	作物行识别准确率（%）	100
5	药桶容量（L）	150
6	喷嘴数量（个）	4
7	整机质量（kg）	80

四、结论

北京市农业机械试验鉴定推广站对该装置进行检测的结果表明，采用对靶方式的温室喷药机器人，利用传感器可实现靶标信息的准确采集，能100%地识别靶标并进行对靶喷药。采用智能决策实现自主作业的方式，能显著节约农药的使用量，同时获得较好的均匀度和覆盖范围。

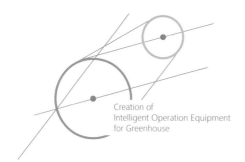

Creation of
Intelligent Operation Equipment
for Greenhouse

精量施药关键技术及装备在温室生产中的应用

- -

目前我国设施农业发展迅速，带来了非常可观的经济效益，已经成为现代都市型农业发展的核心。设施园艺的快速发展带动了相关行业和领域的快速发展，现代化的连栋温室也得到迅速普及。但在快速发展的同时存在配套管理和植保技术不匹配等诸多问题。同时我国相关植保机械的法律法规还不健全，尤其是温室生产环节的植保缺乏相关规范的约束，因此该领域发展相对落后，加之重品种、轻管理的传统思想，致使温室园艺相关智能植保装备几乎为空白。目前，国内温室施药的相关技术和装备普遍落后，我国的小型温室生产基地大都采用人工背负喷雾器，以手动加压方式喷药。有些超大规模，拥有优良品种、高档苗床、全自动通风降温设备的现代化连栋温室基地也存在"一条腿长，一条腿短"的不平衡问题：一方面采用先进设施，另一方面在温室生产中采用自制的简陋喷药装置，比如汽油机驱动、活塞式柱塞泵加压方式喷洒农药等。这些相对技术含量低、粗放的施药方式，在喷药时存在药液不均匀、雾滴粒径偏大、滴漏堵塞严重等问题，直接导致农药浪费严重的后果。即便是具备优良品种、优良种植条件、优良配套设施的"三好"优势，无公害绿色农产品和有机农产品的发展也受到严重制约。罗成定等（2007）认为，由于目前人们普遍对蔬菜有"精品、新鲜、时令、安全"的要求，"菜篮子"工程得到广泛关注，传统的温室大棚病虫害施药器具已经不能适应无公害、绿色、有机蔬菜生产的要求。因此，有必要针对温室施药的实际需要深入研究精量施药关键技术，并依托基础

研究理论成果，研制出一系列新型的具备较高技术含量的温室精量施药智能技术装备，这对提升我国温室施药装备总体水平，引导科学施药方向具有重要意义。

一、喷枪喷嘴防滴漏防堵塞装置

目前我国大部分地区还普遍使用背负式手动加压的喷雾器（图1），也有的使用汽油机带动的喷雾器。这些喷雾设备喷头质量往往不过关，喷嘴的孔径往往加工得非常大，更有甚者，为了避免喷嘴因为杂物堵塞频繁拆卸喷头进行清理的麻烦，人为地将喷孔直径加大，这些做法直接导致喷雾时药液滴漏现象非常严重，很大一部分在没有喷雾时就已经滴漏在地面或者流淌到喷药者的皮肤上，容易引起喷雾操作人员中毒等问题，危害人员的安全。针对郊区农民在使用背负式喷药机工作时，手动加压因为压力不稳而造成滴漏严重的情况，笔者对传统喷雾机的喷枪进行技术升级，先后设计两款适合农田不同喷量情况下应用的喷嘴防滴漏装置（图2）。这种喷嘴防滴漏装置能够明显杜绝喷头喷药和喷药间隙时的喷头堵塞和滴漏情况，可以有效地稳定喷雾的工作压力，在没有达到设计压力时处于关闭状态，以避免压力不足或者压力波动时的滴漏现象，极大地减少了无效浪费的农药，提高了农药有效利用率。通过在示范区大面积示范应用，并将该装置安装在传统喷雾器上使用，结果表明该装置能够明显改善传统喷雾器的应用效果，有效减少喷雾作业时药液在喷头部位的滴漏浪费现象，能简单可靠地实现将京郊农民手中的传统背负式喷雾器升级成省药高效喷雾器，有效避免喷雾过程中的农药滴漏损失；同时，该装置小巧、性能优良、成本较低，较适合我国广大地区推广使用。

在推广使用中，可将该装置安装在传统喷雾器（图1）的喷头部位，与该装置配套的螺纹连接头能够比较容易地安装上；而且由于嵌入式安装，一般有比较好的外部防护，在使用过程中不会丢失和损坏；作业完成后，可方便拆卸。在用清水冲洗干净后，可用干净的棉布擦干以提高装置使用寿命。

图1　传统手动加压喷雾器

图2　两种喷嘴防滴漏装置

喷枪喷嘴防滴漏防堵塞装置的材料多选用铝质、PVC和不锈钢等，直径为10mm，高度为20mm，配套螺纹接头。

二、温室专用调压精量喷药机

我国是一个农业大国，农业生产中对农药的用量非常大。因为传统的喷药方式农药利用率比较低，每年造成大量的农药浪费，从而对周围环境、人畜和地下水造成污染。研究表明，改变喷雾参数（如压力等）可以提高农药利用率。压力的调节可以改变喷药雾滴直径和喷嘴射程，从而根据不同作物品种和同一作物不同的生理期灵活调整实际的喷雾压力，达到精量高效施药、提高药效的目的。该精量喷药机能灵活控制喷药压力，调节精度，从而达到提高农药有效利用率的目的，具有良好的市场推广潜力，对促进我国喷雾植保机械的进步具有非常重要的意义。温室专用调压精量喷药机实物见图3。

图3 温室专用调压精量喷药机

该精量喷药机的控制模块采用旋钮式可调电位器调节来实现对压力单元的转速的控制，进而控制输出压力。喷药机采用蓄电池作动力，可通过电子装置准确调节工作压力。高压药管在非工作期间可以缠绕在绕管架上。该喷药机配备有多种喷枪供选择，可根据作物的不同生长期和病虫害情况选择合适的喷枪和喷嘴。设备在0.1～0.6Mp时，能够稳定调整压力。该机已经申请国家专利，并通过农机检验。

该精量喷药机特别提升了离地间隙，最大离地间隙可达350mm，以方便在不平路面上灵活移动，基本上可适应温室的上下台阶以及在温室之间的田地中移动使用；同时增大了地轮直径，选用充气式轮胎，有效地减少了行走过程中的颠簸。药液箱选用加厚的增强PVC材料，在低温和高湿的环境下不会发生椭圆变形及开裂等问题，非常适合温室环境下的生产作业。

设备主要参数：外形尺寸970mm×535mm×1050mm，喷量2.0L/min，额定工作压力0.57MPa，药箱容积125L。

三、超微粉尘精量喷施无人自走装置

由于冬季某些地区和某些作物品种对棚内湿度比较敏感，水剂喷药时会增加棚内密闭环境的湿度，从而增加病虫害发病的概率和危害性，因此为了减少喷药带来的温室湿度增加现象，可采用粉尘喷施自动控制技术实现自动化的农药喷粉作业。农药喷粉作业由于不需要用水，不会增加温室湿度，因此具有一定的优势。罗成定等（2007）指出，将超细度农药粉末喷洒于温室大棚空间，可使其内部布满均匀的漂浮药尘，并均匀地沉积于植株的各个部分及温室的各个角落，实现全方位杀虫灭菌，而且具有有效期20d、覆盖面全、不受潮湿天气限制等优点。因此，将粉尘药剂精量喷施技术和无人自走装置结合起来，利用自动化技术实现温室中的自动巡迹和自动喷施作业，具有非常好的前景。具体原理是：无人自走装置主要硬件构成包括ATmega16L微控制器核心芯片、高速运放KF347电路、MAX232串口转接电路、光电隔离TLP521和放大驱动电路等。4个直流电机分别控制喷药机的4个轮子，单独1个直流电机控制喷粉风扇的转动方向，步进电机实现喷粉量的调整。该技术可以实现一边行走一边喷粉，走到尽头后自动返回温室入口，操作人员不用进入温室内对喷粉机等装置进行操作，可通过远程装置实现无线控制。同时可以使用单片机采集喷粉量、风速等作业参数，以便随时调整。

温室病虫害烟雾防治技术也是近几年来发展的一种针对温室密闭环境的立体污染防治新技术。该技术由于能够使雾滴细密、浓度高、用药量低、漂移穿透性强而越来越受到用户的欢迎。使用该技术的同时结合无人自走装置和风送技术，可以加快药剂烟雾的扩散能力，提高烟雾防治的效果。

四、结束语

精量施药关键技术及其装备由于涉及技术比较复杂、科技含量较高，在使用过程中若直接面向农户，则将存在一定困难。可以依托政府及基层的农技推广部门，建立新型智能装备专业服务合作组织，统一购买、使用、养护一系列的智能装备，为广大用户提供有偿的施药植保专业服务。政府提供一定的补贴，以降低价格，促进新技术的迅速推广应用。

同时考虑到植保作业对人体的危害性，该作业应该归入特种作业范围，相关植保作业人员应纳入持证上岗范围，对口、鼻、眼睛等的护理措施一定要进行岗前培训，并对该领域人员定期体检，以防止农药慢性中毒等疾病对施药人员的健康造成危害。

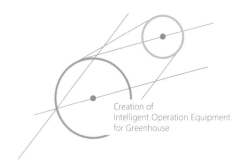

Creation of
Intelligent Operation Equipment
for Greenhouse

叶菜宽垄扇面喷雾喷洒器的设计

蔬菜是农业产业的重要生产对象，关系到广大群众每日三餐的质量和品质，同时也是农民增收的重要途径。据统计，2011年我国蔬菜播种面积达到1 867万hm²，蔬菜产量约为6亿t，其中叶菜类由于口感鲜嫩更深得人们喜爱。黄丹枫（2012）指出，叶菜类占蔬菜生产总量的30%～40%。

由于施药技术手段较落后的原因，蔬菜农药残留不合格的问题依然存在。罗瑞峰（2010）调查提出农药残留超标情况和季节有显著的关联性，反季节蔬菜的生产更易出现此类问题。究其原因是菜农在反季节进行蔬菜生产时，选择闷棚和减少通风以利于保温，从而引起湿度过高，导致病虫害发生率较高，用药频繁。5月中旬后，用药次数下降。然而反季节蔬菜对于缓解冬季蔬菜供应紧张、丰富蔬菜供应又具有非常重要的作用。如何解决这一矛盾，实现生产和品质的平衡，简约的工具化植保装备改进是一个重要途径。

一、喷雾喷洒器原理

喷雾喷洒器采用组合扇面喷头水平排列的方式，根据蔬菜栽培垄宽更换调节喷头数量，通过储压式容器缓冲来调节不同喷头对应喷药压力。操作人员保持喷杆到作物叶面靶标面垂直距离不变，匀速行走即可实现叶菜

图解温室智能作业装备创制

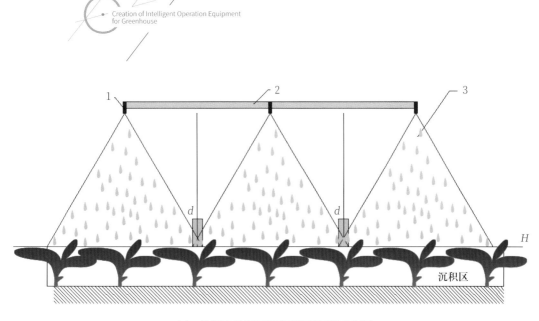

图1 叶菜宽垄扇面喷雾喷洒器原理示意图

1.喷嘴 2.喷杆 3.喷雾锥面 *H*.作物叶面靶标面 *d*.喷雾锥面重叠宽度

沉积区的药滴均匀覆盖，其原理示意图见图1。图1中的喷雾锥面可完全喷洒沉积在作物冠层上，喷雾锥面重叠宽度（d）会随喷杆下降而变大，反之变小。

二、结构设计

　　根据宽垄尺寸布置2～4个喷头，喷头间隔0.5m，垂直距离作物叶面靶标面（H）距离为0.5～0.6m，沉积区高度为5～20cm，压力0.2～0.4MPa，喷雾锥面重叠宽度（d）为1～2cm。储压式容器可选用手提式或背负式塑料罐。储压方式为手动储压或者蓄电池驱动的空气压缩机自动储压。压力的恒定可采用压力开关信号触发压缩机开关自动加压的方法实现恒压，也可采用手动压缩方式，每2垄进行1次压力补充。行走速度的提示可采用地面测速雷达显示模块设定作业速度，并提供速度均匀预警，根据实际需药量、幅宽和喷孔孔径计算行走速度，速度偏离设定值时发出预警指示灯信号和声音信号，提高作业精度。喷杆到作物叶面靶标面（H）的距离通过地面雷达探测，也可采用小铅垂固定标定实现简单作业。喷杆的水平可通过微型两平面水平尺固定在喷杆把手上，以避免喷杆把手侧倾引起横杆不水平。针对叶菜的系列喷雾器参数见表1，基本可满足不同叶菜种植需求及作业质量要求。

表1 设备参数

喷杆重量（g）	幅宽（m）	喷头数	喷雾型式	喷头型号	压力（MPa）	操作人数
300	0.5～2	1～4	组合扇面	Teejet	0.2～0.4	1

三、应用

根据叶菜生产施药控制精度的不同需求可以搭建各种不同的应用实例，简约化的应用可以降低成本，同时大幅提高作业效率和质量。图2是一种简化的喷洒装置。喷嘴采用螺纹连接，可以方便更换。喷杆可以根据需要更换不同的长度，以满足不同垄宽的需要；也可根据行走位置做成90°的弯头形式，灵活性很好。手动按压适合小面积温室蔬菜生产或苗床喷药。压力表非常直观，如果压力低于0.2MPa，可停止作业，及时进行加压。

喷杆把手的地方有调节开关，以便于调节药量大小。把手可以根据需要及时停止喷药（图3），喷杆可以根据需要做成150°倾角，减少操作者手腕劳动强度和施药角度，提高精度和质量。

简约化的喷雾器和喷杆能提高作业效率和质量。经过实际测试，发现其沉积均匀性和作业速度与传统方式相比提高了3~5倍，具有很好的叶菜喷雾作业效果。但是，想要彻底解决均匀性和变量施药的问题，还需要借助信息化手段，选用智能农业装备，主要的方向包括蔬菜叶面指数在线速测、行走速度的精准测定和药量的多参数调节，从而真正实现叶菜的超低量精准喷雾。

图2 叶菜宽垄扇面喷雾喷洒器应用实例

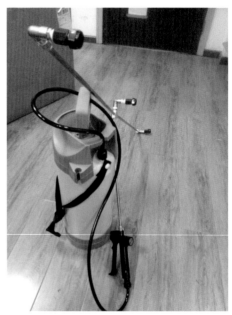

图3 叶菜宽垄扇面喷雾喷洒器喷杆和把手

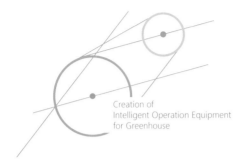

Creation of
Intelligent Operation Equipment
for Greenhouse

适用于设施标准园果蔬高效生产的便携施药机研究

2010年10月"全国园艺作物标准园创建工作部署会议"在陕西西安召开，农业部在会议上指出：园艺产业对于稳定市场繁荣供给、农民持续增收具有重大意义。园艺作物标准园创建是确保蔬菜产品质量安全，提高产业素质和效益的重要途径。标准园所建立的标准化生产模式可以有效地将单一种植模式发展成为种植、加工、销售为一体的产业模式。农业部先后在全国创建蔬菜、水果、茶叶3类共计800多个标准园，其中果蔬类的标准园数量总计达到701个，占标准园总数的85.6%。据农业部2010年的数据统计显示，标准园的建设呈现了产品质量提升和效益提高的"双增"局面。农业部第一次农药残留监测结果显示，水果茶叶合格率为100%，蔬菜为99.8%（中国农业信息网，2010）。在国家的大力推动下，标准园发展趋势将成为我国设施园艺发展的突破和创新。发展目标要求的"六个百分百"计划（即生产资料统购统供、种苗统育统供、病虫害统防统治、商品化处理、品牌化销售、食品安全达标）中，病虫害防治的标准化和系统化也是非常关键的环节。在防治过程中，有机高效农药的喷施仍是目前采取的一个重要手段。设施温室空间狭小密闭，对施药机的体积和雾滴均匀性提出了更高的要求。因此，研究适用于设施标准园果蔬高效标准化生产的小型施药机显得非常必要。

图1 设施标准园用便携施药机

一、原理和结构

该机的主要原理是利用单片机芯片产生的脉宽调制（PWM）方式来调控喷雾压力泵的转速，根据作物不同设定不同的流量，使施药雾化效果达到最好。该施药机的主要结构包括药液箱、两重过滤器、机身、压力单元、控制单元、管路、喷枪等部分。控制单元安装在设备的底部里侧，可避免在温室作业时和周围的作物及进出台阶发生碰撞。施药机在温室基地试验的实物见图1。

二、功能

该施药机是一种用于温室作物喷药的可移动式电动喷药机，与普通背负式喷药机相比，效率提高10倍以上，比普通3人拖长管喷药作业可减少2个人工，同时效率也有优势。电动喷雾功能是针对温室单人管理劳动强度大、效率低的缺点开发的，适合温室绿色无污染蔬菜生产需求。该设备优化了喷头的雾化效果，解决了喷头滴漏造成的温室环境污染问题，有效地节省了农药用量。电动部分维护简单，具备良好的防水绝缘能力，使用安全可靠。

喷药泵集成了压力自动控制技术，能根据工作中压力系统的压力变化自动加压，保持稳定的

图2 单喷嘴喷头雾化效果

图3 双喷嘴喷头雾化效果

压力。工作中采用间歇方式，可以通过喷枪手柄的开关实现灵活的间歇工作。

该喷药机可使用单喷嘴和双喷嘴两种喷头。单喷嘴喷头施药主要是针对低量雾化，雾滴粒径小，均匀性高，对育苗喷洒杀菌剂等作业效果较好。单喷嘴喷头的雾化效果见图2。双喷嘴喷头可用于茄瓜类作物的喷药作业。双喷嘴喷头的雾化效果见图3。主要技术参数见表1。

表1 设施标准园用便携施药机主要技术参数

参数	测量值	参数	测量值
外形尺寸（mm）	330×400×830	充电电源	220V输入；PC12V 2A输出
肥箱容积（L）	40	蓄电池（V/Ah）	12/7
压力泵流量（L/min）	2	喷药压力（MPa）	0.2～0.5

三、结果和分析

试验针对喷头进行喷雾稳定性和均匀性测试。试验方法是用干净的塑料桶接住喷头雾化的药液，通过对喷药机的单位时间流量进行试验。研究结果表明，采用单片机控制的方式可以稳定地控制喷药流量，通过控制单元设定的对照压力分别为0.05、0.1、0.2、0.3、0.35MPa时，和压力对应的喷药量具有较好的相关性。当压力持续上升时，受到喷嘴孔径的流量限制，系统的恒压模块开始工作，此时流量不再增加。在施药过程中，施药机作业时的农药流量均匀性是一个重要的指标，决定施药机的作业效果。施药的流量均匀性评价可以用均匀度UC作为一个指标，计算公式为：

$$UC = \left[1 - \frac{\frac{1}{n}\sum_{i=1}^{n}|q_i - q_{mean}|}{q_{mean}} \right] \times 100\%$$

式中，UC 为均匀度，n 为样本数，q_{mean} 是样本均值，q_i 是第 i 个样本值。

结果显示，在 0.05MPa 通过芯片调节流量后的第一组压力 UC 为 99.22%，第二组压力 UC 为 98.41%，第三组压力 UC 为 99.12%。因此，该喷药机喷洒作业的均匀度可以满足实际需要。

四、结束语

经过多次重复试验及田间测试，优选出适用于标准园的标准化施药机基本要求是：①角轮直径不小于 20cm，能拉动其在温室狭小的道路（0.4～0.6m）上灵活行走。②有较好的雾化效果和均匀性。该系统的 UC 为 98.41%～99.22%。③动力（蓄电池）持续工作时间长，大于 3h。

本文所完成的试验研究结果表明，该设备能够满足标准园生产的基本需要，在精量施药、精确控制方面可实现预期目标。

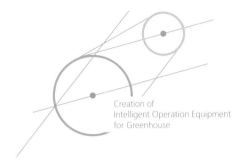

Creation of
Intelligent Operation Equipment
for Greenhouse

设施农业移动式智能小型标准化植保喷药机开发

目前，我国设施农业发展势头迅猛，随着设施园艺标准化生产技术的不断系统化和产业化，生产者对设施农业对应的智能小型机具提出了需求。设施生产技术规程的制定对于解决产品产量低、生产效益差等问题具有重要意义（刘颖、吕英民等，2010）。设施植保设备标准化及其操作规程标准化是设施生产技术标准化的重要组成部分。

设施生产植保作业标准化首先必须要解决的关键问题是装备，开发移动式标准化智能小型农机是解决这个瓶颈问题的关键环节。设施生产受到生产环境的限制，其本身的湿热特点对杀菌剂等的使用提出了较高要求；防治不彻底、不到位都会引发大规模的病虫害；加之通风条件等相对露天农田而言较弱，因此对植保设备喷头雾化的要求较高。温室区别于露天场地的这些具体特点对植保设备提出了严格的要求。这些要求也是设施生产设备标准化小型农机的共性特点，目前智能设备已经基本能满足设施标准化生产的需求。图1为交流电农药喷雾机结构示意图。该设备可搭载多种标准模块（电源模块、压力单元模块、压力流量调节模块），在温室内进行高效的植保作业。作为一种温室作业标准化的搭载平台，该设备可满足温室作业流程的要求，并且所有的接口都是标准的接插头。模块固定和电路、管路连接都采用标准配置的接口方式。其中，模块连接采用304不锈钢连接，电路为防水接插头，药管为不锈钢卡箍连接。

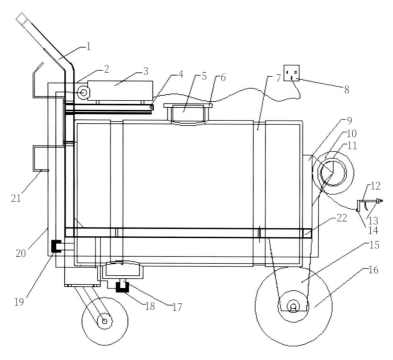

图1 交流电农药喷雾机结构示意图

1. 车架推手 2. 手动调压阀 3. 压力模块 4. 安装架 5. 过滤器 6. 盖子 7. 药液箱 8. 插座 9. 立柱 10. 绕管器
11. 耐磨药管 12. 喷药枪 13. 防滴防堵喷嘴 14. 转动接头 15. 地轮升高板 16. 地轮 17. 药液出口 18. 多路阀
19. 液位模块 20. 喷药管路 21. 电线绕架 22. 机架

一、功能特点

作为推荐的标准设备，其本身针对温室蔬菜生产进行了设计优化，在结构和控制上都充分考虑了温室生产实际需求，主要从5个方面进行设计。

该温室交流电喷药机可使用220V照明电源作动力，以便于在普通温室内获得；也可以搭载12V蓄电池，通过更换蓄电池备用模块实现无电线自由行走作业，解决偏远温室以及温室中不便拉电线的位置上照明电取用不方便的问题。通过绕管器可方便缠绕高压药管，防止室内种植的密集作物缠绕；选用三级过滤系统，解决药液残渣堵塞设备喷头的问题；喷枪通过把手可调节喷雾锥角和喷雾距离，喷枪设有防滴漏和防堵喷嘴，彻底解决了温室作业的实际需要，同时解决了滴漏导致室内湿度增加的问题。该机设有地轮，可方便地在不同温室之间移动使用，根据温室实际路况更换直径不同的地轮，以提高底盘离地间隙，解决温室建造档次不同路面存在差异和进出温室门槛的问题。

二、技术参数

这种温室电动精量喷药机作为设施生产植保的标准设备，其结构特征有很强的针对性。机架的宽度在0.5m以内，底盘高度为0.3m以上；装有药液的药筒重心高度1.0m以内，固定于所述机架上，该药液箱设有多级过滤和废液回收口；所用动力方便获取，一次准备可连续工作1个工作日；喷射距离和流量可调节；药管8.0m以上，可缠绕。搭载蓄电池模块和电子流量压力调整模块的喷药机见图2。

该精量喷药机的控制模块采用拨打开关或者旋钮式可调电位器调节来实现对压力单元转速的控制，进而控制输出压力和流量。喷药机采用12V免维护蓄电池作为动力，底

图2 搭载蓄电池模块和电子流量压力调整模块的喷药机

盘宽度480mm，一般温室道路宽度都可满足。高压药管长度为10m，可满足一般温室8m宽度的作业要求；药管可选择更换50、80m不同规格的高压管，方便更换，在非工作期间可以缠绕在绕管架上。该喷药机配备多种喷枪可供选择，根据作物的不同生长期和病虫害情况及时选择合适的喷枪和喷嘴。设备在0.1~0.6MPa能够稳定调整压力。目前已为该机已经申请国家专利，通过北京市农业机械试验鉴定推广站的农机检验，起草相关的企业标准并在标准局备案，积极参与行业标准的撰写申报。

该精量喷药机特别提升了离地间隙，最大离地间隙可达350mm，以方便在不平路面上灵活移动，基本上适应温室的上下台阶及在温室之间的田地中移动使用。该机同时增大了地轮直径，选用充气式轮胎，可有效地减少行走过程中的颠簸。药液箱选用加厚的增强PVC材料，在低温和高湿的环境下不会发生椭圆变形以及开裂的问题，非常适合温室环境下的生产作业。设备具体参数见表1。

表1 设施农业移动式智能小型标准化植保喷药机主要参数

参数	测量值
外形尺寸（mm）	970×480×1050
肥箱容积（L）	125
工作压力（MPa）	0.57
压力泵流量（L/min）	2

三、操作规程标准化

我国是一个农药生产和使用大国。近年来温室种植发展迅速，温室生产中的施药需求很大，但目前大量使用的汽油机驱动的喷药机在温室内作业时会产生严重污染，对温室作物的品质产生影响；同时喷嘴的滴漏和堵塞不但降低农药的使用效率，而且成为喷雾作业的瓶颈问题。温室交流电喷雾机利用交流电作为动力，在温室密闭环境下作业时不会产生烟气污染；在不同温室之间移动使用较方便，工作效率较高，喷枪防漏防滴，可有效提高农药的利用率。

同时，温室农药喷雾机作为一种采用电力为动力，特别是一种在密闭环境下从事施药作业的设备，其操作规程必须标准化，才能保证人身安全和食品安全，并满足科学施药的要求。可将规范的重要性分为1～5个评价等级，每个等级1颗星，5颗星为最重要。主要的规范要求为：

★★★★★ 残留农药的药筒清洗工作一定要配备口罩、手套等防护装置，在专门的地点用专用工具清洗后擦拭干。远离人畜及水源500m以上。处于下风口清洗。

★★★★ 施药时防护装置要到位，包括防护服（连体样式，防水透气，头发耳朵都遮挡）、口罩（透气性好，防护等级高）、防护眼镜、手套（加厚加长）、加厚雨靴。没有防护装置不得接触植保设备，即使药箱中是清水也不能接触。

★★★ 冬季放水防冻要实行登记制度，登记内容包括责任人、放水时间、存放地点等。

★★ 施药时从每行的里侧往外退，施药时避免脸部、口鼻、手腕等部位接触作物。

★ 作业前进速度要均匀，根据速度设定流量值，匀速作业。

四、标准化培训和展示

标准化培训和展示工作是设施标准装备推广的重要环节，可以依托当地基层的农业机械和农业技术推广站开展，获取相关科技示范项目的资助，并配套一定的媒体平台，扩大标准化推广的社会认可程度，得到相关部门和领导的重视和支持。要坚持持续性、深入性和有针对性，培训和展示彻底到位。

以精量喷药机在京郊的标准化培训展示为例，该设备在密云温室示范基地的标准化应用得到了相关部门和领导的大力支持，进行了多次的技术展示和示范。北京市农业机械试验鉴定推广站对该设备进行检验，并出具相关检验报告。设备的标准化培训推广得到了果类蔬菜产业技术体系北京市创新团队项目支持。项目组在多次召开的北京全市基层推广站和植保站站长及技术骨干技术交流学习中，都对该设备进行了重点演示和技术讲解，累计有近千人次参与交流学习。图3为设施蔬菜标准园机械设备展示现场会。北京市农业局的相关领导亲临温室观看技术演示和介绍，并给予好评。图4为京郊区县技术员和基层领导现场观摩温室内现场技术演示。设备在温室生产

图解温室智能作业装备创制

图3 设备展示现场会

图4 温室内现场技术演示

中的应用和示范依托密云农业技术推广站进行，标准化培训和示范中发现的问题每周都进行归纳改进和优化，以提高培训展示的质量水平。

五、展望

标准化是一个广泛参与、群策群力的重要系统化工作，对于一个行业的产业长远发展具有重要战略意义。农业装备是标准化中比较薄弱的环节，如何做好这个工作，需要很多人付出艰辛的努力。植保作业设备从原理和应用角度而言，发展得比较迅速，比较容易统一成一个被接受的标准。但同时，装备的标准化非常依赖农业种植技术的标准化，需要整合为一体，同步前进。本文针对我国温室装备发展的具体情况，选择了一款标准化设备进行装备标准化推荐和示例，同时对有关植保装备标准化进行探讨，相信对该项工作的进步能起到一定的推动作用。

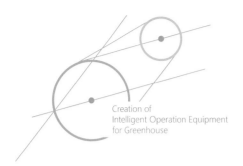

设施农业用新型喷洒
喷头综述

改革开放以来，我国的农药工业进入蓬勃发展时期，农药品种与产量成倍增长，现代高效品种投入生产，生产技术与产品质量得到显著提高，一些生产技术已达国际先进水平。而农药的施用技术在我国的发展与发达国家相比却一直没有较大的进展，多数地区农药的喷洒仍多是使用传统的手动喷雾器，该种喷雾器担负着全国农作物、虫、草害防治面积70%以上的喷洒重任。由于喷洒器械落后，每年造成大量的农药无效损耗，这些浪费的农药既污染环境又提高生产成本。

喷头是喷雾器的重要组成部分之一，对农药的安全及高效使用起着决定性的作用。喷头的形式决定化学农药的喷洒数量和喷洒方式，液滴式喷头是目前普遍使用的喷头，它对减少喷洒漂移及喷洒危害造成的损失起着决定性的作用。试验证明，小雾滴喷头适合喷洒杀菌及杀虫剂，这样喷洒的雾滴对喷洒靶标具有较好的覆盖性。大雾滴喷头具有较好的穿透性，在植物生长的情况下可以将更多的喷洒液滴喷洒到土壤表面。采用低漂移喷头是减少喷洒液滴漂移的一个有效方法，因为在喷洒过程中，喷洒雾滴的大小对喷洒液滴在靶标上的沉积和减少漂移起着决定作用。

减少喷洒雾滴漂移过去常采用增大喷洒雾滴的方法，而增大雾滴的同时也就增加了喷洒的药液量。这样不仅增加了喷洒过程中的用水量，在设施温室内使用明显增加了设施温室内的空气湿度，容易引发各种各样的病害，与此同时也降低了劳动生产率。因此，科学合理选择最佳的喷洒喷头是设施农业生产的重要技术之一。

一、预开孔扇形喷头

预开孔扇形喷头（pre-orifice flat fan，图1）。在普通扇形喷头的喷口前方插入一个预先开口的小塞，增加该小塞后，进入喷头喷口喷洒溶液的压力得到降低，这样

喷洒出的液滴直径要大于常规的无预开口的喷头。喷洒过程中喷洒压力表指示的压力并不是喷头出口处的压力。它的主要规格有从80015到8005各系列的喷头，也包括喷角为110°的系列喷头。该种喷头的喷洒压力，最高压力不能高于0.41MPa，最低不能低于0.2MPa，工作时的最佳压力为0.28MPa。该类喷头的优点是较普通扇形喷头的漂移可减少50%，但其不足是堵塞时不容易清理。该种喷头适用于设施作物不同苗期的灌溉管理。随喷洒压力的提高，喷洒雾滴的直径也呈逐渐变小的趋势。各种喷头在不同喷洒压力下的雾滴情况见表1。

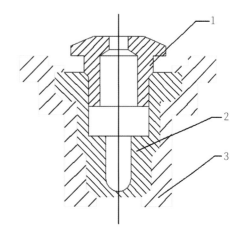

图1 预开孔扇形喷头结构图
1.塑料计量帽 2.喷头尖 3.喷尖座

表1 不同预开孔扇形喷头喷洒雾滴随压力变化情况

喷雾压力 （MPa）	DG80015	DG8002	DG8003	DG8004	DG8005
0.2	M*	C	C	C	C
0.24	M	C	C	C	C
0.27	M	M	C	C	C
0.345	M	M	M	M	C
0.4	M	M	M	M	M

*雾滴分为6个等级：VF. 很细（100μm以下）；F. 细（100～200μm）；M. 中（200～300μm）；C. 粗（300～400μm）；VC. 很粗（400～450μm）；EC. 极粗（450μm以上）。

二、文丘里防漂移喷头

目前在国际市场上有许多种文丘里喷头出售。该类型喷头有如下共同特点：有1～2个计量孔，其中一个孔形成喷洒所需的液滴形状，该孔稍微大于计量孔。在这两种孔的中间是一个文丘里孔。在喷头体内吸入的空气与喷洒溶液相互混合，从而形成喷洒液体与空气的混合体。因而在喷头出口处喷洒的压力得到降低，喷洒的液滴中含有气泡，避免了易漂移小液滴的形成。由于喷洒出的液滴中含有气泡，因而液滴在接触到喷洒的靶标后会发生破裂，从而增加靶标上的喷洒液滴数量，增加化学农药的喷洒覆盖效果。

1. 文丘里分离喷头

文丘里分离喷头（Greenleaf公司，型号TurboDrop）是最早的一种文丘里喷头。图2是文丘里分离喷头结构示意图。该种喷头的喷尖可以从喷头体上分离下来换上其他的喷尖，从而适应特殊的喷洒功能。例如，装上特殊的喷嘴后即可增加喷洒液滴的直径，加大喷洒的范围。但是在变换喷尖的过程中，一定要遵照生产厂家推荐的流量标准进行配置。该种喷头喷洒压力为0.2~1MPa时，可以获得较好的喷雾效果，最佳的喷洒压力应为0.42~0.56MPa。该种喷头的优点是可以安装在标准喷头的快速接头座上。陶瓷计量孔可确保长时间使用，避免由于该孔磨损而影响喷洒喷量。喷尖采用可分离的结构方式，使得喷头堵塞清理变得异常容易。该种喷头在设施温室内主要是用于大面积温室育苗床的灌水。

2. 低压扇形喷头

低压扇形喷头（美国喷雾系统公司，型号Turbo TeeJet Induction，图3）的结构类似于Greenleaf公司的TurboDrop文丘里喷头，与上述喷头不同之处是整个喷头都是由塑料构成的。该喷头属于低压喷头，若想达到一个好的喷洒模式，喷洒压力应为0.1~0.69MPa。喷雾压力达到0.5MPa时，仍可喷洒出大的雾滴；但若喷洒压力超过0.5MPa，则开始产生一些小雾滴。该喷头最佳的喷洒压力为0.4~0.55MPa。该喷头的优点是也可安装在标准喷头快速接头座上，特别适合于安装在喷雾压力低、压力变化幅度大的喷雾器上。该喷头具有较宽的喷雾锥角，因此喷洒覆盖性能较好，在设施温室内灌溉苗床育苗作物，可以明显降低喷灌在喷洒压力较高情况下造成的喷洒水分的漂移损失。

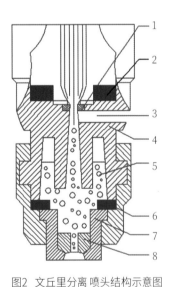

图2 文丘里分离 喷头结构示意图

1.陶瓷计量孔 2.密封圈 3.进气孔
4.上喷体 5.气泡 6.密封圈
7.喷头座 8.喷头

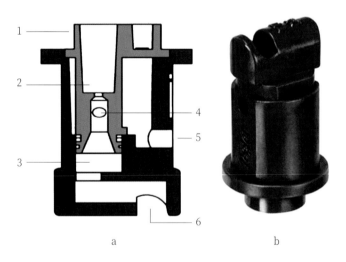

a

b

图3 低压扇形喷头

a.结构示意图 b.实物

1.可移动计量插入体 2.计量孔 3.混合室 4.空气吸入内孔
5.空气吸入外孔 6.液体喷出孔

  图解温室智能作业装备创制

3. 文丘里气助喷头

文丘里气助喷头简称AI喷头（系统喷雾公司，型号Teejet Air Induction，图4）。喷头的喷嘴是由耐磨不锈钢制成的。该种喷头主要用于农药带状均匀喷洒。若要得到好的喷洒扇形，喷洒压力应为0.28～0.55MPa。最佳的喷雾压力为0.4～0.55MPa。该种喷头产生的雾滴略粗于其他文丘里喷头，即使在很高的喷雾压力情况下仍可得到直径较大的喷洒雾滴。因此，在灌溉用水过滤条件较差的灌溉地区，使用该喷头具有较好的灌溉效果。

虽然大多数文丘里气助喷头标定的最小压力为0.2～0.28MPa，但在实际条件下若想得到好的喷洒效果，喷头的喷洒压力必须大于该压力。若喷洒的压力低于推荐的喷洒压力，则喷洒液体不能形成较好的喷洒扇面，与此同时它也使通过吸气孔进入喷头体内的空气量减少，从而影响到空气的吸入机制。若在喷洒的液滴内部没有包含空气泡，则喷洒的覆盖性能不好。文丘里气助喷头在气候变化的环境中使用，由于其具有较大的雾滴直径，所以其防漂移和穿透特性均较好，因而在生产实践中的应用也变得逐渐广泛起来。

三、双扇形喷洒喷头

传统的扇形喷头在喷洒化学农药时只产生一个喷雾扇形，而且喷洒的扇形垂直向下，若是使用机械化喷洒化学农药，化学农药只是喷洒在作物的顶部，而利用双扇形喷洒喷头（图5）可以避免以上不足。双扇形喷洒喷头在喷洒化学农药时，化学农药以两个斜向的喷洒扇形喷向作物，因而喷洒的药液除了在作物的顶部外，在作物的顶部下方也可以实现覆盖，因此该种喷头在设施育苗化学农药喷洒过程中得到了广泛应用。

近年来随着电子控制技术的快速发展，喷头的精量喷洒控制技术得到了空前的发展。喷洒系统通过实时调整喷洒系统的喷雾压力和喷雾流量，结合使用适当的喷头，可以准确实现喷头的精量喷洒，从而使得各种不同构造的喷洒喷头得到了广泛应用。

图4 文丘里气助喷头

图5 双扇形喷洒喷头

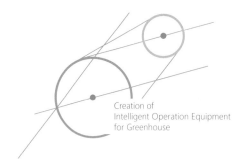

Creation of
Intelligent Operation Equipment
for Greenhouse

用于果蔬作物的背负电动变量
喷雾机研究

中国是一个农业大国，农业生产中对农药的用量非常大，然而传统的喷药方式比较落后，每年造成大量的农药浪费，对周围环境、人畜和地下水造成了一定的污染。温室特有的封闭、潮湿环境为病虫害的发生和传播提供了条件，温室作物病虫害相对严重，对杀菌剂的需求很大，因此需要频繁进行施药作业。目前，国内温室生产大多采用粗放的施药方式，即大型基地采用柴油机带动柱塞泵增压后，用高压管连接简陋的喷枪进行施药，农户则一般采用手动加压喷药器喷药。上述施药方式导致"滴、漏、跑"现象严重，施药人员作业时的人身保护措施也较欠缺。因此，迫切需要提升该领域的技术水平，开发一种可变量调节的电动喷雾机。和传统的喷药机械相比，可变量调节的电动喷雾机要求不但能提高喷药机械的精度，提高农药的有效利用率，而且能明显地减轻劳动强度。本文所述背负电动喷雾机对于提升小型喷雾机械的性能和农药利用率有非常明显的作用，具有良好的市场推广潜力，对促进京郊喷雾植保机械的技术提升具有非常重要的意义。

一、工作原理

背负电动变量喷雾机（本节简称为背负喷雾机）采用旋钮式可调电位器调节脉宽调制信号（PWM）来实现对压力单元的变量控制，进而控制压

图解温室智能作业装备创制

力的大小和喷药流量。其控制系统由电源模块、脉宽调制模块和放大驱动模块组成（图1）。

电源模块由L7805CV稳压模块及其周边电路组成，为脉宽调制模块供电；脉宽调制模块芯片及外围电路构成多协振荡器，产生PWM脉冲信号送至放大驱动模块，可使用与脉宽调制模块相连的旋钮电位器来调节PWM信号的脉冲宽度；产生的PWM脉冲信号通过放大驱动模块放大后能够实现对电机的驱动和控制，实现压力调节和喷药量的变量控制。其中，电源模块、脉宽调制模块、放大驱动电路都封装在背负电动变量喷雾机的控制盒子内部。控制盒子采用防水设计，能够有效避免控制器工作的喷雾对潮湿环境的影响。旋钮式可调电位器安装在盒子的外侧，方便喷雾作业时对

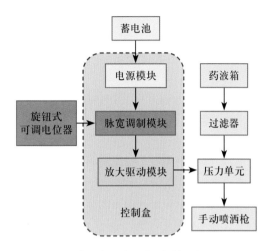

图1 背负电动变量喷雾机的工作原理

喷雾压力和流量进行调节。旋钮式可调电位器的底盘部位可以标上刻度，操作人员可以通过刻度读取调节的流量。旋钮式可调电位器的调节范围可以通过脉宽调制模块预先进行设定，并且旋钮式可调电位器的调节范围可随时进行系数调整，以满足生产中对不同压力和流量的要求。

电源模块通过防水接头后和外部的蓄电池连接，蓄电池可以使用作业的电动喷雾机配备的电池代替。电源模块从蓄电池获得电源后对电源进行稳压，供给控制器内部的脉宽调制模块使用。脉宽调制模块通过调节后产生不同的脉冲宽度，实现压力单元的变量调节。脉宽调制模块本身不能驱动功率很大的压力单元电机，可以在脉宽调制模块的输出端连接放大驱动模块后，再与连接压力单元连接。

二、系统构成

该设备由蓄电池、变量控制部分、压力单元、管路、喷枪5部分组成（图2）。变量控制器采用模块封装技术，所有的控制部分都封装在防潮的控制盒子里面。药液首先从药液箱中在压力单元的作用下被抽出，经过过滤器过滤掉多余的不溶性杂质，然后进入压力单元。控制盒子

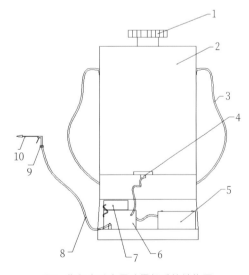

图2 背负电动变量喷雾机系统结构图

1.过滤网 2.药液箱 3.背带 4.出液口 5.蓄电池
6.压力单元 7.变量控制器 8.高压药管
9.转动接头 10.手调喷药枪

底座设有U形安装孔，操作人员可以使用螺栓将控制盒子固定在电动喷雾机压力单元的上方或压力单元和电池的中间。控制盒子底部设有防水接头，可以防止控制电缆在作业时被拉动，影响控制器的内部稳定。防水接头能有效地保证控制盒子内部不会受到外力的影响，控制盒子的盖子密封处设有垫圈，也可起到防潮、防水的作用。药液到达压力单元后，打开电源开关，捏下喷枪的手柄时，喷嘴开始喷雾，此时稳压装置自动监测压力的变化幅度，压力单元根据压力变化情况间歇加压，保证压力恒定在合适的范围内。

如果此时需要调节喷雾压力和喷药流量，可以旋转旋钮式可调电位器。通过旋转调节旋钮式可调电位器，控制器的脉宽调制模块会调节脉冲的宽度。脉宽调制模块通过电缆，经过防水接头和压力单元接口相连，从而使压力单元的转速变化。脉宽调制模块和压力单元的转速呈一定的线性对应关系，可以通过旋钮式可调电位器的刻度读出具体数值。使用旋钮式可调电位器将压力调节到合适的数值后，压力单元的高压输出口通过压力水管及防水接头进入控制盒子中，连接着控制盒子里面的压力表。因此，调节旋钮式可调电位器的同时，就可以从控制盒子面板上的压力表上直接读出压力单元的压力。变量控制部分包括很多指示装置和保护装置。其中，拨打开关闭合时，驱动指示灯发光，起到工作提示的作用。保险盒为外置式，可以在保险管受到损坏时灵活地更换对应的保险，使用方便，操作简单。

三、系统特色

所有的压力部分和控制部分都安装在背负电动变量喷雾机药筒的下方，不会影响温室施药作业的便捷性和灵活性。充电蓄电池采用多层绝缘保护，可以确保施药时药液飞溅不会损坏设备。压力单元等关键部件都进行防护处理。变量控制器可以根据作物的大小以及喷洒农药的种类灵活

图3　背负电动变量喷雾机变量控制模块

控制压力和流量的变量，并方便地进行喷雾锥角和喷射距离的调节。变量喷雾机变量控制模块（图3）采用旋钮电位器控制压力，可实现精确无级调整，灵活实现变量控制。

四、应用

该设备在北京市密云蔬菜展示基地进行示范应用，针对迷你黄瓜实施精准施药管理。雾化的粒径和均匀度与传统的手头喷雾器相比，由于压力稳定性和喷头防滴等方面的优势，明显提高了喷雾作业效率。在北京市大兴区北蒲州的温室蔬菜基地工厂化育苗过程中，针对秧苗不同生理期可承受的喷雾压力和喷雾流量实现变量调节，有效保证了该喷雾机的针对性和适应性，明显提高了喷雾的作业质量，保证了病虫害防治的科学性和彻底性。

五、展望

温室背负喷药机目前在国内具有很大的市场份额，因操作简单、价格便宜而受到广大种植户的青睐。但是，目前市场上手动喷雾器技术水平不高，其选用的喷头在经过几十小时的使用后，喷孔的直径变化较大，很难满足精准施药对雾滴粒径均一性和喷雾压力稳定性的要求，造成喷药质量无形中的下降，引发病虫害防治效果不好、农药有效利用率低等，一系列问题，影响农业生产经济效益。实际上，目前市场上的电动背负喷雾机因为没有变量控制装置，很难做到适用于不同作物和同一作物不同生长期的喷雾需要。因此，该设备将变量控制装置模块化设计，也可以将变量控制装置集成安装在目前已有的简单电动背负喷雾机上，实现对传统喷雾装置的技术升级，通过装置配套的精准施药高效喷头和防滴漏装置，对目前广泛应用的手动喷雾机和电动喷雾机实现优化改造，提升温室喷雾的整体技术水平。该设备非常具有针对性，技术成熟，经过农业机械部门的推广应用后，必定能起到很好的辐射带动作用。

温室精准变量喷雾机械在北京京郊的示范推广应用得到了果类蔬菜产业技术体系北京市创新团队设施设备功能研究室多次的现场示范推广，取得了很好的反响，在京郊产生了很好的辐射带动作用，促进了智能设施施药设备的快速普及和推广。

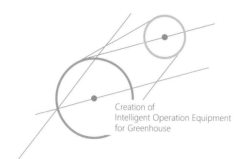

Creation of
Intelligent Operation Equipment
for Greenhouse

新型背负式电动喷药机的
设计

　　温室喷药是一个重要的生产环节。该过程具有作业频繁和劳动强度大等管理特点。一般温室越冬蔬菜需要每周喷药1～2次。针对这一环节的药械开发成为技术热点。传统的施药器械多为手动加压的方式，由于价格低廉得到大范围推广，其不足之处是劳动强度较大、雾化均匀性不好。近年来，有的地区通过大功率电机或汽油发动机作为动力源，利用高压柱塞泵加压和几十米的多层高压管来对温室进行喷药，往往需要2～4人同时拖拽高压管，能快速喷药；缺点是施药不够精细，需要劳动力较多。国内的科研机构也开发有一些智能化喷药装备，利用传感器和单片机实现精准化控制。笔者曾作为主要完成人开发了温室施肥施药一体机、温室高效喷药机等诸多药械，对该领域的技术进步也发挥了一定作用。

　　考虑到温室空间狭小的特点，相比四轮可推动的喷药机而言，背负式结构灵活性、便捷性的优势相对明显。笔者在《农业工程技术·温室园艺》期刊撰写发表的"温室智能装备系列之十六·用于果蔬作物的背负电动变量喷药机"一文中详细描述了该技术细节。该类型喷药机通过多年推广后，在实际生产中发现了一些问题，对其原有的薄弱技术环节进行优化设计就非常有必要。

一、原理

　　新型背负式电动喷药机的设计主要解决的问题包括电池、压力泵、底座、

喷杆和喷嘴5个部分。将电池设计为新型锂电池，压力泵变为内置的紧凑型结构，增加了药械的强度，极大地简化了底座结构；另外，对喷杆的把手部分增加了外接的压力接口，将喷嘴改为组合式密封结构，增加了喷药机对各种喷头的通用性。新型背负式电动喷药机和旧型技术原理的对比见图1。

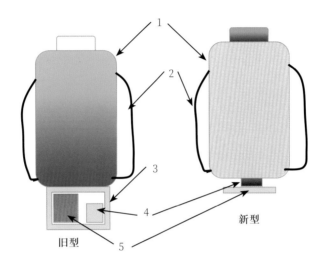

图1　新型背负式电动喷药机和旧型技术原理对比

1.药筒 2.背带 3.底座 4.压力泵 5.电池

二、结构设计

采用紧凑型的内嵌式结构，压力泵由药筒保护避免撞击受损。药筒采用大弯曲结构，背负时与作业人员有更大间隙，提高了舒适性，同时增加了药筒的机械强度。进一步对技术参数进行优化：电池选用锂电池，20V 1.5AH，50g，是原有电池质量的5%。充电底座和电池结构见图2和图3。电池充好电后采用插入锁扣的方式固定在底部。压力泵直接以嵌入方式（图4）固定在药筒底部，采用圆柱形结构，所占空间少。

底座（图5）选择16mm空心铁管折弯，质量轻，成本低；通过将圆柱形泵和电池布置在药箱正下方的方法，降低重心，减少了喷药机背负时对背部的压力。新型背负式电动喷药机喷杆把手（图6）通过增加防滑海绵的方法改善操作舒适性。预留的快速插口用来外接其他配套传感器，例如通过压力软管连接压力表，对精密喷雾的需求留出功能扩展接口。

喷杆改进后可适用于Teejet系列的喷嘴（图7），能方便地将雾滴较小的Teejet8001喷嘴更换上。圆锥形喷嘴也可通过适配接头（图8）方便地连接上去，能很好地满足大喷雾量的喷雾需求。

图2 充电底座

图3 电池

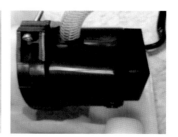
图4 压力泵固定方式

图5 底座

图6 喷杆把手

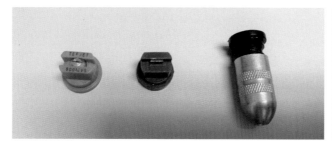

图7 可选用的喷嘴系列

图8 喷嘴适配接头

三、结束语

便携轻便的喷雾器开发是药械研究的一个重要方向，技术起点低，但针对性好，能解决实际生产中的大问题，是药械研发的重要趋势。笔者长期对背负电动喷药机用户的反馈问题进行跟踪分析，通过对新技术的集成创新，设计了这种新型背负电动喷药机，很好地解决了已有喷雾器存在的问题。

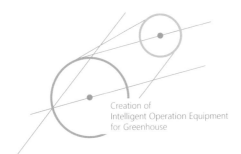

Creation of
Intelligent Operation Equipment
for Greenhouse

便携小区定量喷药箱的设计

　　背负式喷药机价格低、结构简单，得到普遍应用，但其需要频繁打压，压力随打压力度波动，影响雾化质量和喷洒均匀性，造成农药浪费。背负电动喷药机很好地解决了压力恒定的问题，是一个很实用的方向。由于喷杆等暴露在外，机械损坏成为其故障多发原因。手提式压力喷雾器在小型园艺种植中由于维护保养简易，得到了有效推广，且不用背负在身上，可以减轻劳动强度；不足之处是需要频繁按压，以提供压力。采用电动加压和手提结构的喷雾器能够有效地弥补目前设备的不足。朱友常（2002）介绍了一种微型超低容量电动喷雾装置，具有伸缩手柄、雾化盘等结构，同时利用箱式结构将喷枪喷管及配药量杯等装置收纳好，在实际生产中具有很好的普适性，非常适合目前快速发展的温室园艺植保需求，有很大的潜力。

一、原理

::

　　定量喷药箱主要针对进行科学研究的小面积区域农田（简称小区）精准定量喷洒农药或者庭院花草果树的定量喷药，通过便携作业的方式实现施药过程的简单化。

　　装置采用可充电蓄电池驱动，充电接口为快速插拔式金属防水接头，活动式药壶，加压后溶液通过计量传感器采集流量，采用间歇作业方式，压力单元自动感应。喷枪停止喷药后，压力单元自动停止。药管等可放入施药箱中，便于移动及保存。

二、结构设计

便携小区定量喷药箱整体采用箱式结构，缠绕药管直接放入箱中，避免人为物理损坏。箱子外部药管采用快速插拔结构，以解决药管频繁摘取的难题。药壶底座为活动结构，以方便取下药壶进行农药配比和加药。采用软管吸药，以方便取出药管（图1）。电源开关设计在箱子锁扣外侧中部，以方便关闭施药作业。

药壶进气塞设计（图2）的目的是解决药管方便固定和取下，避免光照后药液挥发，以及吸药时药壶内产生负压，增加施药泵的功率负担，耗费多余电量等问题。

图1　药壶及药管安装　　　　　　　图2　药壶进气塞设计

三、应用

便携小区定量喷药箱作为一种便携式施药装置，在灵活性和普适性上得以改进，实现了小型庭院单株或数棵果树和花卉的植保作业，同时进行田间小区试验、定量和多种配比农药小面积精准施药试验（图3），作业效果与传统喷雾器相比具有显著优势。用可替换的可乐瓶等一次性容器提前配比药液，现场喷洒，可节省喷药时间，提高配药精度和减轻施药室外劳动强度。在丰台农业园区进行实际试验测试喷洒，对庭院十多棵果树喷药，从配药到喷洒再到清洗药壶，10min即可完成作业过程，作业效率相比传统药械提高了数倍。

图3　便携小区定量喷药箱田间性能测试

  图解温室智能作业装备创制

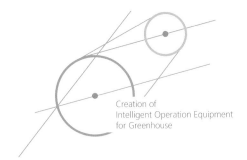

Creation of
Intelligent Operation Equipment
for Greenhouse

一种移动式温室电动风送消毒施药装置

设施农业在京郊发展迅速，对于京郊蔬菜供应发挥了重要作用。随着人们对高品质蔬菜需求的不断增加，生产绿色、高产、无公害的健康蔬菜已成为都市型农业发展的趋势。传统的设施农业病虫害防治方法受到温室湿度和扩散彻底性等的限制，同时会有农药残留问题，迫切需要开发新型的施药消毒技术来解决这一问题。

臭氧是解决温室消毒的重要新手段。孙震（2010）指出臭氧是氧的同素异形体，其分子由3个氧原子组成，在常温下，它是一种有特殊气味的蓝色气体。臭氧的氧化能力很强，其氧化还原电位是2.07eV，是仅次于氟的强氧化剂。臭氧的生成方法简单，成本较低，适合农业生产中规模应用。电晕放电法被广泛应用于农业生产的臭氧发生器中。

一、原理

在常温常压下，含氧气体经交变高压电场的作用产生电晕放电，生成臭氧。臭氧作为一种高效、广谱、快速的消毒剂。其消毒原理是：破坏分解细菌的细胞壁，并加速扩散渗透进细胞内，氧化分解细菌内部氧化葡萄糖所必需的葡萄糖氧化酶等，直接与细菌、病毒发生作用，破坏细胞核糖核酸(RNA)，分解脱氧核糖核酸(DNA)、蛋白质、脂质类和多糖等大分子聚合物，使细菌的代谢和繁殖过程遭到破坏。

笔者利用电场产生臭氧技术开发了移动式温室电动风送消毒施药装置，该装置具备相对能耗较低、单机臭氧产量较大、农业适应性强、易于推广等优点。

移动式温室电动风送消毒施药装置能在温室中移动作业，具备臭氧消毒和烟雾施药两种功能，采用风送方式实现臭氧气体和药雾的快速均匀扩散，借助变量控制器实现消毒和施药的控制。

二、结构设计

机身结构设计为紧凑型，易于转向，推手灵活转动带动转向轮移动作业。电缆缠绕在绕线器上。臭氧消毒发生器产生的臭氧量可通过变量控制器调节控制。生成的臭氧通过风扇中心的喷嘴喷出，随着风助气流迅速扩散到温室中去。药液储存在药箱中，经过加压处理为烟雾，采用风送进行喷雾，利用管路集成实现两种功能一体化作业。其结构原理见图1。

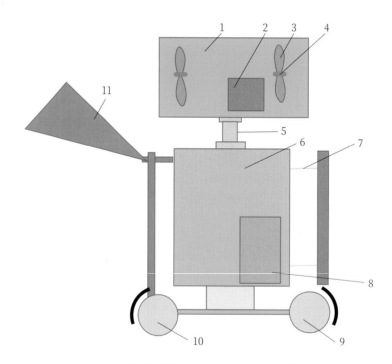

图1 移动式温室电动风送消毒施药装置结构原理图

1.风筒 2.药箱 3.风扇 4.喷嘴 5.转动器 6.臭氧消毒发生器 7.绕线器 8.变量控制器
9.地轮 10.转向轮 11.推手

三、功能特点

移动式温室电动风送消毒施药装置（图2）结构小巧，集成度好，在温室具有较好的转弯特性，作业操作简单，整机宽度小于50cm，可满足京郊大部分温室道路条件。利用风助方式使得气体和烟雾扩散，具有较好的穿透性，覆盖更加彻底，减少防治死角。

该装置采用电机驱动转向轮（图3），可减轻操作者劳动强度，适合不同温室间远距离移动作业；采用链条传动，提升底盘高度；通过把手开关控制轮子速度。喷嘴设计安装在风扇的中心（图4），通过透明软管将臭氧和药液直接输送到气流场中，可提高消毒和施药的效果。

药箱（图5）采用侧挂方式，易于观察药液用量及余量，方便作业时添加药液。由于设计为药管内置方式，因此在风筒作业时摆动或转向不会碰到药液输送管路，结构设计实用性较好。

四、应用

2014年8月8日，北京市植物保护站在顺义木林镇贾山村绿富农专业合作社生产基地，开展了该机的现场演示和技术培训。北京市植物保护站重点推介了其研发的这种装置，该机现场作业的优势受到一致认可。多功能作业机械可节省采购和维护成本，并且具有一机多用的功能，是设施装备发展的重要趋势之一。

图2 整机外观　　　　图3 地轮驱动　　　　图4 风送喷雾　　　　图5 侧挂药液箱

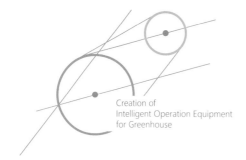

Creation of
Intelligent Operation Equipment
for Greenhouse

温室喷药采摘作业多功能平台设计

温室生产是农业领域劳动密集型的行业，温室中的高温高湿环境、高强度劳动作业，以及登高、搬运等工作要求，使得温室农业生产的劳动力付出超过一些工业环境，并最终导致成本居高不下。采用自动化的农业装备，减轻劳动强度，提高作业环境的舒适性，充分利用温室现有的空间和条件，实现资源的高效利用，是解决这一问题的有效手段。以色列在采摘装置方面进行了较多尝试，设计了行走装置配备2.5m长的机械臂来进行作业，控制部分通过摄像头在电脑上遥控完成（夏天，1997）。出于成本考虑，设计有针对性的多功能平台，操作简单，一机多用，能解决复杂问题，在实际生产中将有很好的应用前景。

一、原理

温室喷药要求全覆盖、不留死角、防治彻底，同时要解决喷药过程中农药落下掉在操作人员身上引起的人身安全问题。设施温室环境对病虫害的防治应以预防为主，因此，生产过程中对喷药作业的需求和依赖性较强，存在预防性施药作业频繁等诸多问题。另外，设施温室的采摘作业往往需要登高，目前大多采用梯子、方凳等工具，作业时不但容易摔倒，造成人身危险，劳动效率也比较低。因此，有必要研发专门的采摘平台，从而高

效、安全地完成采摘工作。此外，若肥料搬运等工作也能够借助多功能作业平台来完成，则比较理想。

基于以上生产现状和需求，笔者所在工作团队研发了一款温室喷药采摘作业多功能平台。图1是该平台结构原理图。在行走底盘上加装多种作业装置，能同时实现采摘、喷药等多种作业功能。通过电机驱动，可以实现自走控制和升降控制。这些辅助的省力装置都能有效提高作业效率。其中，通过升降装置可以采用电动推杆抬升，通过控制器随时调节高度，这样可以在行走的时候比较灵活地调节高度；也可以简化为手动调节，通过滑动套管的螺纹孔来调节作业平台的高度。

二、系统设计

温室喷药采摘作业多功能平台（图2）的设计完全是针对京郊连栋温室种植蔬菜种植架构高的特点开发，喷药过程中不需要高举喷杆，可避免农药雾滴飘落沉积在人的身体上，采摘过程中通过升降平台的自由升降实现高架条件下作物果实的采摘。温室喷药采摘作业多功能平台也可比较方便地搬运其他农业物资。

立柱设计为梯子形结构，经过反复计算，底盘的设计可保证正常作业条件下，作业人员从侧面的梯子攀登，不会引起侧倾。作业人员在平台上喷药、采摘都比较容易。设计的防护栏根据身高设计为腰部以上位置，作业人员探出上身仍然相对安全。

设计时首先考虑底盘（图3）在行走过程中的安全性和平稳性，加大轮间距和前后轮轴距。

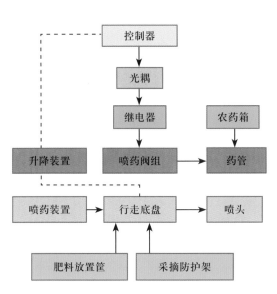

图1 温室喷药采摘作业多功能平台结构原理

图2 温室喷药采摘作业多功能平台实物

该设备设计了用于锁止的支撑轮及特殊装置，以解决作业时装置会在地面上移动及充气轮子负重不平稳的问题。高度通过4个立柱的螺栓孔进行调节，手动升降到合适的位置后，再依次通过螺栓加以紧固。4个立柱设计为可以组装拆卸的方式，以方便运输及根据客户的需要更换电动升降的机械结构。其设备参数见表1。

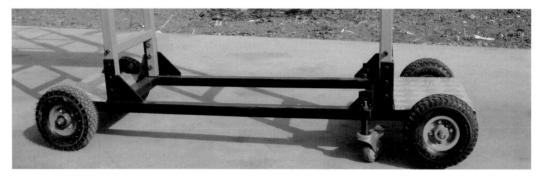

图3　温室喷药采摘作业多功能平台底盘

表1　温室喷药采摘作业多功能平台参数

参数	测量值
平台最大工作高度(m)	970×480×1050
升降台提升高度(m)	3
最小离地间隙(cm)	60
平台额定载荷(kg)	20

三、系统应用

::

　　该作业平台在北京市小汤山特菜基地进行了示范应用，实际工作中能较好地满足生产管理中的施药、采摘作业需求。行走底盘离地间隙的增高，实现了系统对不同地面较好的适应性。

　　针对京郊现代化温室没有固定行走轨道、设备维护技术人员欠缺的现状，果蔬创新团队设施设备功能研究室开发了人工推动行走的轮式喷药采摘车，利用人力推动在温室内部行走，采摘人员可以根据采摘作物的高度来调整采摘梯的高度。这种装置能有效地满足实际生产中的大部分问题，当然也存在不足，比如施药过程中，下面推动小车行走的人员会受到农药雾滴沉积的威胁。因此，笔者团队进一步开发了温室轨道式自走式喷药采摘装置。单纯从维护复杂程度和技术要求来说，简化的人力推动装置使用更简单、成本更低，更有利于推广应用。

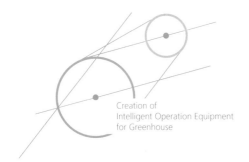

Creation of
Intelligent Operation Equipment
for Greenhouse

温室精准点动农药
喷洒系统研制

多年来，温室喷药一直是广大农业工作者关注的对象。以往对农药喷洒的研究多是对于农药喷洒效果的研究，而对于农药的定量喷洒则缺乏进一步的研究。随着环保农业概念的提出，对温室农药是否残留、是否有效利用等提出了更高的要求，在这方面国外早有研究，并且在温室农药的精准喷洒上取得了诸多成果；而我国的温室农药喷洒技术大多数落后于西方发达国家，农药喷洒往往不到位，在农药的精准喷洒上更是如此。这样很容易造成温室农业喷洒的不均匀与农药的浪费，从而导致一系列问题，如土壤农药污染、农药残留过大、农作物减产等。为了解决这方面问题，笔者团队设计了一套温室精准点动农药喷洒系统。该系统通过用户键盘输入所需要的农药用量，系统经过内部运算，比较精准地控制直流水泵的开启时间，进而输出用户所需要的农药用量。这样可以保证农作物用药的精准度，降低农药过量喷洒带来的土壤污染，解决农药利用率低的问题，进而有效增加农作物的产量，提高用户的经济收入。另外，为了快速进行温室喷药，减少设置时间，该系统拥有一个点动的控制功能，即在相同剂量的喷洒时，系统会记忆当前的设置量度，用户只需再次按下开启键即可重复以前的操作，方便省时。

该系统采用美国ATMEL公司的AT89C52单片机作为控制系统的主控芯片。该单片机经历了几十年的发展，在农业用途嵌入式控制器系统开发领域具有明显的优势。AT89C52单片机具有价格低廉、性能稳定、经济耐用、容易控制等优点，适用于农业上专有微型控制系统的订制开发。另外，控制系统中配套选用（L298）直流电机控制芯片。该芯片具有控制简单、功能多重的优点，可以利用对单片机的编程控制L298，从而实现直流水泵的正转、反转、停止、急停等功能，有效控制直流水泵的转速，达到在喷药过程中控制流量，整体控制农药精准定量喷洒的目的。

一、工作原理

随着直流水泵工作时间的增加，喷药量会随之线性增加，因此可以转化研究对象，从对喷药量的控制转化到对喷药时间的控制，然后通过对单片机内部定时器的编程，利用内部定时器的中断来控制直流水泵的开启与闭合。当系统运行开始后，用户首先通过键盘选择大流量喷洒和小流量喷洒档位，然后输入需要校核的时间，获取接收到农药的校核量，再通过键盘依次输入用户接收到的校核量和实际用户需要喷洒的药量，之后，按下启动键，单片机会对输入的数据进行运算，即把需要输出的农药流量换算为实际单片机控制直流电机运转的时间，这样就变相地控制了喷洒农药的流量，从而实现农药喷洒精准定量的目的。

二、硬件电路设计

主控CPU芯片采用美国ATMEL公司的AT89C52单片机。它除了具有控制简单、价格低廉的优点之外，还具有数量众多的成熟外围电路。配套的外围电路主要包括驱动芯片和液晶模块等。其中，直流水泵驱动模块采用L298。这款经典的L298是双H桥高压大电流功率集成电路，适合控制喷药泵。外围的液晶模块电路能兼容多种液晶模块。

1. L298直流水泵驱动模块

L298是双H桥高压大电流功率集成电路，用来驱动两个直流水泵负载，可以方便地控制直流水泵的正反转与停止。由于L298每一路输出正常可以提供1A的电流，峰值电流可达3A，将每个L298的两路输出并联后驱动直流水泵，则可以输出2A的电流，每一个芯片能驱动一个直流水泵。芯片通过TLP521光耦元件与单片机IO口相连来控制直流水泵的停转，ENABLE与单片机输出PWM信号相连来控制直流水泵的转速。芯片输出端口连接直流水泵。

2. 显示模块

为了获得简单稳定的人机交互功能，显示部分采用MSR12864R液晶显示器。该显示器采用ST7920液晶控制驱动器，ST7920内置128×64—12汉字图形点阵的液晶显示控制模块，用于显示汉字及图形。该模块提供并行和串行两种连接微处理器的方式，由外部引脚PSB来选择，当PSB写1时选择并行，写0时选择串行。基于本系统利用较多的单片机IO口资源，选择串行方式进行液晶的数据命令传输。图1是温室精准点动农药喷洒系统的液晶模块接线图。

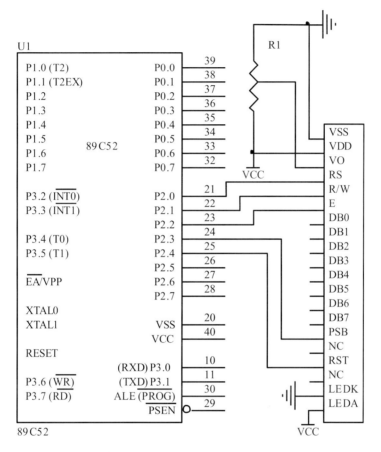

图1 温室精准点动农药喷洒系统的液晶模块接线图

三、系统软件设计

该系统软件（图2）是基于C语言开发的。C语言开发可提高程序开发效率，便于程序移植。

本系统的算法控制基于输出的流量和直流水泵工作时间成正比，公式如下：

$$Y=kT$$

式中，Y为直流水泵流量；k为斜率；T为直流水泵工作时间。

从公式可得，要改变水泵的流量，可通过间接地改变直流水泵的工作时间来实现对施药量的控制。温室精准点动农药喷洒系统通过时间精准控制实现对施药量的精确控制。

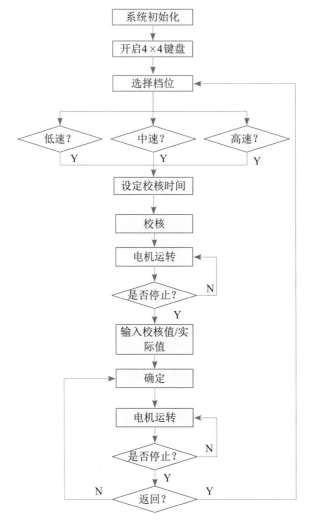

图2 系统控制软件流程图

四、功能特色

1. 交互操作简单

该系统设计精准有效、功能明确，用户不需要了解控制系统内部构造和控制系统原理，仅仅通过键盘操作即可使用。首先，用户打开电源开关对系统通电，等待系统初始化结束后进入控制

系统设置阶段。用户通过键盘根据自己的喷药量来选择低速、中速、高速运转的模式，然后根据自己需要的流量来设置输入校核时间，利用量程范围合适的量筒来测量输出的校核值，并记下当前的校核值，用于下一步的校核输入设置；获取校核值之后，用户根据液晶显示器的说明依次输入校核值和用户实际需要输入的喷药量，等待用户输入完成后，即可按下确定键，系统会按照用户当前设定的输出值开始精准喷雾操作。

2. 喷雾高效实用

本产品特别适合于大面积同类植株的喷药操作。为方便使用，笔者团队特别设计了一个点动的功能，即用户设定好喷洒量之后，系统会记下当前的喷洒量，如果系统没有断电或者重新修改输出数值，则系统会保持当前的喷洒量不变。对下一个植株进行同样剂量的农药喷洒时，用户不需要再次设置喷洒量，唯一的工作就是再次轻轻按下开关键即可重复以上的喷药操作，使用方便，可大大节省喷洒农药的时间。如果用户需要对喷洒量进行调整，则需要重新设置喷洒量。用户只需要按下返回键即可重新设置喷洒量，操作步骤仍然是依次输入校核值和新的输出药量值，设置完毕后按下开启键。这种操作可使控制系统更加灵活，喷雾更加高效实用。

3. 控制系统轻巧耐用

本控制系统属于肩背式控制系统。整体机器骨架采用轻型塑材制作，质量比较轻，药箱容积15L，完全可由一人操作完成。控制系统自带充电电池，这样用户就可以方便地进行田间喷药作业，因此可广泛使用于温室、大田等多种场合。另外，控制系统本身的电路板采用高质量的PCB板制作，焊接精良，元器件多采用质量可靠的产品，增加了整套控制系统的使用寿命，因此可以良好地适应于室内外的各种环境条件。

4. 简单培训即可操作设备

针对中国目前大部分种植人员农机操作技术水平较低的现状，点动精准定量喷药控制系统采用简单的手动控制模式，用户按照用户说明手册通过简单的键盘操作即可完成数据的设定。另外，本控制系统购买成本和维修费用较低，适合国内大面积推广使用。

五、实用技巧

使用该系统时，操作人员必须穿专门的防护服，带防护面罩，防止农药中毒。在使用控制系统之前，用户需要了解植株的药量需求情况，以便进行药量设置。在系统接收输出校核药量的时候，务必要保证校核的药量全部收集到量筒中，并要准确读取校核量，这样控制系统才能通过内部运算得到用户输入的准确药量。如操作不正确，则会导致实际喷洒药量或多或少，从而背离了本系统设计的初衷。在喷洒的过程中，用户要根据自己的实际情况选择合适的校核时间。校核时间过长，会导致校核输出值过大，不方便用户接收；校核时间过短，会导致校核输出值过小，不方便用户读数。用户在每次用完此装置后，要及时对药箱内部进行彻底刷洗，以防本次药物残留对下次药物药性产生影响。由于控制系统电路板没有进行防水处理，用户在使用时要特别注意，控制器内部绝对不可接触水分，以防电路板短路，烧毁电机和控制器。

六、应用实例

该系统在北京小汤山国家精准农业示范基地进行了应用，喷洒的杀菌剂为85%多菌灵单剂，制剂用药量为1 500倍液，目标作物为番茄。试验主要目的是验证使用效果和使用稳定性。为此选用了两种喷药机，一种无此控制系统，一种有此控制系统，对200植株番茄进行农药喷洒（每种喷药机各100植株），然后对使用效果和使用时间进行比较。结果表明，有此控制系统的农药喷洒机能够比较全面地控制菌核病、霜霉病、白粉病；另外，在喷药时间方面，有此控制系统的喷药机比无此控制系统的喷药机节省了将近10%，大大提高了农药喷洒的效率。该系统由于节省了喷药时间，间接节省了农药的利用量，从而降低了农药投入成本。

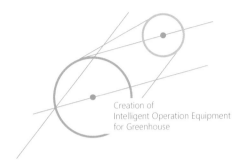

Creation of
Intelligent Operation Equipment
for Greenhouse

设施农业用注入式变量施药装置开发

随着设施农业的快速发展，食品安全日益受到重视，农药精量投入成为一个迫切需要解决的问题，施药逐渐受到人们的关注。作为一种新型施药手段，注入式施药技术是一种依靠特定注射器将药物直接注入植物体"病灶"或利用植物内部循环快速扩散到植物体各部位，实现快速防治病虫害的方法。因为见效快、目标明确，该技术对于植物病虫害防治具有非常好的效果。蒋建科（2001）针对西北农业大学的无公害农药研究介绍了一种给槐树根部直接注射低浓度药液、快速杀灭害虫的装置，效果非常明显。该装置采用根部钻孔，将特定施药装置插入孔中，药液自动缓慢释放，依靠树木自流作用扩散至树木全身。土壤注入式施药是将液体直接输送进植物根部附近土壤里。原理是利用喷雾器的压力，将针头和针杆的前部直接插入作物根系附近的土壤中，能充分发挥农药的药效，且不烧根，土壤不板结，提高工作效率。这种直接将药液注入土壤中的方法，可以避免药液在空气中悬浮和漂移，满足设施农业低浓度、不增加湿度的施药要求，对于设施农业具有较好的应用前景。

注入式施药可以直接到达植物根部土壤的深层，具有吸收快、对靶性强、污染少的特点。但技术较为复杂，使用过程中受到使用人员技术水平和使用地具体环境的相关限制。因此，在我国设施农业生产分散经营、技术人员水平普遍不高的背景下，使用设施用注入式精准变量喷药装置具有易于推广普及、与实际应用密切结合的特点。针对此生产实际需求开发熟化的设施用注入式精准变量喷药装置，配套压力自动反馈稳定的喷药加压专用泵和压力调节装置，具有良好的效果。

　　本文介绍了一种基于单片机自动控制的设施农业用的注入式变量施药装置，该装置主要的技术难点是解决施药精量和变量的问题。同时，针对设施农业环境开发了一种设施专用的精准控制农药喷洒控制系统。为了达到注药量精准控制的目的，本系统采用单片机与L298电机驱动芯片控制技术相结合的方法。通过大量的试验表明，利用此控制系统，可以做到农药的定量精准注入，降低环境污染，减少农业生产中的资金投入。

一、原理

　　精准定量控制系统包括单片机、控制电路、液晶、键盘（4×4矩阵）、输入输出接口、防水外壳等部分。

　　工作控制原理：系统开机初始化后，自动检测键盘，用户手动选择大流量喷洒和小流量喷洒档位。首先进行系统误差系数校正，输入需要校核的时间，单片机自动启动施药装置开始工作，收集喷头的施药量，通过键盘将收集测量的校核药量数值输入单片机，单片机自动完成系统误差校核。误差校核后，系统即进入工作状态，根据自己的需要输入单次注射施药用量，通过单片机对其数据进行运算，控制电机的开启时间，进而达到对农药喷洒流量的控制。每次只需按下注射按钮，即可完成精准定量注射。需要变量施药时，只需修改注药量参数即可，其余计算和控制均由单片机自动控制完成。电源的管理是利用AD转化芯片对电压实时采集，一旦在工作中蓄电池电压低于设定的运行电压，系统就会报警。为了确保精度不受到影响，电压过低时系统会自动休眠。设施农业用注入式变量施药装置控制系统原理见图1，该装置单片机采用ATMEL公司的AT89C52单片机处理芯片，电机驱动模块采用直流电机控制芯片（L298）。L298是双H桥高压大电流功率集成电路。数据采集模块采用MAX197AD转换芯片，实时转换电瓶的电压，进而有效保证直流电机的电压值不低于所设定的电机工作电压。

　　软件的设计从实际应用出发，技术上优先考虑操作的便捷性和界面的友好性，主要是利用德国KEIL公司推出的51系列单片机集成开发工具进行C语言开发。

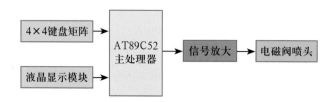

图1　设施农业用注入式变量施药装置控制系统原理图

二、结构设计

针对京郊温室需求开发的背负注入式变量施药系统，使用时可单人操作完成设施土壤注药作业，具有工作效率高、作业灵活的特点。背负式注入式变量施药系统平台，集成了注药量精量控制技术、土壤注入技术，采用内置电池驱动加压泵的方式，压力自动检测控制，能根据工作中压力系统的压力变化自动加压，保持稳定的压力。工作中采用间歇方式，可以通过注射喷枪的手柄开关实现灵活的间歇工作。设备本身的质量为6kg，装满药液为22kg，配备12V 8A·h蓄电池为系统加压提供动力。该喷药机（图2）可有效提高喷雾作业的生产效率和化学农药的利用效率。

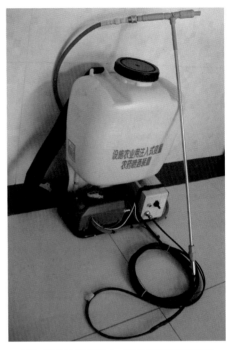

图2 设施农业用注入式变量施药装置实物

设施注入式喷药机可以背负在温室中快速移动。精量控制器（图3）安装在背负喷药机的下方底座上，在药桶下方，结构比较紧凑，方便使用。喷药设定好后，每次注射头插入一个作物根部，只需要将固定在喷枪把手旁的喷药触发器（图4）按下，即可完成一次定量喷药。

注入器和喷药机的连接采用铜制快速接头连接（图5），可以使喷枪易于拆卸携带，同时可以在作业时自由转动药管，避免因为药管缠绕引起操作不便。

土壤注入枪头（图6）有两个出药孔，可同时将药液注入植物根部的两侧，通过土壤渗透作用，环绕在植物根部，更好地满足药液扩散的要求。根部设有药液第三层过滤器，防止土壤由于高压药液冲蚀倒流进入喷枪，堵塞出药口。喷枪采用3/8铜制快速接头，可以快速连接在喷药机上。该系统设置了外置的触发式脉冲出发器开关，每次注入时，喷枪上轻按触发开关，即可完成药量精准注入。

图3 精量控制器

图4 喷药触发器

图5 快速接头

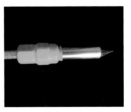

图6 土壤注入枪头

三、田间试验

按照系统软件的设计流程进行试验设计，通过系统的压力自动恒定调节，分别在3种不同恒定压力条件下测试施药量的控制精度。北京市农业机械试验鉴定推广站在小汤山国家精准农业试验基地的日光温室中对样机进行了试验，对比试验检验样机的作业效果和性能。

系统单次施药量分别为200、400、800、2 000、3 000、4 000mL，在自动恒定压力0.14MPa时，药量控制误差分别是0.3%、3.5%、3.7%、0.7%、1.7%、0.4%；当自动恒定压力增大50%（0.2MPa），系统精准定量控制的误差分别为8.8%、9.5%、7.7%、7.1%、6.6%、8%；当自动恒定压力增大1倍（0.28MPa），系统精准定量控制的误差分别为9.8%、10%、9.7%、9.2%、12.3%、10.9%。

图7 设施农业用注入式变量施药装置 田间测试

通过对试验数据的分析，根据一元线性回归模型的统计检验，已知有一组样本观测值（T_i，Y_i），其中 $i=1$，2，3…n，得到如下样本回归直线：

$$y_i = a + bT_i + \varepsilon$$

式中，$\varepsilon \sim (0\sigma^2)$为正态分布。一元线性回归方程的参数可由以下公式求出：

$$b = \frac{\sum (T_i - \bar{T})(y_i - \bar{y})}{\sum (T_i - \bar{T})^2} \qquad a = \bar{y} - b\bar{T} = \frac{\sum y_i}{n} - b\frac{\sum T_i}{n}$$

根据上面的试验数据可以得到低速模式下，$a = 0.88$，$b = 20.24$；中速模式下 $a = 2.87$，$b = 22.24$；高速模式下 $a = 3.14$，$b = 25.02$。该值可代入控制算法中用来修正软件。

四、结束语

经过完善的设施农业用注入式变量施药装置，通过了北京市农业机械试验鉴定推广站的温室现场检验，能够满足最大深度20cm的土壤注入施药。实际推广中，该设施用注入式精准变量喷药装置配套免维护蓄电池，很好地实现了农药的精准化注入。实际在单次注药100mL作业时，系统作业误差在1.8%之内，可满足实际的生产需要。

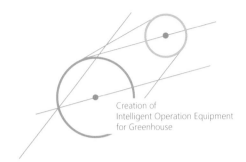

Creation of
Intelligent Operation Equipment
for Greenhouse

一种设施温室高效省力
施药装置及方法

目前京郊地区劳动力缺乏，农村人员"空心化"的问题日益严重。由于农村缺少青壮年劳动力，传统的设施温室作业需要大量劳动力的问题日益突出，已经成为困扰设施农业生产发展的重要问题。目前京郊设施农业种植作业实际上大多是由妇女和老人完成的，在施药过程中背负沉重的液体农药药箱对作业者来说强度很大。因此，如何开发一种装置，同时设计一种方法，实现施药作业的快捷和精准化，是提高农产品品质、减少农药使用污染，同时解决目前农村劳动力结构不合理现状的重要问题。本文继续就轨道装置省力高效施药应用开展探索，旨在彻底解决这一问题。为此提出的一种设施精准施药装置设计了合理的施药方法，相比较传统而言，这种方法可以大幅度提高效率，同时解决压力不足引起的施药不精准问题，适合京郊温室施药的实际需求，具有非常大的市场潜力。

一、工作原理

针对京郊温室的构成结构，在温室北墙人行道的上方，依照钢架温室的构成特点，安装一种特制的单轨道，使得温室生产所需的生产资料能借助该单轨道进行移动搬运。单轨道通过悬挂梁铰接在温室的钢结构上，安装方便，也可拆卸下来移动到其他温室使用，同时不破坏温室的原有结构。根据温室的长度，间隔1m安装1个滚轮，滚轮可在轨道顶端嵌入轨道槽中。滚轮在轨道槽中滚动，每2个滚轮连成1组，2个滚轮的轴套通过横板连接，横板可保证2个滚轮同时在轨道槽中滚动，不会发生侧偏后卡住的现象。横板上面通过螺栓连着固定栓，固定栓可通过螺帽调节长度，同时使其在横板的圆孔内转动。固定栓下方连接着挂钩，挂钩和横板连接成一体，保持与滚轮同步运动。喷药管设计成螺旋形状，连接在挂钩上面，当喷药作业人员拉扯药管时，滚轮在轨道上散开，螺旋状分布的药管变成直线，拉直的药管实现温室的全覆盖。滚轮在作业完成后集中起来，药管呈密集的螺旋形，保证药管布置尽可能省空间。

　　单轨道在靠近温室里侧部位固定的药管端部连接一种橡胶弹性螺旋形软管，用来进入作物行间进行喷药，喷完一行后退回时，弹簧软管自动回缩；弹簧软管通过旋转接头连接喷枪，旋转接头在喷药时，药管不会缠绕拧圈，提高了作业效率。开关阀安装在喷枪上，用来控制喷枪施药的开关。喷枪的头部设置过滤网，用来防止喷头堵塞。喷头选择锥形高效雾化喷头，实现均匀喷雾。施药装置结构原理见图1。配套的喷枪有锥形喷头、扇形喷头等。扇形喷头采用3~6组并排组合的方式，可一次性覆盖1.5~3m，适合彩椒等高大作物的高效喷药。

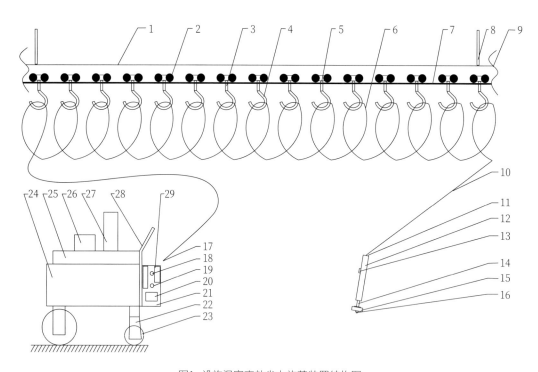

图1 设施温室高效省力施药装置结构图

1.单轨道 2.滚轮 3.固定栓 4.挂钩 5.横板 6.喷药管 7.轨道槽 8.悬挂梁 9.轨道接缝
10.螺旋形软管 11.转动接头 12.喷枪 13.开关阀 14.过滤网 15.喷头 16.高效喷嘴 17.快速插头 18.喷药孔
19.高压空气孔 20.压力表 22.转向架 23.转向轮 24.药箱 25.平板 26.药泵 27.空压泵 28.推手 29.蓄电池

　　在单轨道靠近温室出口处，喷药管的一端连接快插接头，实现喷药管和喷药机的快速连接。喷药机上面留有喷药孔和高压空气孔，当快插接头连接在喷药孔上时，药管用来喷药。当作业

结束后，喷药管快插接头连接在高压空气孔上，这时可用来回收喷药管的药液，避免在输送管内有大量残留农药。为了保证喷药时的压力稳定，在喷药管路安装了一个压力表的压力调节机构，以读取喷药时的实际喷雾压力。喷药机上固定万向轮，实现喷药机在设施环境下的灵活转向。药箱上面安装有一个固定压力泵的平板，用来安装泵。药泵固定在平板上面，用来给药液加压。安装的微型空气泵提

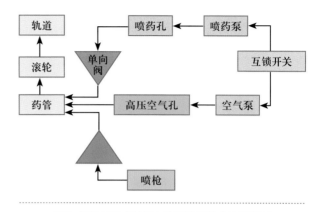

图2 设施温室高效省力施药装置及方法原理图

供高压压缩空气，用来将药管残留药液吹出后回收。推手用来推动喷药机。在推手下方固定的蓄电池，用来给喷药机和系统提供驱动动力。

在固定在平板上的喷药泵出口安装了一个单向阀，药液从喷药泵只能单方向流出到喷药孔，而不能回流，用来限制药液回流造成污染。同时在固定在平板上的空气高压泵出口安装了一个单向阀，当清理残留药液时，高压空气和残留药液从高压空气泵只能单方向流出到高压空气孔，而不能回流，用来限制药液回流损坏空气泵（图2）。

二、系统的使用技巧

首先将喷药机推到温室门口，然后将快速插头插入喷药孔，此时系统连接完毕，将药液加入药液箱后，操作人员可以从入口处开始往里逐行作业。当从温室走道开始每一行的里侧移动时，螺旋形软管被拉长，喷枪可以很方便地到达施药靶标作物合适的位置。喷药结束后，开始从作物行间往外走，这时候弹簧软管开始自动回缩，从而解决药管缠绕在作物上的问题。

当一行作业完成后，该装置通过温室小道往前移动至下一行。在移动的同时，滚轮在单轨道上同时运动，带动药管呈螺旋状展开，自动达到喷药需要的行位置所要求的长度。以此类推，直到滚轮到达温室最里侧，螺旋状的药管全部伸长到达单轨道的末端。当作业完成后，将快速插头插入高压空气孔。此时，由于通过控制电路实现了喷药泵和空气泵的电路互锁，当按下喷药泵的启动开关时，空气泵的电路自动进入休眠状态，节省蓄电池的电量。当喷药泵关闭时，喷药泵进入休眠状态，空气泵开始唤醒，切换到工作电路，进入预备工作状态。互锁电路控制器保证了两个系统不会发生误操作，尽可能地保护蓄电池和施药压力泵。

当空气泵启动时，产生的高压空气从快速插头进入药管，将喷药管的药液全部吹出，回收到药液箱中。设计的切换电路的互锁功能可避免喷药泵和螺旋药管残药回收空气泵同时启动，以免喷

洒药液进入空压机中。该方法使用轨道作业，解决了传统方式施药时药管充药后质量变大、拖动艰难、磨损严重、易爆裂等问题，工作效率提高数倍；同时，解决了老人和妇女在农药喷洒过程中呈现的力气不够问题，具有非常重要的现实意义。

三、田间应用

果类蔬菜产业技术体系北京市创新团队果类蔬菜设施设备功能研究室在京郊温室高产创建活动中对该温室施药装置（图3）进行了应用推广，在通州台湖金福艺农温室基地的示范应用取得了较好的效果。在实际施药过程中，工作效率和作业质量大幅度提高，劳动强度明显减轻，同时节省了劳动力。由于药管呈螺旋形悬挂在轨道上，施药作业结束后可移动到地头角落，不占用行走道路空间，同时不在地面拖拽，可避免因磨损而影响装置使用寿命，以及传统方式药管缠绕效率低、拉扯药管损坏作物秧苗等问题。温室施药装置实物见图3。为了方便温室休耕时拆卸药管，药管采用固定挂钩的方式快速连接（图4）。

轨道上药管和喷药机的连接采用铜制快速插头（图5），连接方便，即插即用，效率较高，而且解决了农药"滴漏"问题。在传统喷药过程中，由于药管悬挂在轨道上，施药停止时压力不够，不可避免地存在一部分药液残留在药管中的现象，如果不及时清理，就会在温室中缓慢蒸发，不仅浪费大量农药，还会损坏药管，造成二次污染。新设计的加压系统采用压缩空气的方式，通过往药管吹入高压气流的方法，可将残留药液回收到药桶中。图6是残药回收快速插口。

图3 温室施药装置　图4 轨道槽中的滚轮和药　　图5 喷药泵快速插头　　图6 残药回收快速插口
　　　　　　　　　　　　　管固定挂钩

四、结束语

在实际应用中发现，使用该装置前必须先为农民进行培训并推荐使用方法。只有使用方法合理，才能最大限度发挥该装置的使用效率。实践证明，具体的规范施药方法经多次培训后，操作者能达到熟练操作，可以大幅度地提高施药的效率和精度，做到"精准、高效、便捷、安全"的施药要求。

图解温室智能作业装备创制

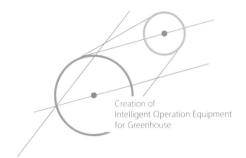

Creation of
Intelligent Operation Equipment
for Greenhouse

便携精准配药电动装置的开发

温室施药作业时，配药是一项比较烦琐的工作。配药时，由于药瓶中农药浓度较高，易挥发，加之温室密闭环境，操作不当极易引发危险。如何避免配药过程中农药中毒，采用实用的小型装置是一个简单又安全的途径。国内外的学者也研究开发了很多用于此目的的装置，但大多针对实验室科研用途。姚道如（2001）开发了一种农药配比自动混合装置，采用PLC控制器核心集成液体传感器和温度传感器进行多种液体自动配比、混合、加热和搅拌，田间作业操作简单。这种实用快捷、成本较低的便携式装置能满足农户实际需要，具有较好的发展空间和潜力。

一、原理

便携精准配药电动装置由药箱、混合器、吸液器、交互界面和控制器等部分构成（图1），可以进行2种或2种以上农药的定量配比和混合。配比后的溶液可以按照混合溶液沉淀的分层来逐层吸取溶液。为了便于田间移动使用，一般将该装置放置在一个控制箱内进行防水密封，并加上把手。复杂的加药装置可用于喷药无人机等精密农业装备的作业。

便携精准配药电动装置采用简化的触摸屏显示控制交互界面，流量计和计量泵精准控制吸取量。结构紧凑，成本较低，精度控制能满足田间的使用要求。

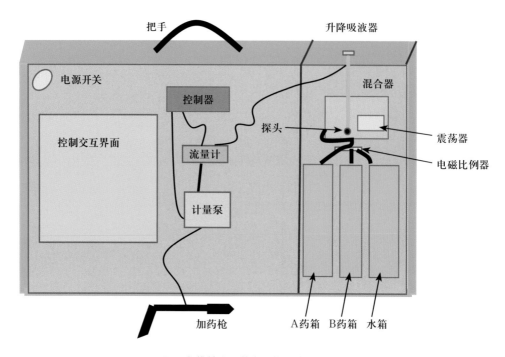

图1　便携精准配药电动装置结构示意图

二、功能特点

便携精准配药电动装置要满足的功能包括设定施药量、自动加药、自动停机、流量监测等。设定施药量为一个输入范围，可根据需要进行修改，最小输入值要和流量传感器分辨率匹配。自动加药在启动按键后加药到设定值，中间可以暂停，再次启动后继续在前面的数值上加够剩余药量。完成一个加药任务后，自动停机；也可选择连续加药，可进行多个喷药器的连续加药作业。流量监测是指当前的流量变化通过流量传感器的信息采集后，动态地显示在控制器界面上，并且显示滞后不要超过0.5s。便携精准配药电动装置参数见表1。

三、应用

便携精准配药电动装置（图2）首先应用于植保实验室中，用来进行蒸馏水的定量抽取。试验结果表明，其工作稳定性和精度满足试验要求，但是流量传感器测量存在误差，误差在10mL

表1 便携精准配药电动装置设备参数

参数	测量值
单次加药量最小值(mL)	10
单次加药量最大值(L)	1 000
加药效率(mL/min)	250
加药精度(mL)	5
尺寸(mm)	230×180×160

以上。原因是为降低成本需要所选用的流量传感器测量精度误差较大。经过改进的便携精准配药电动装置提高了传感器的精度和抗腐蚀性，较好地解决了喷药作业的精度问题，提高劳动效率1倍以上。

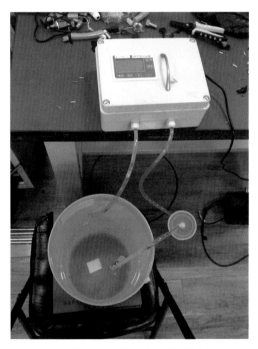

图2　便携精准配药电动装置试验实物

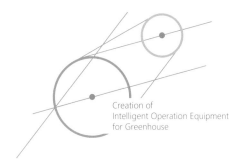

Creation of
Intelligent Operation Equipment
for Greenhouse

用于蔬菜标准园的植保电杀虫灯
技术要求探讨

利用各类害虫具有较强的趋光、趋波、趋色等信息的特征，采用电击的方式实现植物保护是一项适合农业发展的重要技术。电杀虫灯利用黑光灯光源作诱饵，灯外配以频振式高压电网触杀，使害虫落入灯下专用的接虫袋内，达到诱虫、高压杀虫目的。相对于化学药剂的植保防治方法，该种物理方法具有环境友好、节省劳动力成本、维护成本低廉、效果明显的优势。杨吉祥（2005）指出，果园虫害的物理防治是利用声、光、电、温度、湿度等控制和诱捕害虫的方法，具有能长期有效控制害虫、不产生抗性等六大优点。蔬菜标准园的创建，对于园区周边环境的配套性、交叉感染预防的可控性、产品农药残留的高标准性等都有一系列的规范要求。在标准园创建过程中采用电杀虫灯实现物理植保防治，可以满足标准园区作业规范的要求，同时解决植保难的问题。

本文探讨的技术要求主要涉及的标准有8个，分别为《包装储运图示标志》（GB/T 191）、《农林拖拉机和机械》（GB 10396）、草坪和园艺动力机械（安全标志和危险图形，总则）、《标牌》（GB/T 13306）、《管形荧光灯用交流电子镇流器（性能要求）》（GB/T 15144）、《电子设备用电源变压器和滤波器扼流圈总技术条件》（GB/T 15290）、《家用太阳能光伏电源系统技术条件和试验方法》（GB/T 19064）、《固定型阀控密封式铅酸蓄电池》（GB/T 19638.2）、《植物保护机械 频振式杀虫灯》（GB/T 24689.2）。

一、蔬菜标准园杀虫灯的技术要求

制定技术要求主要是为了统一电杀虫灯的作业质量，主要包括性能、一般要求、安全3个方面。其中，性能指标对电杀虫灯的作业提出了具体要求。

1. 性能指标

性能指标主要有6个黑光灯光谱，主峰值应为330~385nm。总功率消耗应小于产品额定功率。电击网两极间电压、放电电流应符合产品规定要求。昆虫击倒率应不低于99%。杀虫益害比应小于3%。有效诱距应符合产品规定要求。

2. 一般要求

主要是对外围的辅助设施属性提出规范要求。在实际使用中，要注意外围的环境，如果在温室大棚中安装，对于悬挂高度、害虫收集袋的清理都要有具体的作业规范。图1是杀虫灯在温室西红柿种植过程中的应用场景。

图1 温室环境中的杀虫灯

杀虫灯应符合产品规定要求，并按经规定程序批准的产品图样和技术文件制造。电杀虫灯使用的镇流器应符合GB/T 15144的规定。升压变压器应符合GB/T 15290的规定，有自动开启和关闭功能。连续亮灯时间应不小于4h。两极电击丝间隙8~12mm，特别用途的除外。高压电网面积应不小于0.15m²。各连接导线连接可靠，不得有虚接、断线等现象，接点用绝缘物包合。高压电网固定应可靠，不得有放电、拉弧现象。整机外观应美观、安装稳固，不得有毛刺、划痕、裂纹现象。利用光伏电池作为电源的电杀虫灯，其光电转换效率不得低于15%，光伏电源系统应符合GB/T 19064标准要求。有电能储存功能的电杀虫灯，储存设备应符合GB/T 19638.2标准要求。

图2 园区分布的杀虫灯

标准园区或者温室生产基地中根据温室和地块分布布置的电杀虫灯（图2），可采用光伏电池持续供电，电池质量除要符合要求外，还需注意分布点的合理性和科学性，根据种植作物和防治对象进行合理布局。观光园区道路旁设置的杀虫灯（图3），应放置在杂草等人不易靠近处的上方，并保证高压电网的高度高于人的肩部，在显著位置设置安全警示标志。

图3 道路旁布置的电杀虫灯

3. 安全要求

从使用的角度提出了旨在保护使用者及周边环境安全的技术要求。主要包括应具有湿控功能，当环境相对湿度大于95%时，应能自动关闭；当环境相对湿度不大于95%时，可自动恢复工作。具有防雷击功能，当结构设计不能保证有效避雷时，应安装避雷装置。高压电网应采取可靠的保护措施，保证人身安全。电源输入端对外露金属件绝缘电阻不小于2.5MΩ。高压电网与升压器能承受频率50Hz、电压为5 000V耐压试验，历时1min无击穿现象。在灯体的明显部位应有

图4 移动式太阳能电杀虫灯

符合GB 10396规定的安全标志。若选择在有杂草的空地上安装，需注意移动式太阳能电杀虫灯等设备不要压在杂草上（图4）。箱体里的收集装置要定期清理。箱体等金属结构应选择304不锈钢以上标号的材料制造。

二、蔬菜标准园杀虫灯应用试验

1. 杀虫灯的应用试验

工作环境温度10～70℃，相对湿度不大于95%。试验用电源应符合产品规定要求。试验场地应宽敞且明亮可调，便于试验工作的开展，具备必要的电源和防火设施。

2. 试验用仪器设备要求

试验用仪器设备应在检定周期内。试验用仪器设备量程、准确度应与所测项目相适应。

3. 性能和外观质量

杀虫灯外观质量应符合性能指标的规定。用光谱测量仪测量黑光灯主峰值光谱范围。使用功率计测量电杀虫灯的功率。产品接通电源，模拟夜间状态，遮挡自动开启控制元件，目测杀虫灯应自动亮起并进入工作状态；去除开启控制元件遮挡物，杀虫灯应自动熄灭并停止工作。连续亮灯时间试验是用秒表测量电杀虫灯自动开启后，灯亮至熄灭的时间。电网两极间电压、放电电流试验用高压碳棒结合电压表、电流表测量两极间电压、放电电流。高压电网面积试验是用盒尺测量高压电网的尺寸，计算高压电网面积。昆虫击倒率试验是实地观察昆虫触及电网后被击倒或致残的数量及未击倒的数量，测定3次，取平均值。杀虫益害比试验是将被击杀的昆虫进行人工检查分类，计算益害比，测定3次，取平均值。有效诱距试验是将试虫用有色试剂标记，在离电杀虫灯200m直线范围内，夜间每隔20m各释放3只，计量开灯后不同距离试虫的回收率，以试虫回来30%的距离为有效诱距。

4. 安全要求

安全要求主要有湿控、湿控、高压、绝缘4个方面。

湿控功能。温室环境的空间密闭，相对湿度较大。因此，在温室环境下使用的电杀虫灯（图1）应具备良好的抗湿稳定性，尤其是高压电网的性能要稳定。

当杀虫灯所处环境相对湿度大于95%时，杀虫灯应立刻熄灭并停止工作。当环境相对湿度降至95%或以下时，杀虫灯应能自动恢复工作。

湿控功能或装置的试验按GB/T 24689.2—2009标准中7.4.2条相关规定进行。高压电网安全性的试验按GB/T 24689.2—2009标准中7.4.3条相关规定进行。绝缘电阻和抗电强度的试验按GB/T 24689.2—2009标准中7.4.4条相关规定进行。

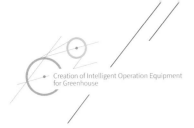

三、杀虫灯应用效果评价

对于不符合技术要求的产品，将其不合格项目按其对产品质量的影响程度分为A、B、C 3类。A类为对产品有重大影响的项目；B类为对产品质量有较大影响的项目；C类为对产品质量有一般影响的项目，侧重于零部件制造质量和装配质量项目。不合格项目分类见表1。

表1 不合格项目分类

类别	项	项目名称
A	1	安全要求
	2	益害比
B	1	光谱主峰值范围
	2	昆虫击倒率
	3	有效诱距
	4	高压电网两极间电压、放电电流
	5	高压电网面积
	6	光电转换效率
	7	高压电网固定
	8	总功率消耗
	9	连续亮灯时间
C	1	自动开启和关闭功能
	2	储存功能
	3	两极电击丝间隙
	4	各连接导线连接
	5	整机外观

四、结束语

创新团队设施设备功能室按照果类蔬菜技术体系创新团队办公室的统一要求，在标准园创建中积极起草了相关装备的技术要求并进行推广示范，从调研、讨论，到研发、加工，直到最后的推广应用等实现全流程化、规范化，促进京郊设施农业标准园的创建活动。

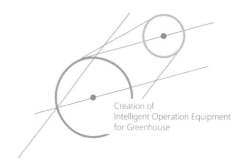

Creation of
Intelligent Operation Equipment
for Greenhouse

温室害虫诱捕技术及装备研究综述

当前设施农业规模化生产模式下，生产过程中存在倒茬困难的问题，加之温室环境昼夜温差大、冬季温度低等原因，病虫害发生呈现种类繁多和危害严重等特点。温室生产无法避免的一个关键问题是如何缓解或消除病虫害的困扰，稳定农作物产量和品质。为了做到防治病虫害，保证农产品高产，施药技术作为一个重要手段被广泛应用。施药技术虽然能够保证农作物稳产，但同时会带来温室果蔬产品残留可能超标的风险。因此，为解决这一问题，需要在温室日常生产管理中做到少用药或不用药，实际生产中的此类需求对温室病虫害的调查、非化学驱赶灭虫提出了明确需求。温室病虫害调查需要通过对害虫诱捕获得田间一手数据，为防治措施及决策提供科学依据。同时，为减少农药使用，采用新技术和方法诱捕害虫，减少病虫害传播和危害程度，也成为一种研究热点。诱捕技术及装备具有非常巨大的应用价值和潜力。本文从技术和装备两个方面总结综述和分析该领域的研究现状。

一、诱捕技术

1. 超声波驱赶技术

采用物理方法有针对性地驱赶害虫并捕捉害虫是一种有效的绿色环保

技术。该技术已被证实在温室中的定点应用中有所研究并取得较好的效果。其中，该技术应用比较典型的方式是采用太阳能供电，实现全天候的诱捕，对于田间调查而言优势明显。

2. LED诱虫技术

利用害虫趋光特性诱杀害虫是一种在温室生产中普遍采用的传统技术，其中利用对LED的精准控制来提高诱虫的靶标功能，是一种得到广泛研究的新方法。对LED自适应调控技术的研究使得LED对害虫的诱导效果更加精确。随着人工智能的不断进步和深入研究，基于深度学习的LED调控技术用于害虫诱捕也逐步得到研究和应用。限制波尔兹曼机算法的引入使得LED的控制决策更加精准。

3. 生物诱虫技术

生物诱虫技术研究的焦点是诱芯的开发和使用。性诱剂的开发使得害虫的诱捕具有很强的针对性。有研究机构通过性诱剂诱捕器不同放置密度和高度的试验对高效使用生物诱虫技术进行探索。结果表明，该技术对诱捕害虫具有显著效果。

4. 害虫信息远程获取技术

通过无线技术、图像处理技术的应用，基于计数装置和红外感应微型摄像头的害虫信息远程获取技术得到广泛研究。该技术是通过采用昆虫图像处理及分析系统获取害虫图像的数字化特征值，建立主要农业害虫的数字化特征库。该技术对于农业监管部门指导种植合作社农户集中防治严重的温室暴发性病害有重要指导意义，也有助于监管部门对大面积种植温室病虫害集中暴发的远程决策。有的研究在主控平台与多个远程平台之间采用3G/4G无线网络通信，远端平台实时采集害虫图片，并将图片发送到主控端，采用最大类间方差法将害虫从背景中分割出来，提取害虫的面积、周长、复杂度、偏心率和不变矩等16个形态学特征值，以及9个颜色特征值和基于灰度共生矩阵的10个纹理构成特征向量来得出害虫信息。也有的研究基于机器视觉通过小波分析、蚁群算法、SVM模式识别方法来提高害虫信息远程获取的精度。还有的研究在害虫暴发点定位和空间相关分析方面取得较好的进展。

5. 基于Web-GIS的分布定位技术

该技术研究热点在于如何利用Web-GIS的空间信息管理能力实现害虫空间分布的计算和预测。国外对该技术的研究主要集中在害虫控制、害虫的生命周期等方面。

二、诱捕装备

1. 基于单片机和超声波的害虫诱捕智能系统

此类系统的研究关注点是嵌入式单片机和太阳能调控平台的研究。通过不断优化软件流程和提高单片机的容错性，控制系统逐步熟化，系统稳定性不断提高。考虑到太阳能受连续雨天的影响，基于风能等其他清洁能源供能的超声害虫诱捕装备也得到研究开发。综合可知，清洁能源和超声波的结合是害虫诱捕装备的一个研究趋势，优点是环保、高效和普适性强。

2. LED自适应害虫诱捕机

有人将LED灯的害虫诱捕功能和照明功能结合，研究出多功能的装置。有人通过LED光谱的精准控制，研究出宽谱和专谱两种杀虫模式的装备。结果表明，选用白光和紫光为1∶3的比例组合，采用7.14Hz的占空比矩形波来驱动光源得到了最佳诱虫效果。对太阳能LED杀虫灯的特征光谱光源的研究使得诱虫具有对靶性。为了提高装备寿命，除了对太阳能源研究外，储能设备的研究也是一个创新点；也有增加温度传感器来提高诱虫精度的研究报道。

3. 诱芯式诱虫器

通过诱芯的研究和开发，针对不同害虫的诱虫器得到快速发展。性诱自动计数系统的研制简化了害虫诱获鉴定操作和虫情自动化记载传递，丰富了弱光性害虫监测手段。诱芯式诱虫器的研究除了诱芯，自动记录仪及复合色板也被引入，这些都提高了诱芯式诱虫器的工作质量。为了弥补性诱装置统计数据误差大、工作效率低、智能化程度低及重复劳动强度大的缺陷，赵帅等研究开发了诱芯诱捕器自动计数系统，提高了性诱装置的精度。

4. 害虫远程监测预警信息系统

该系统由害虫诱捕器、数据无线传输模块和网络服务器构成，通过将害虫信息上传至网络服务器，实现信息的实时决策和共享。为实现远程无人值守，有研究采用计数装置和红外感应微型摄像头实时获取害虫的图像信息。为降低成本，也有用普通CCD图像采集单元获取害虫信息的研究，并取得较好的效果。通过改进的共轭梯度法建立模型，测试样本的识别正确率达到85%，对应的装备开发对预防害虫的爆发也取得很好的效果。通过手机安卓系统进行图像获取后，利用图像插件Open CV库对图像进行预处理，预处理过程主要包括通道分离、图像平滑、阈值分割、边缘检测等，通过数字图像处理及支持向量机来判别温室花卉是否感染病虫害。

5. 基于Web-GIS的农业病虫害预测预报系统

该系统将Web-GIS技术与测报技术相结合，实现多种病虫害集成测报，为农业病虫害测报技术提供了一个新的手段和工具。系统依靠Web-GIS对空间的强大控制能力，实现病虫害预测预报在空间上的精确表达。

三、多角度技术融合对害虫诱捕的研究进展

通过技术的融合和再创新，新型装备的诱捕效果显著提高。将LED诱捕、性诱捕和使用粘虫板三种方法同时运用效果较好，在温室的害虫防治研究中，使用粘虫板统计害虫是一个重要方法。目前采用的人工更换粘虫板方法，存在效率低、精度差的问题。粘虫板无人自动更换技术的研究及配套装备的开发，促进了多角度技术融合诱虫研究的快速发展。在害虫信息预测模型研究方面，基于数学模型的方法使害虫群体监测与个体监测相统一，是害虫综合预测的一个发展趋

势。针对害虫人工神经网络(ANN)的研究，尤其是误差反向传播网络(BP)的模型研究，也对预测精度的提高发挥了重要作用。

四、研究趋势

1. 地—空—星多平台融合，点—线—面体多角度数据挖掘

依靠地面单点数据，无人机和农用飞机遥感信息以及卫星遥感图像多平台进行融合，从对温室进行监督，延伸到害虫地面单点数据采集，再到温室内一定路径布置多组采集装置，实现对大型温室一片作物上的数据采集，最后扩大到整个温室冠层立体空间的害虫存活生命周期的研究。这些研究趋势都会成为害虫防控的重要基础。

2. 依靠无线传输和网络技术，实现数据实时采集

物联网技术的广泛应用，为该领域的研究蓬勃发展提供了契机，也为规模化的行业井喷式发展提供了基础。

3. 人工智能和大数据整合

随着无线采集技术的普及，海量数据的处理需求会促进害虫监控数学模型的高速发展。依靠人工智能和大数据的带动，该领域的监测精度会快速提高。

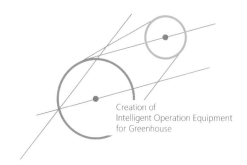

Creation of
Intelligent Operation Equipment
for Greenhouse

设施高压精准喷药叶面肥喷洒机性能试验

随着现代农业的快速发展，设施栽培的品种越来越多，更多高株型作物品种的普及大幅度提高了温室栽培的产量。此类高株型高产量作物品种栽培充分利用了温室的可栽培空间，提高了温室空间的有效利用率和单位面积生产率。但栽培管理过程也面临由于植株高度过大造成作业不方便等新难题。喷药作业由于作业频繁而成为主要问题之一。传统的背负式喷药机或喷药车等施药和喷肥设备无法进行高效施药和喷肥，不但劳动强度大，而且药液大量沉积在作业人员衣物上，对人体造成危害，引发诸多安全问题。

针对高株型高产量作物的立体栽培模式应用了很多新技术。高压喷雾就是一种提高作业效率的方法。高压喷雾最初应用于降尘控制，并取得了良好的效果。刘银等（2013）开发的基于PLC的新型高压喷雾除尘装置，能够实现手动控制喷雾、周期性循环喷雾和粉尘浓度检测自动控制喷雾3种喷雾控制方式，可实现高压喷雾降尘，改善恶劣作业环境。高压喷雾技术在设施降温方面也有很好应用。霍海红（2011）介绍了应用高压喷雾技术在2014年世界园艺博览会(世园会)中实现环境舒适降温的技术。高压喷雾技术通过喷射超细粒水雾，水雾蒸发吸收空气中的热量，从而降低园艺场馆环境空气温度，达到了2014年4月举办的西安世界园艺博览会所要求的经济性、安全性、美观性降温效果，是一种适合温室园艺的高效冷却技术。

高压喷雾在农药喷洒方面也有规模化应用，即采用高压精准施药和喷肥技术，提高喷嘴雾滴粒径均一性；通过加大喷射距离、增加喷雾流量和提高雾滴均匀性，提高施药和喷肥效率及雾滴吸附叶面能力。高压喷雾通过专门

设计的喷枪结构，避免雾滴受高压气流作用力破碎后凝结沉积到施药和喷肥者身体上，对操作人员造成身体危害。同时对喷嘴也进行优化改进，设施高压喷药可采用组合喷嘴，通过3个以上喷嘴组合增大喷药流量，扩大药液覆盖面，提高作业效率。试验采用清水替代农药和叶面肥溶液，由于水和农药两者密度、黏性差异不大，因此不会对系统试验结果产生较大影响。

一、高压喷雾喷射角的测量

　　高压喷雾施药和喷肥喷嘴处雾滴扩散较快，直接测量存在难度，可采用间接测量方式。在不同压力和不同流量条件下，采用三角形法，通过测量地面喷雾溶液圆斑间接得出实际喷雾锥角（图1）。其中，确定喷头离开地面的高度（h）和地面喷洒圈形成圆半径（r），分别为直角三角形的两个直角边，夹角 $\beta = \tan(r/h)$，从而求得。

　　试验结果表明，单喷嘴喷射角最大可调节角度为80°、最小可调节角度为5°，角度可调节范围较宽，可针对不同作物选用最佳的喷雾锥角；最大喷射距离为3.6m，最大喷量为5.8L/min，最小压力为0.98MPa。

二、喷药压力测量

　　喷枪处于打开状态，高速药液持续喷洒2min以上，开始记录喷雾压力，并观察喷嘴雾滴破碎程度。通过调节压力系统压力，得出雾滴雾化飘移较小、喷雾雾化锥角较大的合适压力值并记录，保持喷枪连续喷雾，并每间隔1min记录喷雾作业时压力表数值，记录6次求平均值。图2是压力测试示意图。

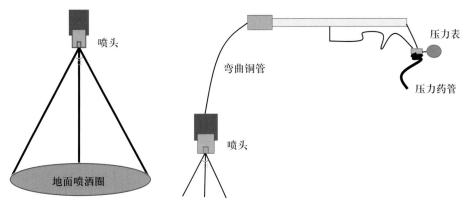

图1　高压喷雾锥角测量　　　　　　图2　压力测试示意图

试验结果表明，高压喷药机的压力调节范围为0.5～2MPa。喷药泵压力为0.95MPa时雾滴雾化飘移较小，锥角较大。同时，设施在温室内无风条件下，高压喷雾喷药的喷射距离是3.6m，适合温室条件下高大株型作物从根部到顶部的喷雾。

三、外形参数测量

温室空间狭小，设施高压精准喷药叶面肥喷洒机（图3和图4）结构设计遵循紧凑原则，测试结果为喷药机外形尺寸（长×宽×高）1280mm×480mm×1080mm。设备控制启动开关形式选用拨打开关，外罩选用防水橡胶罩，以保证喷药作业佩戴橡胶防护手套时能方便操作控制开关，灵活操作启动开关，实际作业时灵敏可靠。考虑喷洒作业实际，需满足开关防水功能，并在农药沉积腐蚀后能够做到可靠防水。进出温室需要搬动设备，机构设计要考虑质量，整机质量（不含药液）测试为57kg，按照80m的标准温室计算，作业适合流量值5.8L/min，20～30min完成一个标准温室面积作业，测量药箱容积为125L，实际作业持续喷雾时间为21.55min，满足设计要求。图4是测试现场。药箱满载条件下，轮胎承压后推动平稳，轮胎型号为4.10/3.50-4。工作电压使用220V50Hz照明电源即可。设备安全标志齐全，采用防水PVC材料，用不粘胶贴紧固定。机器保养说明采用简约方式PVC防水不粘胶制作，固定在机器明显位置，操作说明一目了然。

图3 设施高压精准喷药叶面肥喷洒机系统实物

图4 设施高压精准喷药叶面肥喷洒机试验测试现场

图解温室智能作业装备创制

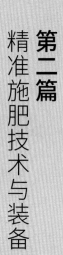

第二篇
精准施肥技术与装备

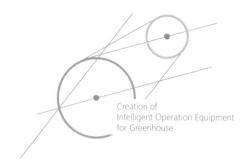

Creation of
Intelligent Operation Equipment
for Greenhouse

精准变量施肥技术在设施园艺生产中的研究与应用

温室精准变量施肥技术是指在设施园艺生产过程中，充分考虑温室环境的微气候特性，按照作物生长规律，利用传感器技术、机电一体化技术等手段精准控制施肥过程，按照需要自动控制肥料浓度和施肥量，做到肥料最少用量、最多吸收、最大利用、最小浪费，最大限度地提高肥料利用率，做到少投入、高回报的一项技术。

精准变量施肥技术是一个重要的研究领域，对于温室园艺生产来说，水肥科学控制关系到温室园艺生产产品的品质和产量，一直以来都是国内外温室经营者、种植者和研究机构关注的焦点。设施园艺生产有着自身的鲜明特点，即对水肥的大量投入和高度依赖，因此只有对水肥的控制做到精益求精，才能提高产品质量，增加经济效益。

国外对这项技术研究的起步较早，以色列由于水资源短缺迫使其最大限度地采用节水灌溉方法，研发了很多先进的节水技术。先进的微灌技术应用带动了以色列水肥灌溉的兴起，这种技术在温室中的优势更为明显，其基于精准变量控制的温室水肥灌溉系统对水的最高利用率可以达到95%。以色列有AMIAD公司、Netafim公司等许多知名的水肥精准变量控制技术设备供应商。

美国由于地广人稀的自然特点和劳动力昂贵的社会现实而大量应用自动化的灌溉技术。美国是当前世界上微灌推广面积最多的国家。在微灌技术的基础上，美国大力发展精准变量施肥技术，开发并大量应用化肥－农药注入泵、文丘里化肥注入系统、40站电磁阀控制器等先进的施肥控制器，在精准变量施肥领域处于先进水平。

荷兰的花卉产业发达，相关的技术领域发展很快。荷兰PRIVA公司是世界著名的温室计算机自动控制公司，其已经成功开发并应用多款先进的温室园艺使用的自动控制施肥机，能够完全满足实际生产中的水、肥精准变量控制。荷兰温室花卉产业占据欧洲核心，其温室大量应用了先进的灌溉施肥设备。

法国在肥料农药混合器方面的研究处于国际先进水平，温室园艺使用的精准变量施肥产品应用也非常普遍。

我国温室灌溉施肥技术较落后，水的利用率只有40%（马学良，1999），设施园艺生产中应用精准变量技术起步较晚。20世纪90年代以后，国家对节水灌溉施肥更加重视，各地从发达国家引进相关的灌溉施肥设备，使得国内温室大棚等保护地生产的灌溉施肥技术有了较大发展。目前温室中普遍应用压差式施肥器，浓度不均匀。我国自行研发的计算机控制的变量精准施肥设备大多处于实验室研究阶段，尚未有成熟的产业化产品。

针对我国温室园艺的实际需求，笔者团队开发了移动式温室精准变量施肥机等多款温室专用的智能施肥机，性能可靠，适合我国温室推广应用。

一、小型温室生产基地

移动式温室精准变量施肥机（图1）是专门针对小型温室基地设施生产需要开发的，不需要配套专门的纯水机，普通的自来水即可使用。该机设置有自动控制箱，安装有可编程控制器、报警模块、液位传感器，能够按照程序设定自动控制工作时间；设置有自动和手动模式切换开关，可以在自动和手动两种模式之间灵活切换。自动模式下可在无人监测的情况下定时自动开关机，记录灌溉水总量，肥料箱溶液用尽可自动报警。移动系列安装有静音橡胶脚轮，可灵活移动，10个温室共用1台施肥机即可完成作业。该机配备有快速密封接头，可方便在不同温室之间移动使用。肥料浓度使用高精度的比例器控制，可手动灵活调节施肥浓度，性能可靠，经久耐用。使用配套的喷枪后可按照设定浓度精确喷洒叶面肥。设备保养维护简单，普通温室种植人员经过简单的培训后即可进行操作使用，而且价格合适。该设备是适合我国温室大面积推广的新型施肥机，已经获得国家专利证书，其设备参数见表1。

二、大中型设施园艺基地

温室精准灌溉施肥系统（图2）是专门应用于大中型设施园艺基地的智能精准变量施肥系统。该系统要求配套有纯水机能制造纯净水，能精确控制电导率（EC）和pH；设有专门的灌溉施肥控

制计算机，具备单独灌溉、施肥等多种功能。控制器采用彩色液晶触摸屏，防水防潮，操作界面友好。除了简体中文的操作界面外，还支持英文。系统具有肥料溶液循环系统，可以节省肥料40%；最多可控制40个灌溉电磁阀区，有多达8种EC/pH设定，可以根据光照量来校正EC。温室精准灌溉施肥系统的主要参数见表2。

| 图1 移动式温室精准变量施肥机 | 图2 温室精准灌溉施肥系统 |

表1 移动式温室精准变量施肥机主要参数

参数	测量值
外形尺寸（m）	1.4×0.5×1.3
肥箱容积（L）	75
管路电磁阀（V）	12
施肥效率（m³/h）	2.5

表2 温室精准灌溉施肥系统主要参数

参数	测量值
外形尺寸（m）	1.3×0.4×1.5
施肥泵额定电压（V）	380
额定电压（V）	220
施肥效率（m³/h）	6

三、温室工厂化育苗基地

平移式肥水喷洒系统（图3）是专门为温室工厂化育苗基地开发的智能设备。该设备能有效解决温室育苗过程中人工喷头喷洒水量不均、秧苗高低不一的问题。折叠喷杆上安装有可旋转的

图3 平移式肥水喷洒系统

多功能喷头，1个喷头可以安装3个不同喷量的喷嘴，根据瓜类、椒茄类、豆类等不同秧苗、不同生长期的需求选择不同的喷嘴。通过控制器灵活变量控制叶面肥喷量，实现施肥作业时的精准变量控制。施肥作业时可先选择好合适的喷嘴，设定所需的喷洒量，人工推动喷洒车匀速前进；也可两人抬着喷杆，喷杆通过高压喷管和压力泵连接，打开喷洒阀门后匀速前进，完成肥水喷洒作业。平移式肥水喷洒系统的主要参数见表3。

表3 平移式肥水喷洒系统主要参数

参数	测量值
外形尺寸（m）	2.5×6×2.4
容积（L）	300
额定电压（V）	380
施肥效率（m³/h）	3

四、二氧化碳施肥系统

二氧化碳是作物光合作用形成干物质和产量的原材料。由于温室内外气体流动受到限制，温室大棚内二氧化碳浓度与露天地栽培有明显差异，一般在白天温室内二氧化碳浓度低于大气中二氧化碳浓度，夜晚又显著升高。二氧化碳已经成为影响温室大棚作物生长发育的重要因素，向温室内补充二氧化碳，使其浓度控制在合理范围内，对于提高作物产量具有显著效果。二氧化碳施肥有两种方式：二氧化碳发生器产生和二氧化碳气瓶释放。二氧化碳发生器的原理是将液化天然气罐里的气体燃烧后，利用燃烧反应得到二氧化碳，然后将其直接排放到温室中，达到施肥的目的。二氧化碳气瓶释放器设有二氧化碳传感器和储气瓶，气瓶中二氧化碳气体由高压电磁阀控制，经由贯穿整个温室的输气管道和排气孔均匀地释放到整间温室中。

五、潮汐式精准灌溉施肥系统

潮汐式精准灌溉施肥系统将灌溉和施肥结合在一起，是利用潮水涨落原理设计的一种高效

节水施肥系统。该灌溉施肥系统适用于各类盆栽植物的种植管理，可以有效提高水资源和营养液的利用效率。由于该系统能保证作物均匀吸收肥料和水分，充分满足作物生长需要，因此农作物产品质量一致性好、成品率高。潮汐式精准施肥灌溉系统主要分为地面式和植床式两类。地面式潮汐灌溉施肥系统是在地表砌一个可蓄水的苗盘装水池，在其中分布有出水孔和回水孔；植床式潮汐灌溉系统则是在苗床上搭建出一层大面积的蓄水苗盘，在苗盘上预留出水孔和回水孔。在应用时，灌溉水或配比好的营养液由出水孔漫出，使整个苗床中的水位缓慢上升并达到合适的液位高度（涨潮）；在保持一定时间，使得作物根系充分吸收营养液后，打开回水口，使营养液快速回流到储液池中（落潮），从而完成一个灌溉循环过程。潮汐式灌溉可以精确满足植物的水肥供应，同时在通过毛细作用进行灌溉时，可使介质保持相应的湿度和透气性，降低了根压，有利于植物根系及植株的快速生长。潮汐式灌溉系统采用完全封闭的系统循环，水资源利用率90%以上，通过底部灌溉，可避免植物叶面产生水膜，保持叶面干燥，促进作物的光合作用，有利于室内相对湿度的控制。

潮汐式灌溉施肥系统可集成紫外臭氧消毒技术，不但可以实现作物均匀地精准灌溉施肥，而且可对回收液进行有效的过滤、消毒、杀菌处理，提高营养液的循环使用效率。数据采集系统还可以同时对水温、EC、pH等用户关心的参数进行实时检测，精确控制环境温度和营养液的配比平衡，达到施加、过滤、回收、检测、消毒、调整、再利用的闭环结构，有效提高营养液和水的利用率。潮汐式灌溉系统管理成本低，无论是手动操作或辅助以自动控制系统管理，一个人均在20min内可完成多个植床的灌溉施肥。该系统科学实用，有良好的市场推广前景。

六、展望

温室的肥水科学管理能够明显地提高温室园艺作物产量和品质，具有广阔的发展前景。目前我国设施生产中的精准变量施肥技术应用水平不高，从国外引进的温室精准变量施肥系统因为维护保养成本高、投入大，无法在我国大面积推广应用。因此，开发价格适中、能满足我国设施园艺生产需要的智能施肥设备，具有很重要的意义。随着现代农业技术的发展，观光旅游农业、高附加值花卉等产业蓬勃发展，带动相关智能装备技术的巨大需求，因此，设施园艺智能装备这一领域在未来必将有很大的发展。

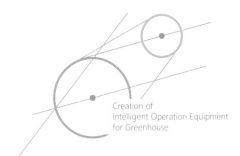

移动式温室精准灌溉施肥机的研究与开发

节水灌溉是现代农业的重点发展方向，而滴灌是节水灌溉的重要方式。滴灌较适合现代温室和园艺等的灌溉。通过安装在滴管上的滴灌带将水一滴一滴均匀而缓慢地滴入作物根区附近的土壤中，水分借助毛管张力作用在土壤中渗入和扩散，因此水、肥、农药都可以通过灌溉直接作用于作物根系。

精准施肥灌溉一体化技术是指先将固体复合肥，微量元素肥或高浓度液体肥等肥料用水溶解稀释成母液，然后按照程序精确控制母液随同灌溉水进入田间，被作物根部充分吸收的技术。该技术是精准施肥和精量灌溉相结合的产物。这种方式的主要优点是施肥均匀准确，能够精确并且稳定地控制灌溉水量、施肥时间、营养物质的含量和浓度，使其与植物生理需要和气候条件相适应。该技术可以有效地提高化肥利用率，增加养分吸收率，改善作物品质，避免肥料渗入土层深处，减轻土壤和环境污染。该技术充分考虑了作物的养分吸收规律，按照作物实际需求形成配方，精准提供养分。

按照配方提供养分首先要做到稳定、精确地控制肥料溶液的浓度，并能够通过测量流量控制灌溉水用量，做到精量灌溉；同时要能随时监控混合溶液的酸碱度和电导率，避免因为浓度突变给作物造成伤害。无人监测环境下可以正常工作，遇到异常情况要能自动报警并停止工作。这些环节涉及一系列复杂的控制技术。

目前国内外针对这种技术的研究很多，以色列、荷兰、美国等国家农业机械的自动化技术比较成熟，智能化的精准施肥灌溉一体化技术得到广泛应用，极大提高了设施园艺的生产效率和产品品质。但是国外的自动注肥机不仅价格昂贵，售后维修、配件购买困难，而且这些设备要求有配套纯水机、管路设施等，在我国无法大面积推广。我国在此项技术上与发达国家相比还有一定差距。国内有的研究采用变频调速、文丘里等技术，但是存在浓度波动、性能不稳定等瓶颈问题，

而且大多都局限在实验室研究阶段，还没有推广应用。因此，研制小型、可移动、价格低的温室精准灌溉施肥机符合我国节水灌溉农业需求，具有十分重要的现实意义。

一、精准施肥系统和装置

1.施肥泵

施肥泵是一种经济可靠的设备，工作原理是利用供水管路的水压驱动主活塞，主活塞带动注入器活塞上下运动，混合室腔内形成的负压将待注肥料溶液或农药溶液吸入混合室，并在混合室内与水充分混合，混合后溶液被注入器活塞压出，随水流均匀到达滴灌区域。由于依靠水压驱动，溶液的吸入量与进入手动施肥泵的水量成正比，不会随主水管道的流量和压力波动发生变化。手动施肥泵的计量非常准确，可解决母液过量和不均匀的问题，具有很高的可靠性。该泵可以使用手动调节肥料的浓度，其主要参数见表1。

表1 移动式温室精准灌溉施肥机配套施肥泵主要参数

名称	参数	名称	参数
施肥效率（L/min）	0.5～40	重量(kg)	2
工作压力（MPa）	0.03～0.6	施肥比例	0.2%～1.6%

2.电子水表

电子水表采用速度式测量原理，通过检测水流体在测量管截面上的平均流速求得体积流量或质量流量。其工作原理是：当水从水表入水口进入表腔时，推动叶轮旋转运动。由于叶轮旋转的速度和水的流速成正比，所以利用感应线圈将叶轮转动时产生的旋转磁场检出后，转换成流信号，随后信号被放大、滤波、整形处理，再加以传送或显示。该技术的优点是量程范围宽、测量精度高、无机械惯性、动态惯性好。

3.精准自动施肥系统

精准施肥控制系统（图1）通过施肥泵来精确控制水和肥液的比例，从而精确控制肥料浓度。控制器通过采集电子水表信号计算出水流量，通过程序判断实际的水流是否达到设定量。当灌溉水量达到设定值时，就自动切断电磁阀，从而实现自动控制灌溉水量。在肥料箱安装有液位传感器，通过测量水位电阻的变化来自动检测水位。当肥料用尽时，电阻值就会很大，传感器检测到阻值变化信号后传送给控制器，控制器驱动报警器发出报警声音，并切断进水口的电磁阀，施肥机自动停止工作。为了能检测pH和EC，系统设计的传感器接口采集传感器模拟量，并将数值显示在液晶屏上，通过人机交互界面，可以随时查看系统工作时的pH和EC，并且可以自动保存数据，以便于查看历史数据文档。外接光照传感器和水分传感器的信号被采集到控制器中，可以作为施肥灌溉程序的参考值。

　　系统结构工作原理：首先将进水口和出水口的快速密封接头连接在主管路的接口上，通过压力表读数把球阀调节到合适位置，设定控制程序中的传感器工作范围、施肥量、施肥时间、间隔时间。系统自动开始控制施肥，在工作的同时，控制系统不断采集电子水表的流量信号和传感器的环境参数，按照预设的值自动调整施肥浓度。施肥的过程中若发生异常，系统将自动关闭管路电磁阀，并驱动报警器自动发出报警声音。

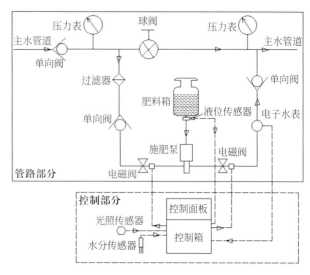

图1　精准施肥控制系统结构图

二、机械结构

　　该系统由液肥箱、机身、减震脚轮、管路、固定裙带、液位传感器、单向阀、电磁阀、吸肥管、控制箱座、控制箱、施肥泵、泵座、肥箱盖、气孔、过滤器、快速密封接头等组成。图2是计算机设计的施肥机结构三维模拟图。该机工作时可以一个人进行操作，在不同温室之间灵活移动使用，使用快速密封接头能快捷地与温室的管路连成一体。控制箱采用防水防潮设计，能够适应温室的湿热环境，可在温室内长期放置；可以通过控制箱的面板按键灵活设定施肥程序，以适应不同作物的施肥需求。

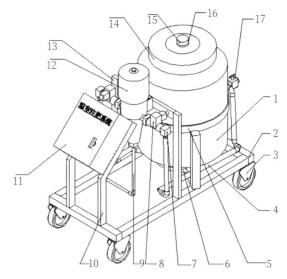

图2　施肥机机械结构三维模拟图

1.肥料箱 2.机身 3.减震脚轮 4.管路 5.固定裙带 6.液位传感器 7.单向阀 8.电磁阀 9.吸肥管 10.控制箱座 11.控制箱 12.施肥泵 13.泵座 14.肥箱盖 15.气孔 16.过滤器 17.快速密封接头

　　为了适应温室环境需要，整个机械部分的表层全部进行喷塑处理，推手、脚轮都采用不锈钢螺栓连接，以方便拆卸和装运。该机为创新成果，已获得国家发明专利证书。施肥机温室环境工作实物见图3。

三、 控制器

该系统控制器采用单片机（型号AVR）作为控制核心。该单片机具有高速度和低功耗等特点，有休眠功能。程序存储器选用可擦写的flash，可多次升级程序。内置看门狗定时器，提高产品抗干扰能力；有32个通用寄存器，克服了单累加器数据处理的瓶颈问题。单片机通过I/O接口获取传感器数据，按照程序设定进行运算，并通过外围执行电路输出控制结果。系统选用隔离电路，提高了安全性和稳定性。

图3 施肥机温室环境工作实物

四、 应用

在温室生产的实际应用中，利用温室铺设的滴灌管路在灌溉的同时把肥料溶液注入管路中，混合后的肥水溶液顺着滴灌管到达作物根部，通过时间控制，按照少量多次的原则使用注肥机把肥料溶液注入，可以有效地提高肥料的吸收利用效率，节省肥料，保护土壤，减少污染。

在郊区温室育苗生产过程中，苗期管理技术难度较大，苗期的肥水管理能直接影响作物后期的生长发育，继而影响作物的产量和品质，因此温室生产的苗期肥水管理是一个需要解决

图4 施肥机在工厂化育苗基地工作

的关键问题。在温室生产中，很多采用盆栽、袋栽和穴盘育苗技术，由于受到盆袋穴等容器的限制，无法用固定的喷头喷洒肥液。在日本，温室轨道喷洒技术得到了应用。这种喷洒机是将微喷头安装在可移动喷洒机的喷洒管上，并可随喷洒机的行走进行微喷的一种喷洒设备。这种性能优良的行走式喷洒机喷洒的药物在地面分布的均匀度可达90%以上，但需要单独安装轨道和电机，成本很高。大多数农业园区在工厂化集中穴盘育苗时，将一定比例浓度、混合均匀的肥料水采用人工方式（用洒壶）洒在作物叶面，劳动强度较大，而且肥液和药液没有得到有效利用。该系统在工厂化育苗基地的应用实例见图4。

另外，在育苗管理中对肥料水的浓度有严格的要求，一般作物的叶面肥浓度：尿素的喷施浓度为1%~2%，其中尿素中缩二脲的含量如超过1.5%，将对作物有毒害作用，不能进行叶面喷施。过磷酸钙的常用浓度为2%~3%。肥料加水后要充分搅拌，静放24h后过滤，取液喷施。磷酸二氢钾常用浓度为0.3%。硫酸钾常用浓度为1%~1.5%。硫酸锌常用浓度为0.1%~0.2%，在溶液中加少量石灰液后喷施。硫酸亚铁浓度为0.2%~0.3%，叶正反面均喷到。硫酸锰常用浓

度为0.05%～0.1%。硫酸铜常用浓度为0.02%～0.05%，施用时在溶液中加少量石灰液。钼酸铵常用浓度为0.05%～0.1%。硼砂常用浓度为0.2%～0.3%，先用少量45℃温水溶化硼砂，再兑足水喷施。草木灰常用浓度为5%～7%，草木灰加水充分搅拌，静置15h后过滤再用。肥料水溶液喷洒到作物叶面上后，肥料溶液浓度过大容易导致烧苗现象，溶液浓度过小容易使作物缺乏营养。移动式温室灌溉施肥机通过施肥量控制器控制进水量，肥料溶液经过三重过滤系统，进入施肥泵后按照设定的浓度混合，通过电磁阀控制将溶液混合均匀，再按照施肥量控制器的程序设定，通过出水快速接头进入滴灌管管路，或者连接喷枪快速接头进行叶面肥喷洒。这种叶面肥喷洒作业能够保证肥料的浓度精确、均一，并且能极大地提高喷洒肥水的作业效率。

五、结束语

笔者团队研制了一种移动式温室精准灌溉施肥机，测试结果表明该机系统性能稳定、成本较低，是适合我国推广的温室施肥施药控制系统。系统的控制部分封装成模块，有利于提高稳定性。肥料管道经过计算机三维模拟和仿真设计，结果较符合流体力学。经过若丹明示踪剂溶液测试其浓度，结果表明系统对肥料浓度的控制较精确。为了提高对多种传感器的集成能力，预留了pH、EC等扩展接口，可以根据需要选择安装。

该温室施肥机方便移动并能在不同温室之间快速连接管路，操作简捷，能够在温室园艺的实际生产中起到重要作用。其成本低、维护保养方便、操作易于掌握的特点使该设备完全适应我国目前的国情，可满足广大温室、园艺种植的需求。与发达国家相比，我国在温室施肥机械方面还有一定差距。种植面积大而分散、依靠政

图5 对温室管理员进行技术培训

府扶持、管理人员水平较低是目前普遍存在的问题，由此产生诸如水肥使用技术落后、设备利用率不高、维修保养困难等问题。因此，开发适合大面积推广、成本较低、采用自动控制器程序控制的温室施肥机是我国今后发展的重点方向；同时，对温室的实际管理人员进行多批次机械知识和技术培训（图5），培养扎根当地的施肥机械技术员也是解决这一问题最重要途径之一。

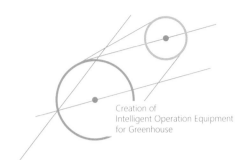

Creation of
Intelligent Operation Equipment
for Greenhouse

用于工厂化育苗的移动式变量
肥水喷洒系统的研究

工厂化育苗是目前温室基地大规模生产的一个重要环节，育苗的质量关系到实际产量，与经济效益直接挂钩。科学的肥水管理是决定育苗质量的重要一环，肥水的浓度和均匀性直接关系秧苗产品的整齐均一。因此在工厂化育苗过程中，如何解决肥水喷洒的均匀性和浓度控制的准确性，研究开发成本低的设备，是困扰工厂化育苗产业化发展的一个重要问题。肥水喷洒系统，对解决这一问题有非常重要的意义。

温室肥水喷洒系统大多采用轨道方式工作，轨道式喷洒系统依靠小车带动平行移动，使作物均匀获得水及药液。该系统采用双轨双臂结构，运行平稳。根据栽培喷水量、施肥量的不同要求，选择不同喷洒量的喷嘴，喷洒面呈折扇面并交叉重叠。输液管路空中伸缩移动，不占地面，不损作物。轨道高度及喷洒高度，可根据不同作物不同生长期的高度进行调整，但轨道造价高，并且只适合承重能力强的钢结构温室。吴政文等（2008）指出，我国喷灌机的应用较为普遍，但能够适合现代温室精准生产要求的喷灌机则长期处于空白状态。近年来，从国外引进的大量温室自走式喷灌机都存在价格昂贵、维修困难等问题。另外一种方式是采用人工控制方式，变量肥水喷洒车在作业过程中实时控制肥水喷洒过程，随时调整肥水量。

一、工作原理

变频器通过程序设定调整输出电压频率，控制三相电动机旋转，三相电动机输出轴通过联轴器与隔膜泵输入轴相连，电机转动即可带动隔膜泵转动。由于两者通过弹性联轴器连接，所以两者没有转速差，可以通过调整变频器的频率来控制电机的转速，从而调节泵的流量。隔膜泵泵出来的肥水首先通过高压管路流到减压阀，在减压阀接口处通过三通接有压力表，可以显示泵出口处的压力，并通过滤器过滤肥水中的杂质。多余的肥水可以通过泄流口分流作用流回肥水，减压后的肥水随后流至涡轮流量计。涡轮流量计把采集到的肥水流速信号送至控制器。控制器根据实际测的流速值和给定值的差对电磁阀进行进一步调节，涡轮流量计出口接至电磁控制阀。控制器可以通过控制电磁阀实现调节肥水流量的目的，电磁控制阀流出的液体通过一个三通接头将肥水平均分为三路，分别送至三路喷杆，喷杆上接有的喷头可以将肥水喷出。温室肥水喷洒系统还安装有速度传感器，采集行走的速度信号，根据速度信号实时调节喷洒肥水的流量。其工作流程原理见图1。

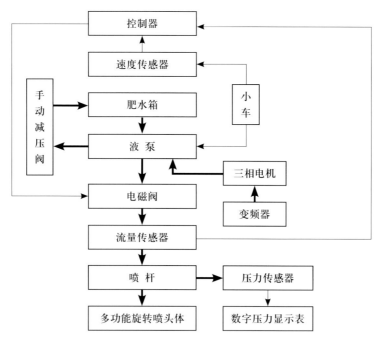

图1　移动式变量肥水喷洒系统行走平台原理

二、系统构成

温室变量肥水喷洒系统主要由加压单元、控制单元、喷洒单元三部分组成。加压单元主要由电动机和隔膜泵组成。电动机选用三相交流异步电机，输入电压380V，功率5.5kW，4极；隔膜泵功率为5kW，额定转速为540 r/min；控制单元主要由变频器和电磁阀组成。变频器输入电压

380V/50HZ，功率5.5kW，输出电流12.5A，适用电机5.5kW。电磁阀主要有比例电磁阀和电磁球阀。喷洒单元由三组喷杆、旋转喷头体、液体高压管、过滤器组成。移动式变量肥水喷洒系统结构见图2。

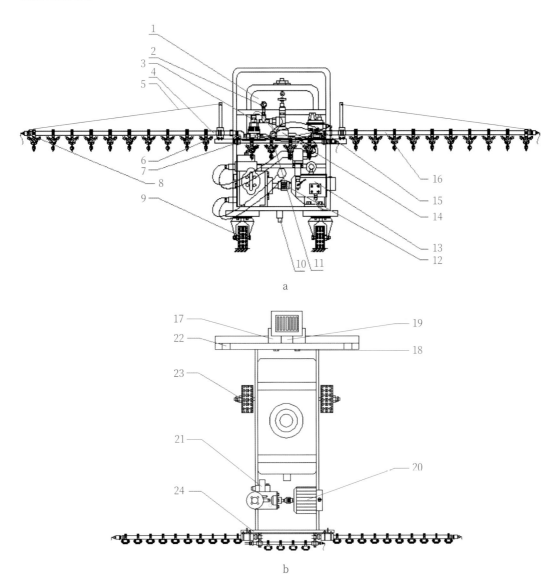

图2 移动式变量肥水喷洒系统结构图

a. 主视图 b. 俯视图

1. 导向轮 2. 压力传感器 3. 中间喷杆 4. 三喷头旋转体 5. 调节器 6. 左喷杆 7. PWM比例电磁阀 8. 压力表 9. 肥水箱 10. 右喷杆 11. 球阀 12. 手动减压阀 13. 三相电动机 14. 弹性联轴器 15. 流量传感器 16. 速度传感器 17. 变量喷洒控制器 18. 变频器 19. 手动放水阀 20. 加压泵 21. 喷杆调节架 22. 过滤器 23. 定向承载轮 24. 喷杆支架

系统加压单元的三相电动机输出轴通过弹性联轴器与加压泵连接，当电机转动时驱动加压泵转动。加压泵对来自肥液箱的待喷洒肥水液体加压，加压的肥水液体被过滤器过滤除去喷洒液体中的杂物，随后液体流入调压阀。调节调压阀使得肥水液体的压力达到喷洒所需的压力。此时系统的压力值可通过压力表进行读取。分流卸压的液体经调压阀的分流管路卸压。经过前期减压的喷洒液体进入流量传感器，流量传感器把液体流量的信息传到控制器，控制器再根据设定的流量信息对脉宽调制磁阀的开口量进行调节，使得液体流量达到目标流量。经脉宽调制的比例电磁阀调节后的药液经过三通接头分别被送入左喷杆、中间喷杆和右喷杆。喷杆内加压的液体经喷头旋转体喷出。系统自带的速度传感器可以采集行走速度信号，并将该信号送入变量喷洒控制器，控制器按照设定的程序对喷洒量进行调节。

三、系统功能模块设计

1. 多功能旋转喷头体

　　喷雾部分选用喷雾系统公司生产的多功能喷头体（图3），采用孔径25mm的矩形组合卡扣将喷头体固定在喷杆横杆上，喷头体上可以方便地安装3种不同类型的喷头。在喷雾作业时可以根据不同的施药对象手动选择喷头类型，通过旋转喷头体有效地减少农药与人体的接触，同时提高作业的效率。

2. 温室变量肥水喷洒系统行走平台

　　行走平台底盘是可以自由移动的四轮小车，有2个承载定向轮、2个调节方向的万向轮。其顶部安装有3段可以折叠的喷杆，不工作时喷杆可以折叠收起，工作时再打开。3段喷杆工作幅宽为6m，喷杆上每隔25cm安装一个多功能旋转喷头体，一共24个。3段喷杆均可以上下自由调整，因此喷杆的离地高度可灵活调节。系统设计有自动控制单元，包括PWM比例电磁阀、球阀、流量传感器、测速雷达、电动机、压力泵等。通过压力泵使肥水加压，加压后的肥水传输给手动减压阀，调压后的液体传输到PWM比例电磁阀，之后接有流量计监测液体流速，随后液体被送入3个喷杆进行喷洒。

3. 变量控制器

　　采用单片机（ATMEL公司，型号：AVR）作为控制核心的变量肥水喷洒控制器（图4）主要由处理器（CPU）、电源模块、通讯模块、键盘操作模块、显示模块、控制模块、信号采集模块等7部分组成。处理器负责采集信号、处理信号、控制电磁阀、信息显示和处理按键操作；电源模块负责为处理器提供电源；通讯模块负责与上位机进行通讯；键盘操作模块负责把用户的输入信息传输给处理器；信号采集模块负责采集肥水液体流速信号和平台移动速度信号；控制模块负责控制电磁阀执行动作；显示模块负责显示用户输入的信息和采集到的信息。

图3 移动式变量肥水喷洒系统配套旋转喷头体

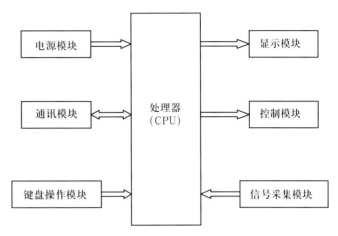

图4 移动式变量肥水喷洒系统变量控制器组成

四、田间应用

该喷洒系统（图5）在北京小汤山国家精准农业研究示范基地示范应用，并在此基础上开展了相关科学试验，均取得很好的效果。在实际应用中，针对北京昌平区蔬菜基地工厂化育苗的实际需求设计了两人手抬操作、平行移动的肥水喷洒系统，操作方便，有效地解决了肥水喷洒过程中育苗肥水控制难的问题。

图5 移动式变量肥水喷洒系统实物

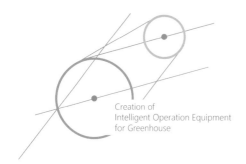

Creation of
Intelligent Operation Equipment
for Greenhouse

工厂化播种育苗施肥喷药装置
设计与试验

温室种植对于提高农民收入、供应城市居民反季节蔬菜起到了重要作用。温室种植中劳动强度较大的一个环节就是播种，需要在农忙时节高价雇佣人工作业，是温室农业生产中的瓶颈问题。穴盘育苗技术在20世纪60年代起源于美国，发展至今，已经非常广泛地应用在蔬菜、花卉等多种植物的标准化生产上。穴盘育苗具有"三省"（省工、省料、省钱）的优点，同时有利于机械化、规模化、规范化，因此得到了大面积推广应用，但在我国实际推广应用中也存在诸多问题：辛苦播种后的穴盘因为土壤基质薄，对肥水的需求敏感，浇水量不均匀而导致秧苗高低不一致，降低种苗商品率。同时，田间病虫害管理也比较困难，稍有疏漏就会导致移栽定植时间无法统一，引起后期管理问题，或者导致秧苗全部因病废弃，使得前面的劳动前功尽弃。

国内外研究表明，肥水的均匀控制直接影响育苗品质。在研究施肥对幼苗生长的影响后，王宝海得出结论，基质施肥量增加时，番茄幼苗株高、根和茎生长受到抑制，壮苗指数降低。由此可见，将施肥量精准控制在合理范围内，对于提高育苗商品率有非常重要的意义。

目前市场上大多采用集中式育苗，肥水采用人工手动喷洒，精度不能保证。国外的设备一般不具备精准控制流量的功能。穴盘播种喷药目前采用人工手动操作，药量无法控制。本文提出一种新方法，能精确控制水肥、营养液、农药变量喷洒，具有很好的实用性。

一、播种灌溉原理

穴盘播种灌溉装置主要用于播种时对育苗基质水分进行精准调控，该系统可对播种的穴盘均匀地喷施肥水、营养液、农药，可一次性完成喷水、喷肥、喷药3种作业流程，并采用计算机实现流量自动控制，还可根据程序设定实现无人自动化作业，解决温室作业环境精度不高的问题。

二、功能设计

针对生产流程设计功能，主要需要解决苗盘输送、精确喷洒、喷量控制3个问题，同时为了节约资源，需设计有废液回收循环利用系统。该系统主要包括以下几个方面：采用2条以上传输带输送苗盘；具有3个可水平移动、高度可调节的喷洒杆，分别喷洒肥水、营养液和农药；喷洒量通过计算机控制和电磁阀调节；设有废液回收循环利用系统。

三、结构设计

系统的结构设计具体参见图1和图2。主动轴上面可以安装2个以上皮带轮，皮带轮上固定采用2条以上传输带输送苗盘，用来提高皮带柔性和增大输送力。主动轴上面采用键槽连接皮带轮，皮带轮的中间设有导槽，输送带的底面设有导向条，导向条可以和导槽啮合，用来实现输送带在皮带轮上面转动时不会偏离。主动轴和电机用联轴器连接，主动轴的转动带动皮带轮的转动，电机连接控制器，电机的转速可以通过计算机设定。横梁用来承载固定主动轴，横梁的末端设有U形槽，可以用来拉紧皮带轮。在横梁上固定挡板，上面设有调节孔，可以调节上方挡板的高度，用来防止喷雾飞溅。喷洒杆有3组，从左到右依次是肥水喷洒杆、营养液喷洒杆、农药喷洒杆。输送带可以固定多组喷洒杆。从动轴起到拉紧皮带轮的作用，并依靠皮带轮的传动，实现与主动轴同样的速度转动。挡板用来防止穴盘掉下，同时防止基质洒落地面。轴承固定在横梁上，用来固定从动轴和主动轴，起到润滑转动的作用。张紧座固定在所述的横梁上，上面通过螺纹连接一个螺栓，拧紧螺栓可以调节从动轴的位置，从而调节输送带的张紧程度。将腿固定在横梁上，可以起到支撑作用，同时在腿上安装滚动橡胶轮，可以方便移动。电线护板安装在横梁上，通过计算机连接的电缆，以及穴盘位置传感器的信号电缆可以在里面固定，起到保护电缆的作用。管卡固定在上方挡板上，用来固定快速接头，实现肥水、营养液、农药3种溶液管路的快速连接。三通和弯头用来组成管路分流和拐弯。导向杆可用来引导穴盘的行进方向，也可调节穴盘的位置。3条可

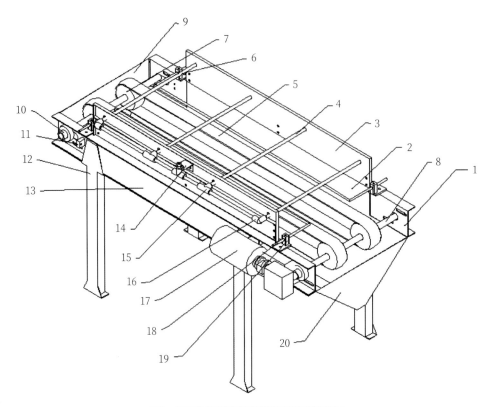

图1 工厂化播种育苗施肥喷药装置结构图

1.横梁 2.下方挡板 3.上方挡板 4.喷水管 5.输送带 6.从动轴 7.皮带轮 8.主动轴 9.挡板 10.轴承 11.张紧座
12.腿 13.电线护板 14.管卡 15.三通(标准件) 16.弯头(标准件) 17.电机(标准件) 18.导向杆 19.座 20.积液箱

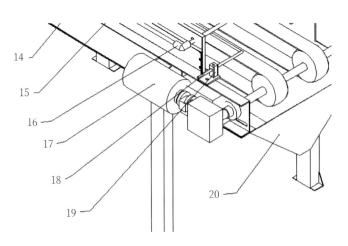

图2 工厂化播种育苗施肥喷药装置局部放大图

14~20.同图1

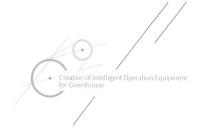
水平移动的喷洒杆可以从上方挡板上面取下来，上方挡板上面水平设有一组间距不等的孔，3条可水平移动的喷洒杆可选择固定在上方挡板上不同水平位置的安装孔里，实现3条可水平移动喷洒杆之间的水平距离可调节，从而实现喷洒间距的调节。3个喷洒杆高度可通过调节上方挡板在下方挡板上面的固定位置分别调节。3个喷洒杆可分别喷洒肥水、营养液、农药，通过快速接头连接外部的压力管路。管路的快速切换，可实现肥水、营养液、农药3种溶液同时喷洒；也可单独进行一种溶液的喷洒。

3条可水平移动喷洒杆的管路里面管卡上可固定电磁阀，通过计算机控制电磁阀，实现喷洒量通过计算机控制。喷洒量可通过电磁阀通断时间调节。积液箱可收集没有被基质土壤吸收的肥液以及飞溅的肥液，经过滤后肥液再次加压使用。废液回收循环利用流程是沉淀—消毒—过滤—加压。其工作原理见图3。

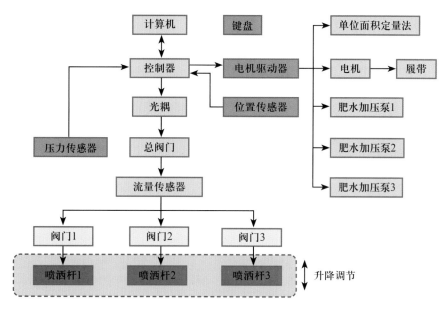

图3　工厂化播种育苗施肥喷药装置系统结构原理图

四、试验

科研人员在实验室中对施肥调控的灵敏度进行了测试（图4），试验结果表明系统对变量施肥量调控的响应及时，控制系统稳定性较好，对流量传感器的信号能准确读取和处理。电机驱动输送带运动速度反馈和实际控制平均有3%的误差。穴盘位置超声传感器探测到达100%准确。

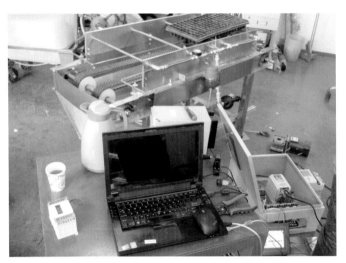

图4 工厂化播种育苗施肥喷药装置测试平台搭建

田间试验于2013年5月13日在小汤山国家精准农业基地温室进行，试验对象为黄瓜幼苗，幼苗平均高度为5.6cm，苗盘为105穴，用复合肥料溶液进行施肥试验。试验结果表明，该系统对施肥量的变量调控响应误差小于4.5%，控制系统有较好的稳定性，控制器调节电机速度和电机驱动输送带运动速度，二者反馈和实际控制平均误差小于3%。

五、结束语

笔者研制的穴盘播种灌溉装置针对用户播种时需要对基质水分精准控制的生产需求，系统采用计算机控制，可对播种后的穴盘进行均匀喷水、喷肥、喷药3种作业流程。试验结果表明，该系统有较好的稳定性，驱动输送带运动速度误差小于3%，施肥量的变量调控误差小于4.5%，解决了温室育苗肥水作业精度低的问题。

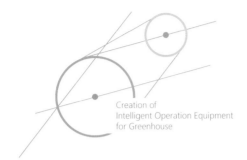

Creation of
Intelligent Operation Equipment
for Greenhouse

温室园艺便携式遥控施肥机的设计

温室园艺施肥多采用露天冲施的方式，存在利用率低、浪费严重等问题。将新型沼气池营养液引入用于温室园艺施肥，对于提高农作物品质有很大帮助，同时也对施肥设备提出了更高的要求。将液体肥料按照作物需求投送到作物根部土壤中，并能实现精准控制是解决这一矛盾的关键点。开发专门的施肥智能农机具，并通过将机具和滴灌、小管出流等传统的农业灌溉设施结合，提高其精准度和智能化水平，是解决精准施肥问题的有效手段。同时，由于温室园艺环境的限制，迫切需求施肥设备便携化和可遥控化，因此如何满足这一需求成为研究热点。

一、原理

温室园艺便携式遥控施肥机（以下简称"施肥机"）采用充电蓄电池作为动力，在温室中完成肥料溶液过滤、加压与注射，结构紧凑，方便携带及搬运。施肥机采用施肥泵精准控制浓度，能解决作物施肥无法精确定量、均匀施肥的难题。该装置控制系统基于物联网系统，可远程发送信号控制温室园艺灌溉施肥作业，并根据温室园艺缺水信息分区域自动调节水肥用量，实现按需给肥、按需给水，确保作物生长健康，节水增收。

二、系统设计

1.结构设计

施肥机采用钢板折弯成三角形结构，具有很好的抗压能力。左侧的支撑板通过螺栓与主安装板固定，可以实现蓄电池的方便更换。蓄电池内置可以有效保护蓄电池，提高蓄电池的使用寿命。电动水泵对沼液等营养液进行加压后，注射进水管支路中，实现营养液的水肥一体化作业。

2.管路设计

施肥机采用便携式电动装置，可实现温室园艺营养液的电动注入与移动使用功能，设计原理见图1。其压力传感器能方便地检测到系统的压力值；恒压装置能实现注肥压力的恒定，避免压力的相对波动。肥料母液从进水口快接处被定量抽入施肥机中，经过双层过滤后通过泵加压，流向出水口快接，进入灌溉管路。水泵的出水口设置有恒压模块，可以自动对水压进行检测。当水压波动太大时，自动控制水泵进行相应的开关运转，实现水泵加压后的营养液压力恒定注射。主管路的水流压力发生变化时，施肥浓度会有波动，固定在压力传感器和出水口快接之间的调压阀自动回流部分营养液，实现浓度的相对稳定。施肥机实物见图2。

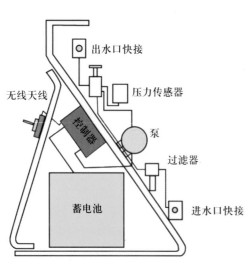

图1 施肥机设计原理图

图2 施肥机实物

三、软件设计

基于嵌入式系统开发营养液施肥控制软件（图3），通过远程无线信号将施肥指令发送给施肥机的控制器，控制器根据无线信号调节施肥效率及施肥开关，实现无人值守时的施肥量精准调节；也可通过无线信号发送指令使蓄电池进入休眠状态，电源休眠后系统将无法使用，从而提高电池寿命。

控制器接收到手机APP等终端的无线控制信号后，先对无线信号进行纠错及检验，根据信号对施肥泵进行变量控制。控制器通过脉冲控制泵的流量线性变化。营养液流量的变化信息反馈给控制器后，根据施肥浓度的比例系数调节主管道水流的流量，实现营养液浓度的恒定不变；同时，控制器也可直接关闭水泵，发送信号给主管道电磁阀，实现主管路的关闭。软件专门设计节能策略，即发送指令给控制器来驱动蓄电池主电路接触器全部断开，实现所有电路的切断，然后每隔1周发出信号，根据控制器的唤醒功能，使得接触器闭合，启动水泵转动20s，实现蓄电池的定期负载放电及有条件休眠功能，可提高蓄电池的寿命3倍以上。

图3 施肥机软件界面

四、田间应用

::

该系统在京郊密云、平谷等地温室和园艺基地进行推广应用（图4），其施肥效率可达到传统施肥方式的3~6倍，大幅度节省施肥时间，对沼液的循环利用发挥良好的促进作用。经过三重过滤后去除沼渣的沼液可直接被系统加以利用，大幅度降低生产成本，并实现废物高效利用，这种方法为设施蔬菜和果树栽培如何精准利用沼液问题探寻了一个好的方法。

图4 施肥机温室作业效果

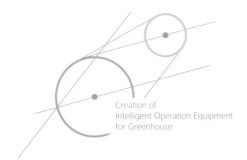

Creation of
Intelligent Operation Equipment
for Greenhouse

一种移动式穴盘育苗水肥自动化调节装置的研制

设施农业温室栽培快速发展的同时，也面临如何高效利用水资源的问题。千晶晶（2012）指出中国水资源短缺，人均占有量少，是世界上最缺水的13个国家之一，农业用水效率低，灌溉用水有效利用系数仅为0.45左右，而发达国家是我国的1.55倍。温室作为农业生产的重要方式，无法利用自然降雨，而生产过程中消耗水量又较大，因此提高水肥利用是解决这一问题的重要途径。

现有苗床灌溉装置多为悬吊式结构，由悬吊架、悬吊导轨、主行走机构、喷灌装置、随动行走机构和电控系统等部分组成，多用于温室或塑料大棚育苗的灌溉。传统方式的整套喷灌系统结构较为复杂，首先要有纵向的导轨，与此同时，在完成一个灌溉幅宽后，要通过横向导轨将喷灌机转移到下一个灌溉作业区域，所以还要在纵向导轨的一端安装横向轨道才能完成作业。其次，喷灌系统安装有纵向和横向导轨，导致喷灌系统的自身重量较大，所以固定导轨的温室骨架要有足够的强度才可以支撑，无形中增加了安装成本；且有些农户自建的塑料大棚骨架较单薄，不适合安装此类型的喷灌机。

同一温室内的种苗通常不是单一作物种类或是长势不同，传统喷灌机的灌溉幅宽较大，作业时横跨多条苗床。张跃峰（2013）介绍的一款新的温室双臂双轨施肥喷灌机作业一次覆盖4条苗床，安装悬挂在空中。这种设计使得每条苗床的灌溉量不能根据作物种类及农艺要求进行调节。如果这个问题不解决，温室栽培苗床管理分区就无法灵活组合，部分种苗就无法做到按需投入水肥，从而引起生长差异，导致种苗均一性差、商品率低、收益提升难。因此，开发针对温室大棚内的实用型苗床自动灌溉装置非常有必要。

一、水肥自动化调节原理

本文介绍一种灵巧、轻便型的移动式穴盘育苗水肥自动化调节装置（图1），利用苗床的结构作为行走导轨，达到简化喷灌系统结构、降低成本的目的；此外，还可以根据苗床上的种苗及其农艺要求进行适量喷灌。该装置由行走机构、调节横梁、喷灌系统、控制系统等组成。行走机构安装固定于调节横梁的两端，喷灌系统安装固定于调节横梁上，控制系统安装固定在行走机构上。

行走机构由行走轮、行走轮固定架、连接横梁、行走立柱、驱动电机、驱动链轮及链条等部分组成。行走轮通过轴及轴承安装固定于该行走轮固定架上，前后行走轮固定架通过连接横梁焊接固定，行走立柱焊接固定在连接横梁的中间位置，驱动链轮安装固定于该驱动电机和主、从动行走轮的转轴上，链条用于连接驱动电机的链轮与主动链轮、主动链轮与从动链轮。调节横梁由U形梁和方梁等组成。U形梁和方梁通过螺栓连接紧固，并根据苗床宽度进行宽度调节。喷灌系统由喷头、喷管、喷灌固定架及加压水泵组成。喷头安装固定在喷管上，喷管利用喷头上的螺栓与喷灌固定架相连接，喷灌固定架悬吊安装于调节横梁上。

控制系统能实现两侧行走机构的统一调速。该限位开关安装固定在该行走轮固定架上，用于检测灌溉装置是否行进到苗床末端。

二、结构设计

该装置的行走机构（图2）是通过电机驱动、链条传输的方式直接在苗床上行走，通过控制器设定灌溉的用水量，到达末端自动停止。行走轮采用尼龙材质，可有效保护苗床两侧的挡沿不会磨损，同时提高行走的平稳性。行走轮通过一组轴及轴承安装固定于行走轮固定架上，前后两组行走轮固定架通过连接横梁焊接固定，在行走立柱上开有等间距的固定调节孔，用来调节横梁及喷灌系统的喷灌高度，从而保证喷头喷雾扇面最佳组合以适应不用种类的作物。驱动链轮采用电机驱动。

调节横梁采用U形梁和方梁组合的结构，主要是为了解决温室苗床规格宽度不一、行走机构匹配难的问题。U形梁上开有滑槽，用于调节横梁的宽度。方梁开有通孔，利用螺栓将U形梁和方梁连接紧固，保证装置的整体性。调节横梁通过两边独立的机构组合安装，根据苗床的宽度对调节横梁进行微调，以适应不同的苗床宽度。

喷灌系统根据需要进行溶液加压、输送和雾化。采用整架方式安装固定于调节横梁上，可以安装一组、二组或三组喷头，同时实现多种溶液分别独立喷洒，也可用不同的方式组合喷洒。每排喷头错位安装，可实现单程溶液大流量喷洒。固定架通过U形固定卡悬吊安装于调节横梁上，

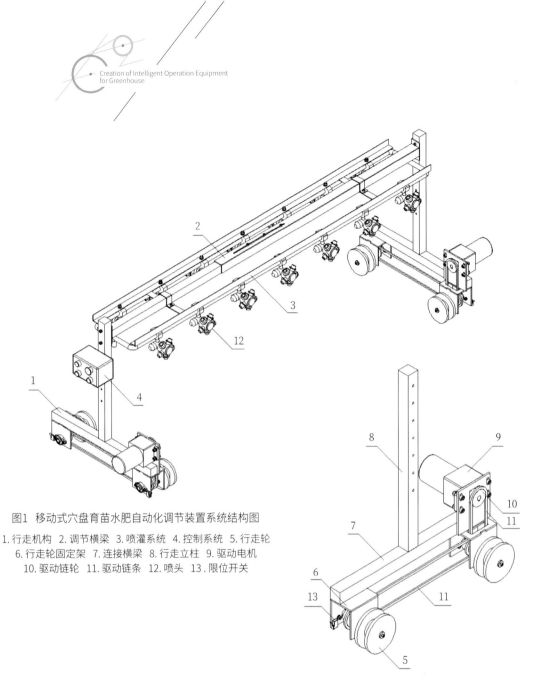

图1 移动式穴盘育苗水肥自动化调节装置系统结构图

1.行走机构 2.调节横梁 3.喷灌系统 4.控制系统 5.行走轮
6.行走轮固定架 7.连接横梁 8.行走立柱 9.驱动电机
10.驱动链轮 11.驱动链条 12.喷头 13.限位开关

图2 移动式穴盘育苗水肥自动化调节装置行走机构

可通过改变调节横梁位置实现喷灌高度的灵活调节。

为防止传动机构损坏作物幼苗，该装置采用双电机分别驱动两侧行走机构，并通过控制程序设计实现两侧行走电机的同步调速。在行走机构的前后分别安装位置传感器开关，将其安装固定在行走轮固定架上，用于检测灌溉装置是否行进到苗床末端，确保限位开关和苗床挡边触碰后，灌溉装置根据程序自动停止或反向运动。此外，控制系统具有手动和遥控两种模式，可以实现远程控制。控制系统的变量控制器安装固定在立柱上，随行走机构移动，方便移动作业时进行调节控制。

三、田间试验和应用

::

  该装置田间试验在北京延庆绿富农有机蔬菜基地连栋温室进行。该基地温室为京郊典型的连栋温室。温室内按照分区进行集中化育苗，育苗采用30m的标准苗床。系统通过4个行走地轮直接骑跨在苗床两侧的挡板架上，利用挡板架作为轨道行走。系统平均10min可完成1个百米长苗床肥水一体灌溉作业，喷雾流量最大可到22L/min，流量可以根据种苗实际需求进行变量调节。试验结果表明，该系统喷洒均匀性系数小于3%，满足精准肥水一体化喷洒的需求。该装置试验实物见图3和图4。

  实际生产应用中除了对作业效率和精度有要求外，系统的实用性和易操作性也是推广示范中的关键。该系统采用两人搬运的方式能快速从一个苗床到另外一个苗床开始作业，整个过程可在2min内完成，针对不同种苗的肥水需求量通过旋钮开关实现快速精准控制。实际试验和生产应用表明，该系统解决了传统温室育苗灌溉劳动强度大、灌溉方式粗放的现状，以"装备工具化、简洁化、实用化"的原则，解决生产难题，是一种值得推广的新技术、好办法。

图3　移动式穴盘育苗水肥自动化调节装置实物图

图4　行走机构实物图

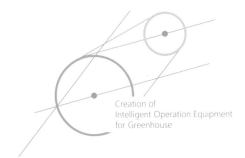

Creation of
Intelligent Operation Equipment
for Greenhouse

温室水肥控制器的
开发和试验

水肥管理对于依靠有限基质栽培的温室环境非常重要，可以节省劳动力40%～60%；同时，水肥控制到合适的用量，可以有效地保持温室环境的湿度，实现对干燥条件易发病虫害的控制，如白粉病、红蜘蛛都会得到有效控制（张伟，2011）。温室水肥的控制器设计已经逐渐成熟化和普及化，提高系统的智能性和稳定性，是当前重要的发展方向。在实际应用中，实现按照作物种类和需求分区控制施肥，同时每个区域依靠传感器反馈的动态管理方式是关注的热点。另外，非常重要的一个发展空间是利用已有设备条件，对陈旧、有缺陷、使用不方便的设备进行技术升级，实现"机械变废为宝，管理变粗为细，操作变繁为简"。这是实现农业装备节能发展、节约资金的重要尝试，应积极探索研究。

传统水肥控制器采用简单的时序和星期组合控制已经逐渐无法满足设施高品质农产品生产的需求。基于模糊神经网络的PID控制器开始在温室得到应用（罗淳，2009），充分利用现代农业技术的信息采集控制、信息传输、信息处理的优势，将控制系统的优缺点与实际应用环境的复杂性密切结合，开发简单且智能化的控制器具有重要意义。

一、水肥控制器系统设计

1.硬件设计

硬件设计由电源模块、时钟芯片、液晶显示、触摸屏、屏显控制、窗口通讯模块、MCU、继电器输出、电磁阀控制、报警控制、传感器输入等组成。按照功能区，将硬件电路划分为操作区（图1中的液晶显示和触摸屏）、声光指示区、输出区（图1中的继电器A、B、C）3个部分。操作区主要进行程序控制输入操作设计目标是，建立友好的人机交互界面。声光指示区主要由红、绿两种颜色的发光二极管来显示电路硬件的状态是否正常。输出区主要是端子，用来连接外围的设备，包括水肥加压泵、送水泵、施肥电磁阀。时钟芯片用来动态显示当前时间，在系统外部断电后，时钟芯片仍能正常保存当前时间，同时继续正常运行，提供自动模式下的施肥程序时间控制。控制系统硬件设计见图1。

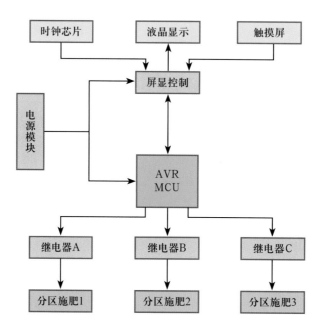

图1 温室水肥控制器结构图

2. 控制器设计

控制器采用嵌入式单片机开发，处理器选用ATmega128单片机。电源模块由稳压模块7805及滤波电容组成。主控单元由Mega128最小系统组成，包括电源电路、复位电路、时钟电路。串口通信单元将单片机TTL电平转换为RS232电平。转化后的信号用来将水肥历史作业数据、各分区工作状态数据等传送给上位机软件，自动统计并生成统计表。统计表是水肥作业管理的科学依据。声光指示单元由一个LED模块和一个蜂鸣器组成，主要用于实时提示工作状态。

3. 软件设计

人机触摸交互流程设计软件（图2）主要实现了系统人机交互，输入采用触摸屏，输出采用彩色液晶显示。人机触摸交互流程包括进入主操作页面、手动注肥设置、自动注肥设置、帮助设置等。

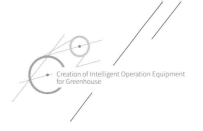

Creation of Intelligent Operation Equipment
for Greenhouse

二、试验与测试

为了测试控制器自动控制施肥作业时水肥体积和浓度的均匀性，可以通过一个滴灌带各滴点不同时期荧光浓度试验来考证。标准液稀释5倍后取稀释液400mL用来试验。

试验材料和方法：抽取标准若丹明溶液（WT）400mL，倒入500mL大烧杯中，连接控制器、注肥泵出水口和入水口的电磁阀，将注肥泵吸肥管放入烧杯中吸取母液。启动用来提供稳定水压力的压力泵，同时将集液瓶放在各滴点下收集各滴点的溶液。烧杯中的400mL水肥母液全部被吸完后，停止试验系统，关闭压力泵。将集液瓶从各滴点取下来进行体积（V）测量，同时使用荧光测量仪（Trilogy试验专用荧光仪）测试各滴点的溶液样本的浓度（A）。

从肥料浓度变化试验曲线（图3至图5）可得，在整根滴灌带（共35个滴点）的采样检测中，管路中水肥流动稳定5min后，整个施肥过程水肥的浓度一致性在99.99%。根据滴灌带入口从近到远一次选取3个采样点，在滴灌开始前2min内，相比距离远的滴灌点，距离近的滴灌点浓度明显升高，其中2～3min时浓度的升高最显著。当浓度波动趋于稳定后，各滴灌点的浓度没有明显差异。

试验结果显示，控制系统对水肥的自动控制稳定、准确，在管路水肥流动稳定后，整个施肥过程水肥量没有明显波动。

果类蔬菜产业技术体系北京市创新团队设施设备功能研究室对该系统的实际应用提出了很多具体的推广示范要求，实际推广过程中经过项目组的反复技术更新和程序优化，系统功能稳定，满足了京郊实际生产的要求。

开始

初始化设备

进入系统登录
信息页面

用户【登录】

进入
主操作页面

【帮助】　注肥
当前状态　【返回】

注肥状态
实时显示

【注肥设置】

进入
注肥设置页面

【帮助】【返回】

进入
帮助页面

【主页面】【返回】

返回上一级页面

图2　温室水肥控制器友好人机触摸交互流程设计

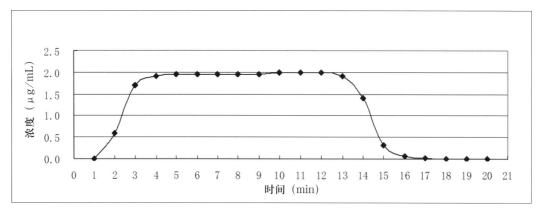

图3 第1滴点的浓度分布

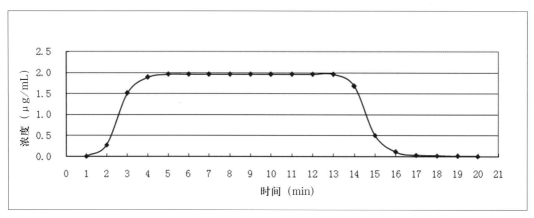

图4 第15滴点的浓度分布

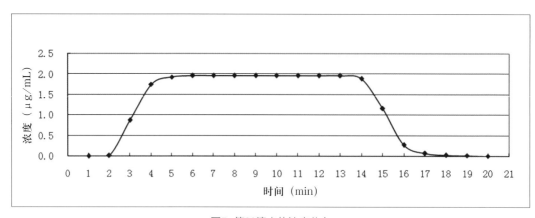

图5 第29滴点的浓度分布

图解温室智能作业装备创制

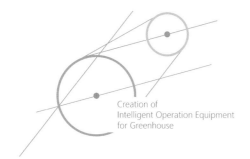

Creation of
Intelligent Operation Equipment
for Greenhouse

钵杯育苗手持水肥高效调节
装置的开发

育苗是设施蔬菜高效生产和工厂化规模生产的关键环节。正确采用优良种子育出壮苗，关系到蔬菜种植的效益，也是大型基地获得高产、优质、高效益产品的保障，是必须跨越的技术屏障（张志军，2011）。目前生产中常用的育苗方式为穴盘育苗和钵体育苗。这两种育苗方式具有成本较低、省工、省力，便于机械化生产，效率高、节省能源、种子和育苗场地便于规范化管理、适宜远距离运输和机械化移栽等优点（徐海，2014）。钵杯育苗具有便于集中管理、预防病虫害和挑选移栽的优势，不伤根，不伤苗，得到了规模化推广和应用。钵杯育苗时每棵苗在相对独立的土壤中生长，其肥水利用相对比较孤立，在调节和控制上需要根据苗期生长的需要进行精确调节。传统的人工水壶喷淋或天车喷淋不能满足其精准度的要求。因此，如何采用辅助机械实现水肥精准控制，同时提高工作效率是一个值得探索的问题。

一、原理

钵杯育苗手持水肥高效调节装置，可根据需要灵活布放，通过在钵杯或花盆中放置水肥传感器监测其土壤基质的水分含量，再根据水分含量进行智能决策，能实现无人值守条件下的水肥高效调节。该装置的开发可大幅度提高水肥投施的精度，实现钵体育苗长势一致，提高水肥利用效率。

二、装置设计

脚踏开关将信号发送给控制器，控制器读取当前水肥传感器的参数并计算距离饱和阈值的差量，然后根据差量控制电磁阀和水泵工作，补充所需的水肥。主施肥溶液管的末端有手持把柄，可以手拿把柄将侧管对准秧苗的根部插入，实现侧管和秧苗根部的贴紧，确保侧管漏水滴点能滴入每个钵杯中。主管可通过手持左右移动（图1），保证每个钵杯中的滴水点都在根部的中心区域，提高水肥利用效率。

侧管（图2）的末端用弹性塑料密封，既可防止滴漏，又可以快捷拆卸，方便对侧管内壁进行清洗。侧管的红色堵头能够拆卸，侧管和主管采用PVC快速固化胶粘接，利用溶解剂能方便拿下来替换，以便适应不同钵杯尺寸育苗使用，提高设备的通用性。

图1 手持施肥管

图2 可拆卸侧管

三、控制器

土壤水分传感器和土壤溶液离子浓度传感器在线实时获取土壤当前参数，并将传感器信号发送给控制器进行土壤状态的决策判断。土壤水肥饱和阈值设计有上下限，当进入触发区间并到达上边界后，停止补充水肥溶液；当蒸发流失的水肥量到达下边界后，开始补充水肥量。

控制器可以实现土壤水肥阈值从10%～90%的灵活调节，调节精度为0.1%。肥料溶液可以采用压力泵供给，也可以采用高置固定水箱预先储存肥料溶液，利用高度差进行定量施肥灌溉。该

装置能够实现播种育苗时的定量灌水，也可在苗期将侧管放置在育苗钵杯上实现无人模式下的水肥自动定量供给；或者在苗期施肥时，根据需要对钵杯里的待移栽秧苗进行定量施肥和灌水；也可根据需要进行根部施药。

该装置采用模块插槽的方式设计其信号采集单元，通过高低电压值切换方式实现各支路独立控制，可扩展连接电导率和酸碱度传感器接口，利用传感器对每个钵杯进行单独检测。基于内部时钟进行自动计时，可根据星期、时、分进行分时控制，实现施肥控制的多种选择模式。

四、应用

待测试的装置在育苗架和地面育苗床栽培过程中进行测试，可对PVC钵杯、花盆等进行施肥作业，适合设施农业规模化集中育苗生产，也可与温室施肥机、施药机配套使用，实现已有设备的系统化利用。

该装置在北京市农林科学院植物保护所温室中进行了测试和应用（图3）。试验结果表明，该系统能快速完成阵列钵杯育苗的水肥快速精准投入，可一次完成25盘秧苗的水肥精确补给。每分钟可完成200个以上钵杯的水肥快速投入。根据钵杯水肥的精准度要求，可以改为每个钵杯单独一个水肥传感器、一个注肥头，实现单个钵杯"定量施肥，按需按时"的控制要求。在实际生产中，由于其成本相对低廉，并可高精度实现不同钵杯的差异化施肥，同时满足移动作业的需要，在劳动力缺乏、植株对水肥敏感的作物育苗中，该装置大有用武之地。

图3 钵杯育苗手持水肥高效调节装置田间试验

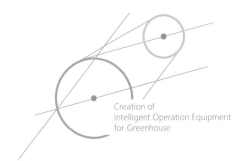

Creation of
Intelligent Operation Equipment
for Greenhouse

面向物联网的保护地气肥增施无线控制系统

温室生产中，二氧化碳是植物进行光合作用不可缺少的原料。在半封闭或完全封闭的大棚、温室内，蔬菜作物不断从空气中吸收二氧化碳，如得不到外界大气的及时补充，就会造成大棚、温室内二氧化碳浓度降低，无法满足蔬菜作物生长的需要，导致减产。史业腾（2002）根据文献提出大气中的二氧化碳实际浓度，但密闭温室中午11:00群体光合作用旺盛，叶面积系数较大，二氧化碳浓度会降到大气标准浓度的1/3。许大全（1990）提出在日出后植物将开始进行光合作用，二氧化碳不足引起的"光合午休"现象会制约作物产量和品质。采用增施二氧化碳的方式能有效解决二氧化碳不足导致作物减产这一问题。于国华（1996）研究温室黄瓜增施二氧化碳对光合作用速率的影响，结果显示增施二氧化碳对黄瓜的产量提高有较好作用。避免二氧化碳亏缺，利用其结构密闭性进行二氧化碳施肥是实现设施栽培蔬菜高产高效的有效途径。

一、施肥原理

目前国外已经普遍采用增加温室内二氧化碳浓度的方法来提高作物产量和改善作物的品质，但研究表明二氧化碳增施技术并非是浓度越高越好，应根据不同的情况动态施用。系统如果采用有线方式连接控制，则布线费时费力，同时布设的线缆会阻碍温室内其他生产作业；同时，当新增加物联网感知系统时，也存在组网兼容不便的问题。实现对温室中不同位置的二氧化碳浓度监测采集，通过计算机实时获取数据决策二氧化碳是否需要增施，如果需要增施，再决策施肥浓度及增施量。

二、系统整体设计

保护地气肥增施无线控制系统，包括主机系统、中心节点、无线采集节点、无线控制节点（图1）和二氧化碳发生装置。主机系统通过串口连接中心节点，无线采集节点采用紫蜂协议（Zigbee）的无线网络连接中心节点，该技术具有短距离、低功耗和低复杂度的特点。无线控制节点的输出端连接二氧化碳发生装置。无线采集节点输入端连接空气温度、湿度传感器和二氧化碳传感器。无线采集节点采集的温室中温度、湿度和二氧化碳浓度数据通过Zigbee无线网络发送到主机系统。主机系统经计算后决策是否增施二氧化碳，发送控制指令到无线控制节点。无线控制节点收到控制指令后，通过输出高低电平来控制继电器开关，继而控制二氧化碳发生装置。本系统架构灵活，二氧化碳增施控制方式可配置、可调整、可移动。

二氧化碳发生装置是一个电加热容器，容器中盛有碳铵，碳铵加热产生二氧化碳和氨气。产生的气体经过水过滤后，氨气融入水中生成氨水，可用于作物施肥；二氧化碳排入温室中，用于温室的二氧化碳增施。

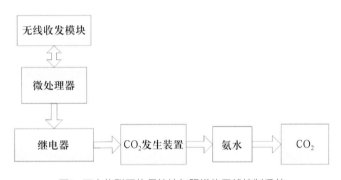

图1　面向物联网的保护地气肥增施无线控制系统

三、软件设计

该系统软件主界面见图2。温室二氧化碳施肥控制分为人工控制和自动控制两种。人工控制时，用户点击"增加二氧化碳"，软件就可以控制施肥；点击"关闭CO_2施肥"，软件就会关闭二氧化碳发生器施肥。自动控制时，首先选择二氧化碳控制模式，包括仅白天增加二氧化碳、仅晚上增加二氧化碳、白天晚上增加二氧化碳、仅晚上减少二氧化碳、仅白天减少二氧化碳、白天晚上减少二氧化碳6种模式。例如，在仅白天增加二氧化碳模式下，设定白天开始灌溉阈值和动态极差后，如果温室二氧化碳节点采集的当前浓度低于白天开始施肥阈值减去动态极差的值，系

图2 面向物联网的保护地气肥增施无线控制系统软件主界面

统就开始施肥，施肥时间由辅助功能码决定，有施肥5min、10min、15min、20min 4个等级。间歇功能码的不同数值代表一次施肥后间歇的时间，这主要是因为施肥后，温室中二氧化碳有一个循环平衡的过程。温室中可以布置2个浓度观测点，每个观测点可以检测每个监测点的温度、湿度、二氧化碳浓度。

历史数据浏览功能：该模块可以查看温室中二氧化碳采集节点的二氧化碳浓度、湿度、温度数据及采集时间。数据可以导出到Excel表中。

施肥日志功能：可以查看施肥动作日志，包括时间、施肥动作信息、施肥时温室的二氧化碳浓度、施肥持续时间。

四、田间试验及示范

该系统经过技术优化后，在果类蔬菜产业体系北京市创新团队设施设备功能室建设基地进行示范。特菜大观园标准化基地始建于1984年，位于昌平区小汤山镇，是"特菜、特果、特草、特花"农业技术展示基地，1990年北京亚运会、2008年北京奥运会的蔬菜供应基地。著名商标"小汤山"绿色蔬菜产品供应近百家超市。从实施效果看，针对西红柿种植，先监控浓度再开展试验，按时间动态控制浓度的流程，能够满足作物光合作用中二氧化碳的需求，并发挥显著的增产效果。

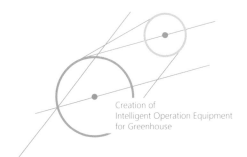

Creation of
Intelligent Operation Equipment
for Greenhouse

设施精准注肥器使用与
维护保养技术

随着各地设施温室种植面积的逐年扩大，水资源短缺成为制约各地农业生产发展的重要因素。为了减少水资源的浪费，提高水资源的利用效率，全国各地大面积推广应用先进的灌溉技术，如膜下灌溉和膜下滴灌技术。采用这些先进滴灌技术，既可减少水分的蒸发量，也可降低人工投入。另外，采取滴灌技术的同时，进行肥料的精准注入，可减少人工施肥带来的劳动用工增加和肥料浪费。通过安装注肥器，灌溉系统可以使用水溶肥料。例如，将氮和一定剂量的磷直接加入灌溉水中，可使作物在全生育期内维持所需的营养水平。滴灌尤其适用于注肥作业，因为肥料可被直接输送到作物根系容易吸收的地方，并且很少或无淋溶。在一些土壤中，滴灌可以节省肥料50%以上。

注肥器可以用来向灌溉水溶液中定量注入液态化学肥料、防治土壤病害的化学农药、植物生长调节剂及植物生长所需的多种微量元素。近年来，温室注肥器在发达国家得到了广泛的推广应用。在我国，随着设施农业种植面积的逐年扩大，温室注肥器也得到广泛的推广应用。目前多数先进的注肥设施都是从国外引进的，因此这些注肥器的成本都比较高。若使用者在使用过程中维护保养不当，则极易出现堵塞、磨损和精度降低等问题。为此，本文对其相关的使用及维护保养进行简单介绍，以供使用者提高使用效率，减少使用过程中发生故障的概率。

一、设施精准注肥器的作业原理

设施精准注肥器的主要功能是将高浓度的肥料从肥料桶中按照一定的比例

注入供水管路中。通常来说，注肥器是按照肥水的比例来进行计量的，如水肥比例为1∶100，则表示1份的肥料与99份的水进行混合。一般情况下，肥水比例也可以用百分比的方式表示，若肥水比例为1∶50，则肥料的百分比为2%。

目前，国内温室中注肥作业应用最常见的方式有以下几种。

1. 压差式注肥

该法也是最简单的注肥方法（图1）。该注肥方法通过灌溉水在肥料罐中的循环，把肥料溶解，随灌溉水通过灌水器灌溉到作物土壤内的作物根部。压差式注肥有一个手动调节阀门，通过调节阀门的开度大小，使阀门两端产生压力差，从而将肥料罐中的肥料溶液压入灌水管路中。差压式注肥系统一般由储液罐、进水管、供肥液管及调压阀等组成。

储液罐一般由金属制成，内有保护涂层。储液罐经加压后作为承压容器使用。生产中储液罐与滴灌管道连接，使进水管口和出水管口之间产生压差，并利用这个压力差使部分灌溉水从进水管进入储液罐，再从出水管将经过稀释的营养液注入灌溉水中。

优点：加工制造简单，造价较低，不需外加动力设备；而且颗粒状的易溶肥料可以直接导入肥料罐中不需要预先进行溶解作业。

缺点：溶液浓度变化大，无法控制，注肥不均匀。罐体容积有限，添加液剂次数频繁且较麻烦。储液罐中的液体不断被水稀释，输出液体浓度不断下降，从而造成其与水的混合比例不易控制。

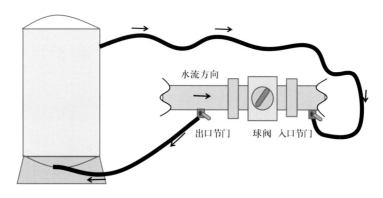

图1 压差式注肥原理

2. 文丘里注肥

文丘里注肥器是用文丘里和施肥罐相连，将化学物质注入灌溉系统的干管中。水流经文丘里时产生吸力，可以把化学物质吸到管道中来。文丘里注肥工作原理见图2。

文丘里注肥器与储液桶配套组成施肥系统，利用文丘里管或者射流器产生的局部负压，将液态的肥料吸入灌溉管路中。

优点：在灌溉水流压力及流量稳定的情况下，肥液浓度稳定不变，施肥质量好，效率高。通

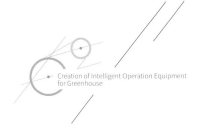

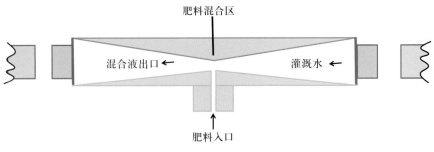

图2　文丘里施肥工作原理

过控制肥料原液流量与灌溉水流量的比值，可准确控制水肥混合比。该方法多应用于要求实现灌溉溶液电导率、酸碱度实时自动控制的施肥灌溉系统中。

缺点：在灌溉水源压力及流量变化较大的情况下，注肥装置工作性能不稳定。

3. 水源驱动活塞式注肥

该种装置的结构及工作原理见图3。这种注肥方式目前在国内获得了广泛应用，其工作原理是利用灌溉管路的水压力，推动驱动活塞向上运动，同时也拉动注入活塞向上运动，从而使肥料液因大气与注肥腔之间的压差进入注肥腔内。当驱动活塞到达最上端时，灌溉水从注水腔流入混合腔，两活塞均向下运动，注肥腔内的压力增大，其与混合腔存在压差，于是肥料被注入混合腔内。

各工作水流通道均为单向；灌溉水和肥料液两股冲击液体进入混合腔后碰撞在一起形成湍流，使两者迅速充分地混合均匀。

优点：在施肥作业时事先设定好肥水比，不管注入灌溉水的压力及流量如何变化，其混合后的溶液比例都将是恒定的。另外，系统也可将多个注肥器串联使用，实现不同肥料的均匀注入。

缺点：购置成本高，有些腐蚀性强的肥料易造成注肥器的损坏，因此，其维护使用必须认真对待。

4. 组合式自动灌溉施肥

该系统实物见图4。该种注肥方式能够按照用户设置的灌溉施肥程序、溶液电导率（EC）和酸碱度实时监控。通过预先编制好的控制程序，以及作物需水和肥的某些参数，自动通过系统上的一套肥料泵准确适时地把肥料养分直接注入灌溉管道中，连同灌溉水一起适时适量地施给作物。

优点：灌溉水和肥料预先在水桶中混合，

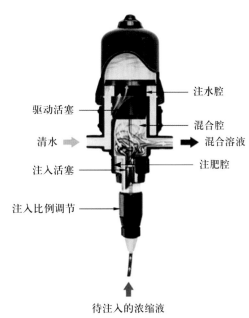

图3　水源驱动活塞式注肥原理图

混合后的水溶液通过加压泵注入灌溉管路中，从而实现整个系统的施肥灌溉。系统的灌溉管路中安装有EC及pH测定传感器，可实时测定灌溉溶液的EC和pH，因此系统可以实时调整灌溉溶液所需的各种肥料配比，从而实现整个系统的精准施肥灌溉。系统可以很方便地安装在已有的灌溉管路中。另外，施用的不同肥料可以放在不同的肥料容器中，系统可以一次将所需的不同

图4　组合式自动灌溉施肥系统

肥料按照预先设定的比例注入灌溉水流中（系统最多可一次注入4种不同的肥料）。系统安装的控制计算机可以按照用户设定的程序完成不同时段的施肥灌溉作业。

缺点：购置成本高；适合于较大面积的分区灌溉施肥作业。

二、设施精准注肥器的选择方法

设施精准注肥器的选择首先以经济性为主，需要依据灌溉施肥作业的面积而确定。对于单独农户的一些小型温室，温室灌溉管路连接简单，施用的肥料是颗粒状的可溶肥料，选择差压式的注肥系统即可，可以简化施肥过程。而对于使用液态微肥和土壤消毒类的化学农药，采取滴灌的方式注入则宜选用文丘里注肥器，从而实现肥料的准确注入，同时减少肥料的浪费和农药在注入过程中通过不同容器的转移而造成的污染。对于规模化基地中由不同农户经营的温室，可以使用水源驱动活塞式注肥装置。为了降低单个温室安装该种注肥器造成的成本增加，目前我国研制了一种适合不同温室的移动式注肥系统（图5），通过系统配置的快速插接管路实现系统的精准注肥，从而明显降低每个温室都安装该注肥系统的成本。而对于连栋大型温室的注肥作业，则可以选择安装组合式的自动灌溉施肥系统，从而实现分区分时的程序化控制注肥作业。

另外，设施精准注肥器的选择也要考虑设施温室种植作物的品种和所造肥料的种类，以及用户潜在的注肥需求，目的是提高工作效率和增加经济效益。肥料注入系统所需的流量也是注肥器选择需要考虑的问题，通常按流量分成3类，0.2~48L/min为小流量，48~160L/min为中等流量，160L/min以上为大流量灌溉。水流量检测一般的方法是在用户安装有水表的情况下，用户只需计算单位时间内流过的水量即可。另外，选择设施精准注肥器时，注肥浓度（又叫比率）也是用户需要考虑的问题，国际上注肥比率通常分成5个范围，1:(250~4 000)倍（即0.025%~0.4%），属于很低；1:(100~500)倍（即0.2%~1%），属于低；1:(100~200)倍（即

a   b

图5 移动式温室注肥系统
a. 实物 b. 触摸液晶屏

0.5%~1%），属于中等；1：（20~100）倍（即1%~5%），属于高；1：（10~50）倍（即2%~10%），属于超高。低的注肥浓度意味着只有少量液体注入灌溉水路中。当肥料的注入比率大于1：200时，肥料和水不能够实现很好的混合，肥料注入土壤后极易对作物的叶片造成烧伤。对于温室设施作物，肥料的注入比例通常不要高于1：200。

三、设施精准注肥器使用过程中应当注意的问题

设施精准注肥器的使用过程必须要注意水及肥料的充分过滤，系统若没有完善的过滤装置，则极易发生注肥管路的堵塞和注肥器的非正常磨损。在某种程度上讲，每个灌溉系统都需要过滤器。过滤器可以有效去除沙砾和有机悬浮大颗粒。过滤器的类型主要有沙基质过滤器、网式过滤器、碟片过滤器、水沙分离过滤器等。过滤器的选择取决于设计流量。过滤器的类型取决于灌水器出口的大小和灌溉水质。选择过滤器的主要原则是能够全部截留直径为系统中最小出口直径1/10的颗粒。网式过滤器只能去除少量的沙子和有机物，当含有大量的藻类时，过滤器很快会被装满。一般来说，网孔越小，拦留的污物越多，装满的速度就越快。为了增加过滤器清洗的时间间隔，可并排安装2个或更多的过滤器或选用过滤面积大的过滤器。滤网可以是开槽的PVC、打孔的不锈钢、不锈钢丝网，也可以是合成线网，如尼龙。有的过滤器如柱塞泵，必须拆开冲洗；而有的，如Y形过滤器，可以手动或自动冲洗；有的，如尼龙网过滤器，不用拆开就能进行反向冲洗。在冲洗过程中颤动的滤网或在反冲洗过程中稍微张大的滤网，去除杂质的效果要比硬网的好。一般温室注肥管路中安装的过滤网为140~200目。

温室注肥第二个需要考虑的问题是灌溉水质的酸碱度。利用自然降雨进行灌溉的温室必须考

虑土壤的酸碱度对注入肥料的影响。如果注入的肥料中添加化学农药，则必须充分考虑所添加的化学农药对注肥系统部件的腐蚀性影响。

安装注肥器要注意水锤效应的影响。水锤是水流冲击管道产生的一种严重水击。由于在水管内部，管内壁是光滑的，水流动自如。当打开的阀门突然关闭或给水泵停车时，水流对阀门及管壁，主要是阀门或泵会产生压力。由于管壁光滑，后续水流在惯性的作用下，水力迅速达到最大，并产生破坏作用。因此，如果灌溉管路的水压过高，则应当在接近注肥器的管路中安装一个蓄能装置。

四、温室注肥器的保养

温室注肥器在使用过程中要进行合适的保养维护。在使用过程中，吸肥管的吸口不要与液体肥料容器的底部接触，这样可以避免将肥料中的一些容易堵塞滤网和滴灌管路的异物吸入注肥器中。不管使用何种注肥器，在注肥结束后一定要利用清水清洗注肥器。注肥器的肥料桶也要定时进行清洗，这样可以避免在肥料桶内积存废物杂质，下次使用时发生堵塞管路的情况。定时检查系统密封管路中的油封装置，利用凡士林或者发动机油对密封圈进行定期密封润滑。如果注肥器将在较长时间内不使用，则可以将注肥器从管路中拆卸下来，利用净水充分清洗，将注肥器中的水完全排出，利用封口材料封堵注肥器的进出口，以防异物进入注肥器的内部。在一些冬季结冰区域，应当注意注肥器的防冻问题，防止注肥器结冰冻裂。

总之，对注肥器的科学合理维护，既可以延长注肥器的使用寿命，也可降低注肥器的使用维护成本。

五、结束语

精准注肥技术是一种适合我国设施农业大面积推广应用的高效实用的农业技术。果类蔬菜产业技术体系北京市创新团队设施设备功能室结合相关智能控制技术开发了一系列智能装备并在北京地区大力推广，已取得很好的示范效果。对于精准注肥装备，科学的使用和保养对促进该项技术的推广和应用具有重要意义。

注：筛网有多种形式、多种材料和多种形状的网眼。网目是正方形网眼筛网规格的度量，一般是每2.54cm中有多少个网眼，名称有目（英）/号（美）等，且各国标准也不一，为非法定计量单位。孔径大小与网材有关，不同材料筛网，相同目数网眼孔径大小有差别。

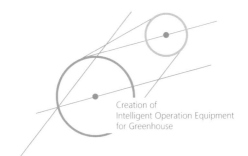

Creation of
Intelligent Operation Equipment
for Greenhouse

单穴水肥一体均匀定量施肥装置的开发

　　水肥一体化技术的应用将逐步改变农业生产方式，不但有助于减少肥料用量，提高利用效率，同时对于整个传统农业生产习惯、装备的应用都将带来巨大影响。陈清（2014）指出水肥一体化将由传统的冲施，发展为通过土壤浇灌、喷灌、叶面喷施、滴灌和无土栽培等多样化方式施入土壤中。多样化的方式对装备的发展提出了新的要求，针对这些新形式的新装备技术也将成为发展的核心和关键，包括物联网技术、均匀化调节、差异化投入等技术。水肥一体化远程自动控制技术可减少肥料投入，提高农作物品质。刘阳春（2015）提出了针对无公害产品的水肥一体远程控制技术，并在缺水的山西进行应用。郑文刚等（2006）开发的基于墒情监测的水肥调节技术已经开始在园区规模化应用。日光温室因为其密闭特性，在生产中对水肥的控制精度要求更高，同时还需要对控制策略进行深入分析。袁洪波（2014）提出了水肥一体循环系统控制技术，基于EC和pH传感器，用水量节约30%，利用效率提高到1.92倍。利用信息技术显著地改善了水肥一体的效果，但目前研究对象尺度集中在苗床和穴盘，受到叶片遮挡及飞溅影响，均匀和定量无法做到针对单穴栽培幼苗，因此尝试开发单穴水肥一体调节装置可以弥补这一不足。

一、均匀定量施肥原理

　　利用电子控制系统精准控制压力，实现恒压箱的肥料溶液随着压力变化通过施肥导管流入苗盘中。密封阀为单向通过，使得恒压箱的溶液在没有控制信号时不会受重力影响流出，避免出现滴漏现象，提高单穴施肥精度。压力单元获得控制器信号后自动启动运转，对肥液进行加压，达到预定压力后停止，维持恒压箱的压力恒定。其原理见图1。

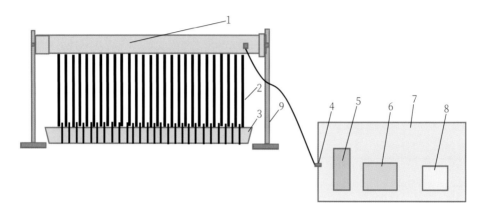

图1 单穴水肥一体均匀定量施肥装置原理图
1.恒压箱 2.施肥导管 3.苗盘 4.密封阀 5.压力单元 6.控制器 7.控制箱 8.电源 9.立柱

二、系统设计

施肥导管采用快速接头连接在恒压箱上，方便更换、拆卸和清洗。恒压箱安装有105根施肥导管，分别对每个穴孔进行施肥（图2）。施肥导管可更换不同长度，恒压箱有多种规格可选以便满足不同苗盘的需要。

控制箱（图3）采用防水密封箱，所有电子原件及关键装置均内部封装，避免受潮；通过软管和肥料箱连接，可进行自动抽肥和水肥一体作业。通过可选配的两种土壤传感器（图4）获得施肥时土壤的水分数据，从而实现无人值守和自动决策的水肥一体控制。

系统整体布置在工作台上（图5），也可在田间移动作业，根据秧苗高度随时调节装置的高度，通过立柱调节装置水平。该装置通过手持的作业装置可快速实现每一根施肥导管和苗盘的每一穴一一对应插入施肥的功能。

三、田间试验和应用

初步的田间应用发现该装置还存在一定的不足，如无法快速高效地完成大批量的作业，需要人

工配合完成；恒压箱和施肥导管里的空气对施肥精度会产生影响。但是这种工具化特点的精准作业装备能显著地改善穴盘施肥的作业质量和作业效率，可尝试通过设计的不断完善和优化逐步解决遇到的问题，同时对设施栽培起到很好的促进作用。

图2　恒压箱和施肥导管

图3　控制箱

图4　土壤传感器

图5　整机实物

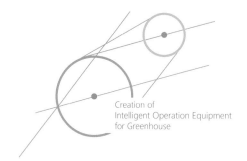

Creation of
Intelligent Operation Equipment
for Greenhouse

温室水肥一体变量
喷雾系统搭建

由于温室是相对独立的小气候环境，温室密闭环境中的降温需要借助人工手段，通过人工干预来调节小气候，提高作物长势，获得高品质的农产品。一年当中气温较高的月份需要密切关注温度增幅，并确保降温措施到位，以免温度过高造成作物叶片干枯。李莉等（2007）认为如屋顶遮阳、自然通风、强制通风、空调、湿帘通风和喷雾降温等降温方式均可以维持温室的温度和湿度。王吉庆（2006）从应用研究的角度分析了几种降温措施在夏季温室降温中的效果，研究得出遮阳网的降温贡献率为59.35%，强制通风的降温贡献率为9.2%，内喷雾遮阳膜+水源热泵的降温贡献率为31.5%。朱红等（2006）经过温室对比试验研究指出，由于温室内湿度较大，所以通风的降温效果比湿帘好。喷雾方式由于是从顶而下，所以消除了水平方向的梯度场，可以避免栽培位置对作物生长均一性的影响，提高农产品一致性。由于喷雾方式立刻淋湿叶片，对于温度过高时保护叶片免受高温伤害效果明显，同时可与叶面肥变量喷洒系统相结合，实现水肥一体化、节水高效作业。

一、水肥一体变量喷雾原理

温室内喷雾降温主要是利用泵对水溶液加压，通过喷头形成细小的雾

图解温室智能作业装备创制

滴，雾滴在重力作用下自上而下沉降，在温室内空气中飘落的过程会与空气发生热湿交换。当雾滴沉降在叶片表面时，会吸收叶片的热量，这些过程都可达到蒸发降温的效果。根据不同雾化压力，可得喷雾降温，细分为低压喷雾降温、中压喷雾降温和高压喷雾降温。不同雾化压力会在一定范围内影响同一类型雾滴破碎的程度。压力越高，雾化的雾滴粒径越小。雾滴粒径过大，会引起室内的湿度增大，蒸发速度减弱。本文介绍的温室水肥一体变量喷雾系统（图1）通过控制器调节肥水量，管路控制从温室中部分开两个独立区域，经过注入式加压泵加压后的高压溶液进入喷头形成雾滴。

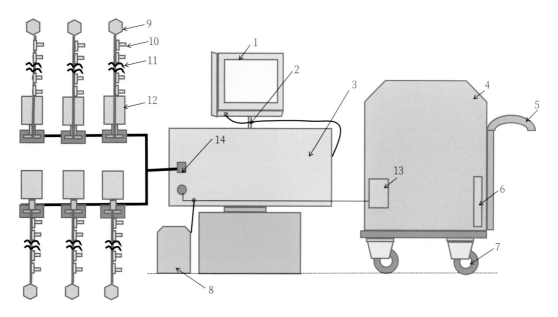

图1　温室水肥一体变量喷雾系统示意图

1.变量控制器 2.万向调节底座 3.注入加压泵 4.肥液箱 5.推手 6.pH传感器 7.地轮 8.回收罐 9.压力传感器
10.喷嘴 11.支管 12.支路电磁阀 13.碟片过滤器 14.主路流量阀

二、系统喷嘴布置方式

参考传统温室中将灌溉出水口布置在温室中间的设计，该系统也放在温室中间位置，出水管顺着温室内壁拱形布置，在到达第一组喷头前分出两个支管，每个支管延伸覆盖到两个独立区域的边缘部位(图2)。在支管上每1.5～2m间隔布置1个喷嘴，每个支管可布置10个喷嘴。根据温室的有效种植作物宽度（L）和喷头固定高度（H），经喷雾锥角计算得出需要n组喷头，喷头组的间隔距离计算为$L/(n+1)$。实际测试中布置H为1.8m，L为8m，n为3，不同喷头组间隔为1.7m。

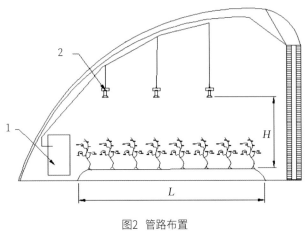

图2 管路布置

1.喷雾主机 2.喷嘴

三、压力系统

系统对肥水溶液加压选用德国威乐斯格公司生产的全自动水泵（型号PHJ—1100A），该水泵可设定压力上下限值，自动调节压力，输出功率是290W，最大扬程为40m。喷头采用倒挂型式，为以色列品牌耐特菲姆(netafim)的宾耐特（SpinNet）系列360°旋转双内锥微喷头，流量为70L/H(1.17L/min)。配套过滤器选用三级叠片式过滤器，该过滤器可长时间大面积过滤杂质，管路接口40mm。微喷软管选用8mm专用PE管。

四、控制系统

支管末端溶液的压力变化数据获取选用磁敏式溶液压力传感器。该传感器测试的模拟量输出0.5～4.5V信号，在0～85℃时，信号测量精度误差小于±3%。压力值和输出电压为线性输出关系。支管末端的溶液压力信号数据用传感网络Zigbee模块（型号SZ06）远程无线传输，所有末端数据的汇总使用中心节点模块（型号SZ02—2K）。中心节点模块接到所有末端的信号，再将数据发送给变量控制器。控制器核心选用西门子S7—200CN小型可编程控制器模块。该处理器集成数字量为8路输入、6路输出，可外接2个扩展模块，扩展数字量节点最多到78点，扩展数字量节点最多到10点，有4个外部硬件中断，支持4种通讯协议，有1个8位模拟电位器。

五、控制软件

软件编写使用samdraw组态软件工具。该工具是一种用于快速构造和生成嵌入式计算机监控系统的组态软件，以窗口为单位，构造用户运行系统的图形界面，通过对现场数据的采集处理，以动画显示、报警处理、流程控制和报表输出等多种方式向用户提供解决实际工程问题的控制方案。控制软件将温室分两部分单独控制，分为手动模式、施肥量模式和时间模式3种模式。施肥量模式根据采集的流量

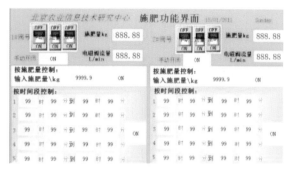

图3 温室水肥一体变量喷雾系统软件界面

信号自动控制施肥总量，需预先输入目标施肥量的值。时间模式是根据当前的时钟和设定时间自动启动系统，在设定时间段内系统完成工作任务后自动停止工作。电磁阀流量信号采集显示，可以判断当前作业情况是否出现异常，及时发现由于堵塞引起的流量变化。软件界面见图3。

六、田间测试及应用

该设备在北京顺义区赵全营镇北郎中花卉综合园（图4）应用。该基地是高档菊花的重要生产基地。该设备主要用于夏季降温喷雾及水肥精准投入喷雾使用。主管路为PVC塑料管，自下而上采用主分结构布置，通过阀门进行开关和切换。主机放置在温室正中出水口的位置。

该设备控制系统和控制软件在实验室的测试数据结果显示，系统线性度较好；采用经过计量认证的压力表读数对照，压力传感器数值偏差小于0.03MPa；支管路末端和支管路入口的压力差值不大。

图4 喷雾系统田间实物

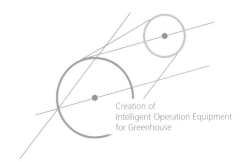

Creation of
Intelligent Operation Equipment
for Greenhouse

设施阳台农业水肥一体化
装备技术

发展现代农业是一项具有深远意义的战略任务，不但能促进农业持续健康发展，还能满足现代经济社会潮流发展的需要，甚至可以将现代农业发展成为时尚的潮流产业。国家政策非常重视小微农业的发展，并加以引导和支持。2013年中央1号文件首次出现"家庭农场"，这种以家庭为单位的小农业开始进入国家规划。阳台农业，顾名思义就是在自家阳台上进行微型农业栽培。传统的阳台种植模式因为受到室内空间的制约，仅限于花草等简单盆栽。目前新型装备技术的采用使得用于阳台农业发展的栽培模式突破传统的限制，可进行无土营养液栽培，主要的技术手段包括人工基质培、水培等。借助传感器技术、微电子控制技术等，形成了阳台农业特有的种植模式。这种模式具有技术高新性、栽培无土性、产品观赏性和供销自给性等特点。

阳台农业是在一定高度住宅阳台或经过处理的楼顶所进行的农业生产活动，主要特点包括：①与人密切接触。其环境空间和人类居住的环境邻近，甚至和人日常生活存在功能重叠。②受城市高速发展影响。北京等国际城市土地资源稀缺，且城市规模越来越大，人们种植的乐趣不容易在田野中获得，因此需要新的载体实现。③受大楼结构的限制。由于高层住宅存在搬运土壤不便、楼房承载有限、阳台没有防水等因素，对栽培采用无土模式、营养液自循环、利用效率高、配置方便等提出了更高的要求。④美观时尚的要求。观赏性、美化环境及收获农产品等多种乐趣兼顾，会对家庭生活产生多重快乐效应，可以作为家居环境装饰的一部分，也能当作家庭体验人造空间植物环境的一种方式。基于上述4个

功能需求的影响，阳台农业必须充分利用空间效应，实现立体式、高效率栽培。

同时还得注意其环境的不足之处，如阳台空气封闭、易干燥，换气相对较慢；光照易受到晾晒衣服等杂物遮挡；楼顶光照很强，高温天有可能灼烧叶子；冬季的严寒低温、雾霾粉尘等大气污染；大雨后的排水问题，大风损坏设施导致高空坠物等。针对以上这些小气候因子和阳台特点，因势利导，有针对性地通过技术创新和装备创新进行系统改造，并加入新的造型等，形成了许多阳台农业的特有栽培模式。

一、系统特点

采用台阶式立体栽培架（图1），可以是一层或多层，高度1.8m以内。如果是三层栽培，可以放置不同的花盆，种植不同的作物，按照花盆或作物进行水分监测和自动化定量补充水肥溶液。如果是无土栽培，可以使用圆形PVC管路进行循环，并在架子底部设置回收箱，将溶液回流后再处理，进行二次循环。

土壤水分传感器（图2）采用直插式，可以根据需要随时移动位置，也可以多盆作物使用同一个传感器，轮流监测浇水施肥，降低成本。

插入式施肥灌溉喷头（图3）直接插入土壤中，将溶液喷射到指定位置，生产上比较方便，易于操作，可以采用多个插入式施肥灌溉喷头并联方式，提高溶液在土壤中的扩散效果，节约用水。

采用触摸液晶屏动态监控土壤水分变化数据，方便直观查看当前水分含量，以及最近1天、1周和1个月等时间段内精确的水分变化规律。控制器（图4）采用模块化封装，可以方便地固定在支架上，左侧的3个工作指示灯可观察设备当前的工作状态及传感器是否存在故障。每一个花盆可以单独设置水分含量上下限的阀值（图5），从而自动控制水肥溶液的喷洒。当水分含量低于最低值时，开始灌溉；当水分含量达到设定值时，自动停止灌溉。

每套系统自带的两个传感器可以根据用户控制精度的要求进行布置（图6），两个传感器相对位置的距离越近，灌溉时水分响应的速度越快。

图1　立体栽培架

图2　土壤水分传感器

图3　插入式施肥灌溉喷头

图4 设施阳台农业水肥一
体化装备控制器

图5 水分测量自动灌溉设置

图6 基于传感器的栽培

二、应用案例

　　小汤山精准农业基地搭建了一个完整的无土栽培系统，对小型的阳台农业水肥一体化设备进行展示（图7），采用花盆栽培方式，利用小型控制器进行智能化的水肥调节控制，作物长势良好。该设备在2012年2月18日北京昌平举办的第七届草莓大会上进行草莓栽培的展示，获得许多观众的关注和认可。试验和生产数据表明，该装置较适合在居住空间的阳台进行蔬菜栽培，在阳台农业有土或无土栽培中效果较好。水肥一体化实际生产应用效果也表明，设施阳台农业水肥一体化装备技术在都市农业中将扮演重要角色。

图7 墙角的可移动栽培装置

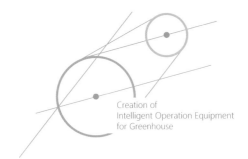

Creation of
Intelligent Operation Equipment
for Greenhouse

温室精准施肥喷药
控制软件设计

温室智能装备经过近几年的发展，逐渐呈现智能化、灵活化、精细化的趋势。越来越多的温室装备开始采用专门的控制系统，并开始利用微电子技术、传感器技术对设备进行升级。这一方面是因为温室的工厂化周年生产要求温室装备必须满足控制精度高、多参数信息实时采集、智能决策的功能，另一方面是用户对控制软件界面的友好性提出了更高的要求。

移动式温室注肥施药一体机作为一种目前应用热门的设备，从研发开始，就不断在推广使用过程中对温室精准施肥喷药控制软件进行优化，以达到操作快捷、控制精确的目的。该软件针对单片机搭建的硬件平台，在AVR单片机上能较好地运行，采用嵌入式技术，操作界面简洁，实用性较强，有很好的适应性。

一、友好人机交互界面设计

用户界面应具备高的可靠性、简单性、易学习和易使用性，以及立即反馈性（韩春利，1993）。移动式温室注肥施药一体机软件配套的温室精准施肥喷药控制，基于控制系统采用友好触摸交互方式进行人机交互。交互界面采用多级交互界面组成，包括LOGO页面、主操作页面、时间间隔设置界面、注肥设置界面、施药设置界面、帮助界面。注肥设置及施药设

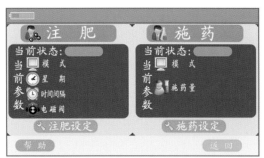

图1 肥药调控参数界面

a. 主操作页面设计　b. 注肥设置　c. 施肥通道设置
d. 时间间隔设置　e. 施药作物设置　f. 施药量设置

置界面由自动注肥、手动注肥、自动施药、主动施药组成。各级界面见图1。

帮助界面包含技术支持、Email、地址信息,使用者可以通过帮助界面提供的联系方式取得帮助。主操作界面(图1)包含设备的主要功能信息。注肥功能包括当前状态和当前参数两个模块,其中当前参数显示注肥作业所设定的参数状态,主要有模式、星期、时间间隔、电磁阀等。施药功

能包括当前状态和当前参数两个模块。当前状态显示设备施药功能的运转信息，包括正常运转、故障停机和药液用尽报警。当前参数显示施药模式和施药量，施药模式包括手动控制和自动控制，施药量用来显示系统可以调节的单位时间流量。

二、施肥功能界面设计

施肥功能用户界面的设计充分考虑施肥作业的流程，可根据需要，将一大片施肥面积分多个小区进行作业，和滴灌设备或喷雾设备连接，在每个区域安装电磁阀、脉冲流量阀、流量传感器，对每个分区进行单独的施肥控制，通过控制电磁阀开关调节施肥时间，根据设定的施肥量发送脉冲来控制流量阀的开度，通过流量传感器分别采集每个分区的实时施肥流量，实现有差异温室变量精准施肥。另外，可以在完成分区设定后，把电磁阀的编号和实际分区的电路连接对应，然后对每个分区的每一个电磁阀进行单独的设置（图1b）。点击"电磁阀A"按钮即可进入设置参数的界面(图1c)。每一个电磁阀可进行10个通道的参数设置，每个通道独立设置参数，不会相互影响。如果设置的参数有逻辑错误，系统会报警提示修改。点击功能界面中"一通道"按钮即可进入通道设置的界面（图1d）。通道选择提示目前所点击的通道信息，起始时间为所对应通道电磁阀打开的工作时间，可精确到几点几分，采用24h制，启用状态显示电磁阀和流量传感器的作业状态是否正常。

三、施药功能界面设计

施药功能用户界面的设计充分考虑施药对象的需求，有手动、作物选择、药量选择3个模块。手动按钮采用触摸信号驱动电磁阀，打开后直接按照额定的流量和默认的压力开始施药作业。作物选择按钮下拉菜单包括多种常用的作物，如生菜、韭菜、西红柿、黄瓜。系统已经配置好4种作物施药所需的流量、压力，同时推荐喷头、喷射距离、喷雾锥角等信息供参考。作物的种类可以手动添加，添加时需要设置相应的施药参数。相应参数通过试验和经验值获得，系统会根据基本数学模型推荐一个设定范围，输入值不得超出设定的范围，否则认为是无效字段（图1e和图1f）。

四、帮助界面设计

软件技术支持帮助界面（图2)设计的目的就是为用户遇到的技术疑难问题提供3种方式的支持，

图2 软件技术支持帮助界面

包括电话、邮件和面对面交谈。温室作业装备用户的特殊之处在于对象都是农户，因此要重复考虑面对面交流的重要性。同时帮助信息要简单明了。

五、软件逻辑设计

软件逻辑设计能帮助构建理想的软件框架，对软件的合理设计具有重要的参考性，应体现主要信息，同时保留可扩展的功能，预留的软件接口不影响已有功能的流程。图3为温室精准施肥喷药控制软件流程图，通过该图可以总览软件构架，较直观地获取软件的基本信息。

六、测试及应用

该软件在已经熟化的温室施肥施药一体机上进行了大规模安装应用。软件依赖的硬件电路是专门针对软件设计的，因此软件运行流畅。安装软件后的设备在京郊的温室蔬菜大棚和福建福州的果园应用，能较好地满足实际生产的需要，但同时也发现了一些不足之处，后续将持续改进和优化，提高软件的生命周期。

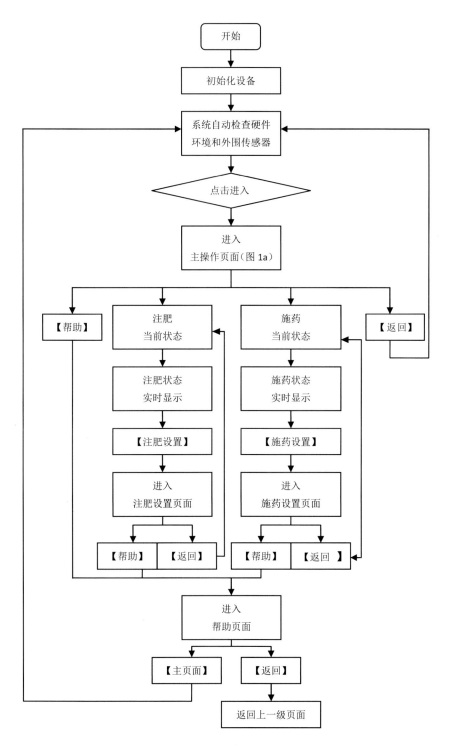

图3 温室精准施肥喷药控制软件流程图

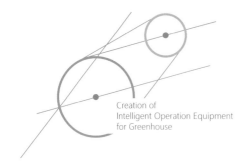

Creation of
Intelligent Operation Equipment
for Greenhouse

基于Web的设施果园水肥药一体
物联网控制系统设计及实践

近年来，高效智能水肥药一体技术已成为推动种植业发展的重要生产技术之一，其节水、节肥、省药、省工、增产和增效等优点非常明显。灌溉自动化技术能够严格执行灌水指令和灌溉制度，不仅可以定时、定量、定次地科学灌溉，而且能够提高灌溉的质量和均匀度，进而保证水肥一体化的科学性、可靠性，成为精准施药、精准灌溉、精量施肥的重要技术支撑和推进农业现代化发展的重要途径之一。农业向高产、高效、现代化的方向发展，要求农业灌溉也要朝精量化、智能化、信息化方向发展。

北京林果农业非常发达，平谷区盛产大桃和蔬菜，目前果园或温室内存在灌溉设备陈旧，施肥、施药方式较落后，导致劳动力浪费，灌溉、施肥施药不均匀等问题。通过大量实地调研并与基层技术人员交流合作发现，探讨新型的施肥灌溉模式，研发新型的省水、省肥、省药作业系统是解决问题的关键。针对栽培模式，笔者开发了新的技术模式，力图实现精量地为作物提供水、肥、药，节约水资源，节省劳动力，提高水肥药利用率。

一、原理

将灌溉施肥施药一体系统布设于果园出水口处，采用地面管道的方式布设设施果园线路，在每棵果树根区处的支管道上打孔，安装旁通阀引出

一个出水口，出水量可由旁通阀控制。物联网控制系统的无线网络节点布设于温室人行道一侧，沿人行道一字排列，通过Wi-Fi通讯。无线信号最终汇聚到果园控制室的总控箱内，用户可通过总控箱发送果园灌溉指令，经Wi-Fi无线网络对果园的无线网络节点进行控制，进而通过无线局域网控制果园灌溉施肥施药；同时用户也可使用智能手机或电脑上的软件，通过3G网络向总控箱发送控制指令，经过Wi-Fi无线网络转发给每一个无线网络节点，从而实现对果园灌溉施肥施药的物联网远程控制。

二、管道设计

设计标准主要是参照国标及行业标准。包括《节水灌溉工程技术规范》（GB/T 50363–2006）、《节水灌溉技术规范》（SL 207–98）、《喷灌与微灌工程技术管理规程》（SL 236–1999）、《工业通信设计规范》（GBJ 42–81）。

管路布设（图1）结合果园的布局，实现一机多用，全面覆盖。管路为地表式，管道选取PE复合材料管，在果园总出水口处依次连接闸阀、过滤器、施肥施药机，然后接入果园主管道。主管道采用50mm PE管，从果园中部北侧向南延伸到果园中部南侧，然后向东、西两个方向分流，

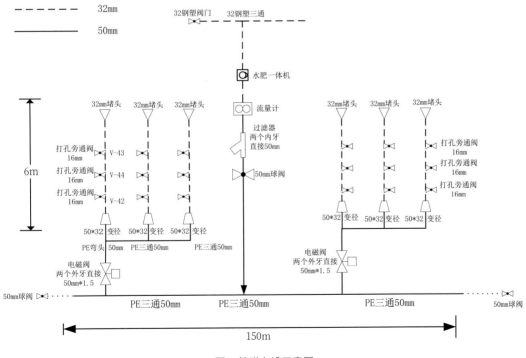

图1 管道布设示意图

直至果园最东侧和最西侧；每三行果树引出一条支管道接入电磁阀，而后管道一分为三，沿每一行果树向北分流，直至果园最北侧；支管道采用32mm PE管；果树出水口处在支管道打孔，使用旁通阀将支管道水流引到果树根部，通过旁通阀控制单棵果树灌溉流量。主管道末端设有泄水井，用于冬季防冻。

果园主管道中的管道分布设计见图2，1号为果园主管道；2号闸阀为果园预留出一个出水口，以便于平日取水；3为正三通管接头，将水流引向果园灌溉主管道4；5号为PE材质直通；6~12号为活接，分别连接8号施肥施药器、11号过滤器和13号闸阀，方便后期拆卸维修。果园支路管件连接见图2，1号和3号为外螺纹PE直接，用于连接2号电磁阀；4号为正三通，将管道进行分流；5号为一行果树的变径直通，将水流引入每行果树的灌溉管道；6号为出水口旁通阀，给果树浇水并控制单棵果树灌溉流量。设施地表分管道实物见图3。

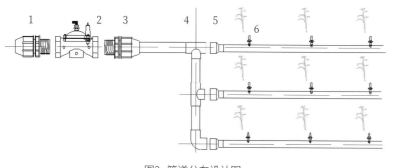

图2 管道分布设计图

图3 设施地表分管道实物

三、物联网监测与控制系统设计

1.监测系统设计

系统用于监测设施桃园环境下的空气温度、湿度，地表土壤温度、湿度，地下20cm土壤温度、湿度，地下40cm土壤温度、湿度，地下60cm土壤温度、湿度等参数，并通过无线网络实时回传至云端数据库，用户可使用电脑或智能手机访问WEB网站查看、管理、统计、分析果园环境数据。设施桃园物联网环境监测系统实物见图4。基于WEB的系统界面见图5和图6。

2.控制系统设计

该物联网控制系统网络架构见图7。用户通过智能手机或电脑软件发送控制指令，指令通过3G网络传输给云端服务器，进而通过3G

图4 设施桃园物联网环境监测系统

  图解温室智能作业装备创制

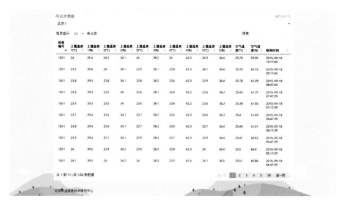

图5　基于WEB的数据发布界面

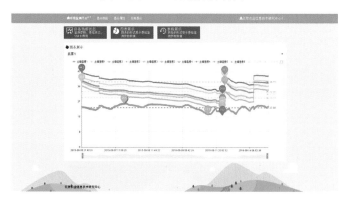

图6　基于WEB果园肥药信息统计分析界面

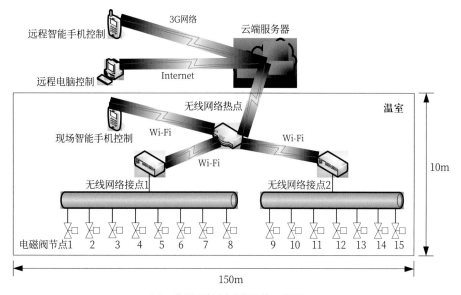

图7　物联网控制系统网络示意图

网络转发给果园里的无线热点，无线热点通过Wi-Fi，将控制指令转发给需要控制的电磁阀无线网络节点。

四、田间试验和应用

1. 试验地点

经过前期的大量走访调研和技术分析，筛选出温室果树栽培需求和定位明确的示范基地进行实践和推广，地点在平谷区渔子山一处设施桃园（东经117.1907，北纬40.2067）。

温室及果树栽培情况见图8。整个示范点园中共有42行果树，每行果树3棵，栽培的果树品种为矮化油桃树。园中旧有的灌溉是通过温室一侧出水口直接出水，对整个温室进行漫灌，灌溉方式有待进一步改善。施药主要依靠喷雾器雾化喷洒农药，部分根部施药采用深埋方法。园中的施肥方式为人工撒肥或挖沟填埋，施肥无法做到精准、高效，且浪费劳动力。该示范点位于夏鱼路边，交通便利，建设完成后便于组织参观和学习。

图8　温室及果园栽培情况

2. 应用效果

园区按传统方式每次灌溉的时间在10h以上，每次施药每颗果树根部土壤开挖累计所需时间30h以上，每个温室施肥需要2人次，施药需要2~4人次。安装本文所述系统并进行多次生产实践后，采用水肥药一体化技术，可实现将施肥和施药的时间缩短到传统时长的10%以下，水、肥、药同时作业，人工减少为1人次。田间试验及生产实践表明，该技术装备及所配套的模式非常适合林果的省肥省药作业，效果较好。

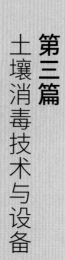

第三篇 土壤消毒技术与设备

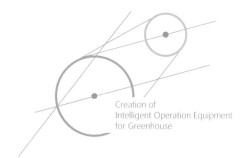

Creation of
Intelligent Operation Equipment
for Greenhouse

设施栽培基质消毒装备
技术研究

基质是设施栽培中决定植物长势的最主要因素之一，也是病虫害传播的媒介和繁殖场所。随着工厂化农业的快速发展，无土栽培面积不断扩大，工厂化生产需要消耗大量基质。基质消毒是无土栽培的重要工作。据统计，世界上90%的无土栽培形式都是基质栽培（许如意，2007）。而栽培生产的基质在经过一段时间的使用之后，会由于空气、灌溉水中的，前茬种植过程中滋生的，以及基质本身带有的致病微生物等逐渐累积而使后茬作物产生病害。随着农村产业结构、生产方式及农民传统观念的巨大改变，迫切需要可靠、安全的基质消毒设备。

一、设施栽培基质消毒

对于设施栽培中的基质消毒作业，目前国内外主要采用物理方法和化学方法进行（王诗敏，2008）。物理方法消毒原理主要是利用热源使基质达到较高温度，从而消除病虫害；而化学方法消毒原理则是利用一些对病原和虫卵有杀灭作用的化学药剂对基质进行消毒。

目前物理方法消毒主要有利用太阳能、蒸汽、热水等方法。化学方法用药剂消毒对操作人员有一定的副作用，但由于化学方法用药剂消毒方法较为简便，特别是大规模生产上使用较方便，因此使用很广泛。化学方法通常利用甲醛、溴甲烷、氯化苦等新型化学药剂对土壤基质进行消毒。

二、设施栽培基质消毒装备技术研究现状

基质消毒装备的研究主要利用蒸汽消毒法进行。20世纪50年代，英国对蒸汽消毒已有较详细的研究数据，主要分为牵引式、自走式和车上搭载式；按照每小时产生蒸汽量不同，研发了各类蒸汽消毒装置。日本还生产专用的移动式全自动蒸汽消毒机。日本蒸汽基质消毒机大体分为两类：一类是带消毒箱，消毒箱下部为蒸汽室，上部为基质室，用于育苗、盆栽；另一类不带消毒箱，把带孔的管子埋在基质中，直接向管道通入蒸汽。

国内曾尝试使用过蒸汽消毒防控枯萎病、黄萎病、根腐病、根结线虫等病害，效果较好。浙江大学与企业合作，一直进行基质蒸汽消毒机的研究和开发，主要利用蒸汽锅炉产生的高温高压蒸汽，通过蒸汽管将蒸汽通入消毒小车，对基质进行高温蒸汽消毒。但是，由于国内的蒸汽消毒技术不够成熟，在实际生产中，无土栽培基质消毒基本上还是依靠人工操作，效率低下，安全性差，易对操作人员产生不良影响，且对环境影响大。但采用进口的基质消毒设备，存在设备价格昂贵、占地面积大、售后服务无法保证等弊端。

三、基质消毒装备技术研究方向

基质消毒设备作为设施栽培系统的重要组成部分，具有省力、省工、经济和社会效益明显等特点。我国设施栽培基质消毒装备整体发展水平还较低，主要存在基质消毒设备结构简单、人力劳动强度大且作业环境安全性不高等问题。设备整体性能有待提高，机械化基质消毒设备在国内设施栽培中应用很少。

基质蒸汽消毒的基本过程（图1）是将待消毒栽培基质投入基质消毒箱中，基质消毒箱内设置蒸汽管道，管道上分布有通气孔；当蒸汽锅炉产生蒸汽后，通过送汽管将产生的高温蒸汽通入管道，然后经通气孔对栽培基质进行加热消毒。这种热力的方法可消灭基质中对作物有害的细菌、真菌等微生物，线虫，虫卵，杂草种子。

设施农业发展必须依靠机械化作业和自动化控制的不断融合。从国内外发展趋势看，设施栽培基质消毒设备正逐步向作业自动化、生产效率化、环境友好化、资源可持续化的方向发展。我国通过多年的研究，已建立了较好的基础，在今后的研究中，应积极研究开发相对消毒优势较好的蒸汽消毒装备，同时，还应着重从以下方面进行研究。

（1）解决蒸汽进入基质的问题时，对喷嘴的雾化均匀性和适应性进行研究，包括喷嘴的雾化效果和位置。

（2）在不同环境条件下，结合生产中使用的不同材质和规格的基质，以及不同作物等进行试验，验证设施栽培基质消毒设备对环境条件的适应性。

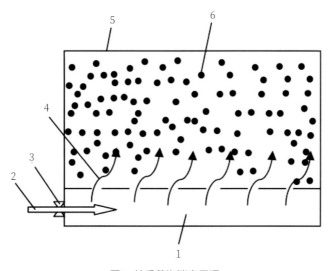

图1　基质蒸汽消毒原理

1.蒸汽室　2.蒸汽输送管道　3.阀门　4.蒸汽　5.基质箱子　6.基质

（3）对不同规格和机构的自动化基质消毒柜装置及相关结构参数配套控制系统进行研究，如消毒柜的隔热装置（提高操作安全性）、自动化温控系统（以适应不同基质对消毒的要求）、自动出料装置，以及为使基质消毒均匀的基质搅拌装置等。

温室基质消毒装备技术研究得到果类蔬菜产业技术体系北京市创新团队设施设备功能研究室的大力支持。在工厂化育苗生产中，该技术必将发挥重要的作用，对于提升种苗的商品率和京郊设施农业工厂化育苗的技术水平具有重要意义。

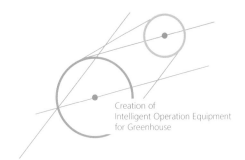

土壤机械化物理消毒装备在消除
连作障碍中的研究和应用

　　设施农业周而复始的高效栽培产生了较大经济效益，与此同时对土壤的使用近乎苛刻，随之而来的是土壤无法休息和自愈。由于连续栽培及人工封闭环境的特点，这种温室栽培方式引起土壤传播病原的积累，为土壤传播病害的发生提供了适宜条件。另外，由于土壤中的病害无法直接观察，防治存在时间上的滞后，使得土壤病虫害频发，而且愈演愈烈，这些问题导致连茬栽培方式下的高效专业化生产模式无法连续进行，对农户经济效益有相当大影响（马伟，2014）。为了消除这一影响，国内外采用多种方法消除由于土传疾病带来的连作障碍，包括化学方法、生物方法、物理方法等。化学方法防治对土壤病虫害逐年加重暴发的问题具有易于控制、针对性强、见效快等优点，化学制剂通过地膜覆盖熏蒸等方式能对一定区域的土壤进行彻底消除，借助机械化作业能降低药剂对人体呼吸道黏膜的危害；缺点是会对土壤及环境产生危害，同时病虫害对药剂的抗性及替代性药剂也需要持续研究和改善（王秀，2014）。这些因素成为制约化学消毒发展的重要因素，国际社会对此的关注度也不断提高，并有相应的公约对这一问题进行限制。生物方法使用十字花科或菊科植物等有机物释放的有毒气体杀死土壤害虫、病菌。具体方法是将用来杀毒的植物枝叶切碎，同家畜粪便按照一定比例混合洒在土壤表面，上面浇水后，用地膜覆盖，利用土壤中的粪肥水解植物残渣成分产生的氨等成分清除害虫（曹坳程，2012）。这种方法见效速度同化学方法相比较慢，但是能起到保护土壤和增加肥力的作用，同时污染较少。物理方法主要采用高温、水灌等方式，破坏掉病虫害的土壤生存条件，最终杀死害虫。实际生产中，棚室土壤在栽培前首先采

用人工或机械化的方法进行消毒处理，主要包括高温蒸汽熏蒸、火烧、水淹等物理手段，这些方法相对危险，作业量较大，对装备和操作人员有较高要求，燃烧烟雾会对周边环境产生影响，但占地面积较小，易于普及推广。综上所述，在我国农产品参加国际竞争的大环境中，在WTO框架之下，农业生产还面临着全球性绿色壁垒等技术性挑战。采用科学高效土壤消毒技术消除连作障碍、发展无公害农业已经成为未来农业的必由之路。

一、火焰消毒装备的开发和试验

1. 工作原理

火焰消毒装备采用火焰喷嘴喷射高温点燃气体，通过燃烧产生高温火焰对土壤进行灼烧，快速消除土壤表层土中的有害生物，并通过渗透热蒸汽到耕作层深处，减少深层土壤中有害微生物数量。火焰消毒装备结构见图1。

采用可控硅连接热电偶测量火焰喷射时的温度，控制器采用富士温控仪表，通过温室仪表内置PID程序调节实现温度的动态在线调节。实际温度超过设定温度值5%后，发出控制信号，驱动调气阀动作，实现火焰燃烧程度降低调节；当实际温度低于设定温度值5%时，控制加大火焰，提高温度。

燃烧时农田中的侧面风过大，影响燃烧，引起火苗熄灭或者火焰燃烧不充分时，温控器驱动报警装置发出报警汽笛声，并驱动电子打火器自动再次点火，重新点燃。如果因为植物残渣堵塞等无法点燃，则发出信号，关闭调气阀，整个系统停止工作。

2. 试验及应用

田间试验对表层土壤和不同深度土壤点的温度采用热电偶进行测试，试验装置在田间布置试验见图2。试验结果（表1）表明，土壤表层土壤能瞬间达到700℃以上，但在2cm以下的土层，瞬间被加热温度值升高范围不明显，需要借助水蒸气传导热量，其温度在100℃以下。

采用机械化物理破碎的方式，通过旋耕作业方式将土壤破碎后搅拌，同时进行火焰灼烧，能快速彻底对耕层土壤进行消毒。

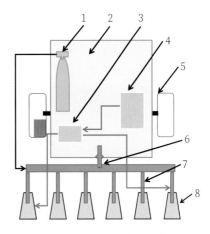

图1 火焰消毒装备结构示意图

1. 燃气管罐 2. 箱体 3. 可控硅 4. 温控仪
5. 轮 6. 调气阀 7. 分气管 8. 火焰嘴

图2 火焰消毒装备田间试验

表1 土壤消毒试验数据

试验参数	火焰长度（cm）	移动速度（mm/s）	土壤温度（℃）
1	20	200	757
2	26	200	999

二、远红外线高温土壤消毒机的开发和试验

1. 工作原理

利用远红外线消毒机（图3）以远红外线作为热源产生的高温进行灭菌消毒的方式具有速度快、穿透力强的特点，能使基质充分吸收热能，短时间内达到杀菌所需的温度，加热效率较高。该系统集成电控装置、消毒装置、传动装置、进料装置和运料装置，实现加热温度、运转速度连续可调。通过远红外加热元件对育苗基质进行加热，使基质温度升高达到预设温度，利用高温消灭有害微生物积累和繁殖，杀死病原。

图3 远红外线高温土壤消毒机

2. 试验及应用

在北京平谷对所开发的装备进行现场试验，试验样机设置的温度是220℃，分别测试了不同加热间歇时间时，远红外线高温土壤消毒机完成一个批次的基质消毒需要耗时3~4.5min。经过反复试验及优化改进后，该设备在北京平谷鱼子山镇进行推广应用，主要用来对蔬菜种植基地的基质进行消毒，实现基质循环利用，达到了降低成本、增产增效的目的。

三、结论

基于物理方法的土壤机械化消毒技术及方法具有"短、平、快"的优势。随着研究的不断深入，机械结构和控制方法也在不断优化，在消除土壤连作障碍方面的效果已经非常明显。采用火焰灼烧、高温消毒方法开发的半自动和智能装备已经开始规模化应用。在该领域的研究要朝"顶天立地"的方向发展，"顶天"要做到对机制深入探索及追踪国际上在土壤消毒研究方面的热点，做到"快速推进、打破常规"，树立该领域的科研优势；"立地"即要结合我国农业生产发展面临的重大难题和瓶颈，做到"服务三农"，把土壤机械化消毒装备做成能给土壤治病的"土壤机器医生"。

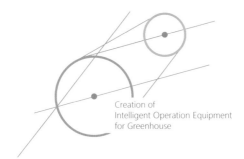

Creation of
Intelligent Operation Equipment
for Greenhouse

一种温室育苗基消毒机研制与试验

一、原理

育苗基质远红外线消毒机主要采用远红外线加热技术。远红外线消毒是以远红外线作为热源产生的高温进行灭菌消毒，即采用英电热管产生120℃以上高温来对土壤基质进行消毒。远红外线作为一种磁波，以辐射方式向外传播，热效应好，可达到120℃左右的高温，且热量易被生物体，如各种病菌吸收。病菌吸收热能超过其承受极限时，病菌会丧失活性。笔者采用远红外线技术研制了一种温室育苗基消毒机，通过精准控制加热温度实现基质的高效消毒，取得了较好效果。

二、系统整体设计

根据作业输送量计算结果选用为功率0.75kW的电机，远红外加热元件布置见图1，运料输送盘布置见图2，整机设计组装实物见图3。主要参数见表1。

三、功能特点

系统采用远红外清洁能源方式加热，在温室密闭环境中不会产生排放污

| 图1 远红外加热元件布置 | 图2 运料输送盘实物 | 图3 温室育苗基质消毒机整机实物 |

表1 温室育苗基质消毒机主要参数

名称	规格
整体外形尺寸	4.19m×0.75m×1.24m
整体质量	820kg
电源电压	380V
电机功率	0.75kW
输送盘尺寸	550mm×180mm×25mm
输送盘数量	44个
入料斗体积	0.07m³
进料电机功率	60W
耗电量	25kW·h

染。该系统具有加热速度快、作业效率高、可精准控制温度的优势，主要特色如下：

（1）采用远红外加热管加热，作业效率高，温度调节范围大（>300℃）。

（2）作业速度和温度连续可调。

（3）料斗中根据需要可随时、便捷添加基质。

四、试验

1. 试验方案

在平谷农业机械研究所试验场地进行试验，设定不同运转时间、运行速度和加热温度共3个对比因子，并改变加热间歇时间，在基质达到消毒条件状态下，根据作业功率确定最佳间歇时间。

2. 试验材料

试验的育苗基质选用山东寿光产某型号标准基质，使用50袋，每袋15kg。温度测量采用2个浙

图解温室智能作业装备创制

Creation of Intelligent Operation Equipment
for Greenhouse

江产智能温度控制仪XMTA系列(0～300℃)，带有传感器。基质收纳箱2个，用于收集试验基质。

3. 试验条件

运转时间20s，加热温度设定为220℃，电机频率25Hz，运转速度10m/min，加热管功率25kW，料斗体积0.07m3，基质初始温度16.8℃。

4. 试验步骤

分别在间歇时间20s、30s、40s下，按照消毒机的使用方法对基质进行加热消毒，实时记录出料口所出基质的温度。

五、试验结果

(1) 间歇时间20s时，消毒完一料斗基质所用时间是180s，消毒后基质平均温度80℃，最高温度84.6℃，消毒效率1.4m³/h。

(2) 间歇时间30s时，消毒完一料斗基质所用时间是260s，消毒后基质平均温度85℃，最高温度87℃，消毒效率0.97m³/h。

(3) 间歇时间40s时，消毒完一料斗基质所用时间是264s，消毒后基质平均温度84℃，最高温度85℃，消毒效率0.95m³/h。

六、结论

该装置通过实际生产进行验证，根据生产需要，设定条件为基质消毒后平均温度大于80℃。根据重复多次的试验结果，最佳作业模式为运行20s间歇20s时，消毒作业效率比间隔30s和40s对应平均消毒效率高45.83%。在北京平谷、昌平等区实际使用中，考虑基质有益活性、作业效率、基质类型等因素，可对作业模式运行时间和间歇时间进行调节，以达到最好效果。

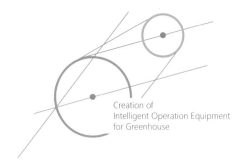

Creation of
Intelligent Operation Equipment
for Greenhouse

土壤机械化施药技术
及装备研究

　　土壤施药是通过向土壤中投入定量的专用农药，以达到杀灭其中细菌、线虫及其他有害生物的目的。出于保护植物根系目的，土壤施药大多在作物播种前进行。除施用化学或生物制剂农药外，利用干热或蒸气等物理手段也是有效进行土壤消毒的补充方式。最终达到破坏、钝化、降低或除去土壤中所有可能导致动植物感染、中毒或不良效应的微生物、污染物质和毒素的目的。

　　为了缓解化学农药对环境的影响，应尽可能多使用生物制剂农药。京郊尝试应用较多的是辣根素。这种药剂是从辣根等十字花科植物中提取出来的一类次生代谢产物，是常温下可挥发的油状液体。粗提物的强烈熏蒸活性对土壤消毒有较好的效果，因此可以作为一种较好的环保型药剂使用。其有机质在分解过程中产生挥发性气体，可消灭或抑制土壤中有害生物，起到改良土壤的作用。

一、微波消毒机

　　在国际上具有代表性的消毒机是德国车荷恩赫农业机械公司研制的微波灭虫犁，其犁尖壳内微波发射机在拖拉机带动耕作翻土时，直接发射微波消灭50cm深土病害。我国在2003年和2004年分别有"采用扣在地面上的

谐振腔消毒土壤"和"犁形微波消毒土壤装置"专利授权公告。试验研究结论显示，用30kW高波发射装置和微波发射板组成的微波消毒机，可对温室内育苗床土壤进行消毒。就整体而言，国内在精准变量施药方面仍然处于试验和研究阶段，未见系统的理论研究报道及该领域原理、技术上的突破，也未见商业化的此类产品。我国微波消毒利用在农业方面起步较慢，也未达到商业化的水平，但随着该技术的进步和不断创新，该领域的应用前景将会十分广阔，对我国实行绿色农业起到不可替代的作用。

二、火焰土壤消毒机

该机（图1）以汽油、液化气等为燃料燃烧加热土壤，可使土壤温度达到79~87℃，既能杀死各种病原微生物和草籽，又能杀死害虫，却不会使土壤有机质燃烧，效果比较理想。国内目前采用较多的是简易装置。

图1 火焰土壤消毒机

三、育苗基质远红外线消毒机

远红外线可产生120℃以上高温来对土壤基质进行消毒。这种消毒方式具有速度快、穿透力强的特点，最大优势是基质充分吸收热能，短时间内达到杀菌所需的温度，加热效率高。

利用这种技术通过远红外加热元件对育苗基质进行加热，使基质温度升高达到预设温度，干预有害微生物积累和繁殖，杀死病原。

笔者团队开发了一种育苗基质远红外线消毒机，采用远红外加热管加热，作业效率高，温度调节范围可高于300℃；作业速度和温度连续可调；料斗中加入基质方便快捷；消毒效率0.95m³/h。

四、土壤注射施药机械

国内目前大多使用人工或简易的装备进行田间作业（图2），存在作业效率低、劳动强度大的不足，施药精度也无法满足要求。

针对目前施药装备技术存在精度不高、自动化程度低等诸多制约发展的瓶颈问题，新开发的适用于辣根素的新型设施精准变量施药装备，经过试验取得了很好效果。设施精准变量施药机主

a   b

图2 简易土壤施药
a.传统人工 b.简易机械装置

要包括智能控制系统、作业平台、管路3部分。智能控制系统包括控制单元、液晶触摸屏、速度传感器、流量传感器和控制电磁阀；作业平台包括橡胶履带、柴油机、换向机构、离合刹车器、调速器、深度调节轮等；管路部分包括压力气罐、开土注射器、防堵观察器、过滤器等。

2014年8月8日，北京市组织在顺义木林镇贾山村绿富农专业合作社开展机械化技术现场演示和技术培训（图3），对辣根素设施精准变量施药机关键创新技术进行现场讲解和操作演示，来自京郊基层的百名技术员和种植大户参加了交流，并对该新型装备在京郊规模化推广面临的问题进行深入细致的讨论。与会的技术员对如何采用该装置和自身所处种植园区的温室条件、农艺规格、作业效率等提出了建议，并对农机农艺结合、农艺为农机"量体裁衣"订制栽种等方面进行了深入探讨。

图3 现场演示培训会

图解温室智能作业装备创制

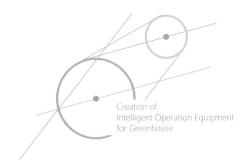

Creation of
Intelligent Operation Equipment
for Greenhouse

土壤变量施药理论及创新方法研究

设施农业是现代农业的一个重要组成部分，承担着给城市稳定供应蔬菜、瓜果的重要职能。京郊农业生产基地从经济效益角度出发，大多实行多年连茬种植，致使土壤传播疾病加重，果菜品质下降，农民负担增加（刘天英，2011）。由于温室封闭生产，整个生产周期处于高温、高湿的环境下，连作种植后土壤中的根结线虫危害加剧，导致农产品产量和质量下降。土壤中的根结线虫病害发生后会减产10%～20%，严重的达75%以上（刘星，2015）。线虫不仅危害植物本身，其侵袭造成的伤口有利于其他病原的侵入，与真菌、细菌等其他病原交互作用（刘霆，2011）。根结线虫严重危害农业生产，尤其茄科、葫芦科等经济价值较高的作物受害严重，我国每年因线虫危害造成的损失达30亿元以上。近年来，随着中国日光温室大面积快速发展，蔬菜根结线虫病发生区域不断扩大，危害日益严重（王莉，2011）。根结线虫已是我国农业生产，尤其是保护地蔬菜生产的第一大病害。由于根结线虫发生于地下，日常管理难以发现，植物地上表现受害症状时再防治为时已晚，且可以随着灌溉水传播，因此一旦发生便难以根除。另一方面，由于根结线虫常年寄生在土壤和植物根系组织，一般的药剂很难直接作用于根结线虫，因此根结线虫的防治一直是困扰研究人员和农业生产的难题。国内外学者对线虫防治进行了大量研究，比较常用的方法是在种植之前进行土壤处理，降低土壤中的病原基数，从而预防和减轻病害的发生。种植前，土壤处理可采用的手段有多种，利用化学药剂、生物防治、蒸汽热、太阳能等土壤消毒措施是目前防治土壤传染病的主要方法（马伟，2014；刘霆，2011）；另外，还有火烧、水淹等物理方法。相比较而言，对根结线虫的防治研究主要集中在化学药剂防治和生物防治领域（刘天英，2011）。生物防治目前主要是通过增强自然发生的拮抗物活性或引入其他的拮抗物来实现的，存在见效慢且对环境要求较高的缺点。化学防治见效快，但对配套技术理论及装备有较高要求，施药方法不当会引起施药效率低、产生药害等不利问题。由于技术水平、成本等因素的限制，化学施药目前主要依靠人工，精度和效率较低，对药剂的利用率也比较低（王秀，2012）。目前施药相关方法和变量技术理论国内正处于初步研究阶段，有关的文献较少（张锋，2014）。

一、研究现状分析及存在问题

植物根结线虫病有"植物癌症"之称。对于根结线虫施药防减方法，国内外已经开展了较长时间的研究，筛选了很多药剂并取得了很多成果。传统的根结线虫施药防减方法，如灌根法、手持注射器等，耗时、费力，且药量控制、调配、混合的环节多、精度低，植保人员的工作量大，主观因素大，安全性差。随着传感器技术和计算机技术的发展与应用，目前害虫施药精准变量控制和活力跟踪的新技术主要有PWM占空比、在线传感决策、在线智能配药、注入式复配等技术。国外从事相关研究的国家有美国、日本、英国等，尤其是美国在变量施药方面有较多研究；国内进行变量施药研究的单位有中国农业科学院、中国农业大学、中国农业机械化研究院、北京市农林科学院、江苏大学等。由于土壤消毒的作业环境是在土壤中，施药剂量变量调控效果和持效期活力跟踪无法直接观察，但这两点又是土壤根结线虫防治需要突破的两个关键点，成为目前根结线虫防减研究的热点问题。

目前大多数研究侧重于线虫病害的诊断及药剂防效试验，施药方法理论及技术装备相对落后，多采用人工灌根或喷雾器注射等方式，且药量基本是依靠人工判断和经验，存在很大的不确定性和随意性，对基于信息化手段的自动化施药方法落后引起土壤药剂过多残留及污染等问题关注不够。因此，极有必要进一步研究辣根素防减根结线虫施药剂量变量调控新方法，并对其持效期活力跟踪研究，提高根结线虫防减精度和安全性。

通过改善根部土壤环境从而促进植株长势的研究在日本起步较早。日本学者通过机具将压缩空气直接注入，使得较深的土层下部膨松，改善植物根部供氧状况，以利于植物对氮、磷、钾的吸收，达到土壤改良目的（梁昆宝，1984）。国内外学者在土壤改良技术装备上的研究有微波、火焰、远红外等方式，可达到快速、高效、精准作业目的，并在作业参数控制上进行了多种对比试验（马伟等，2014）。通过注入式变量施药方法能够实现药液精准、快速到达病灶，设施土壤农药注入式施用装置能做到单次单穴定量压力注射（马伟，2014），通过土壤施药不同行的药量在线独立调控能实现温室不同空间和时间有差异的药量调控（马伟，2015）。由于土壤堵塞和施药作业不可见的问题，土壤施药机构及药液输送分配系统的研究能间接监测不可见的土壤施药环境并

动态调节药量（马伟，2015）。根据土壤物理参数、作物长势开发土壤施药变速注药流量伺服调节系统的研究，为土壤施药的变量研究提供了一种可变的控制方法（马伟，2015）。为了解决温室GPS信号定位不稳的问题，基于激光的设施土壤施药定位方法，通过种植前土壤任一点收到的调制激光信号实现相对极坐标精准定位原理，实现了土壤精确定点、定深度的变量施药，为施药的精确提供了便利（马伟，发明专利，2015）。从上面的研究可以看出，改善根部土壤环境，引入土壤在线传感感知的方法对土壤施药是一条可以防治土传疾病的有效途径；嵌入式单片机内部存储的智能运算方法，能把土壤施药复杂对象流程化；数学模型引入能控制根部土壤施药精度。精准施药技术能消除传统施药手段落后的问题，提升防效出色的药剂规模化应用的难题，促进该领域安全施药的快速发展。

二、土壤对靶变量施药

　　土壤施药在有秧苗的地方需要对靶施药，在没有秧苗的地方少施药，需要对施药管路的药液进行自动分配。但是，在分配施药管路时，很容易出现与秧苗位置信息不匹配的情况，从而导致因定位不精确而浪费药剂的问题。设施土壤施药管路分配红外传感装置的创新研究可以解决这一问题。该装置包括行走机构、控制器及升降注射头、第一红外传感器和第二红外传感器。第一红外传感器和第二红外传感器用于探测作物的位置并反馈至控制器中。控制器根据反馈的位置信息计算施药量，并控制升降注射头进行施药，从而确保在秧苗根部的特定区域实现精确施药，达到节省施药量的目的。土壤对靶变量施药原理见图1。

　　实际作业时，先在控制器上设定好第一红外传感器探测的水平作物每1cm的施药量数值；然后输入作物距离（红外传感器探测的距离），打开传感系统进行初步校准，背景噪声校准完成后即可开始工作。直接推着该装置匀速前进，即可完成自动对靶和红外管路药量的分配和所对应的不同管路的开闭。

三、土壤消毒机器人施药

　　传统设施土壤消毒主要依赖人工作业，其作业的危险系数大，操作复杂。因此，需要开发一种土壤消毒机器人，能在电池驱动下进入地里自动行走、识别障碍物、定位，并进行行走作业，根据障碍物分布情况自动土壤施药注射，减少人工操作。设施电动自走注入式土壤消毒机器人的研究可以解决这一问题。该机器人（图2）包括自走机身、控制器及分别与控制器连接的超声传感器、激光传感器和药液注射单元。该机器人采用混合动力为土壤施药提供长期稳定的供电。在自

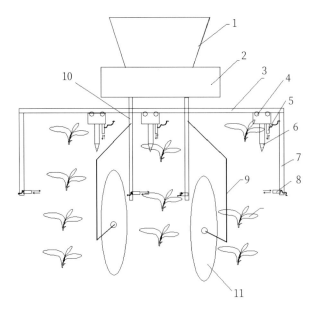

图1 土壤对靶变量施药原理图

1.把手 2.控制器 3.横向轨道 4.滑轮座 5.第一红外传感器 6.升降注射头 7.纵向连杆 8.第二红外传感器 9.弹簧架 10.支撑梁 11.行走轮

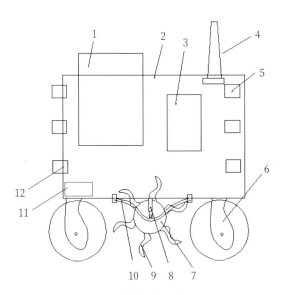

图2 土壤消毒机器人原理图

1.发电机 2.自走机身 3.控制器 4.信号收发器 5.超声传感器 6.电驱动行走轮 7.注射轮 8.深度控制单元 9.注射头 10.复位减震 11.行走驱动电机 12.激光传感器

走机身上设置有蓄电池和发电机,蓄电池用于为自走机身提供动力,发电机用于对蓄电池进行充电且为自走机身提供备用动力;通过控制器控制蓄电池与发电机之间的动力切换;同时,采用超声传感器对靶作物区域,实现对靶定点作业;利用激光传感器定位障碍物,通过各个传感器器件

之间的协同作用实现精确化的无人注射作业。

通过安装在前后的激光传感器矩阵能够准确预测前进过程中的障碍物，并根据障碍物的距离提前计算作业速度及转弯时间，同时远程发送给控制中心操作人员。预警信号没有得到响应时，系统会根据运算结果自定调头返回，开始下一行作业，并在该行的地头喷洒颜料进行标记。此外，激光传感器对障碍物定位后也可自动记忆，并储存位置信号在控制器中，可通过USB线连接电脑后导出数据，以便制订作业程序时将其嵌入施药处方图中，为其他类似智能机械的定位提供预警参考。

四、土壤施药变量调控系统

土壤施药由于土壤板结阻力变化、机具转弯减速及油门控制不均等问题，引起土壤注药系统需要频繁变量注药，以确保消除外界干扰，实现地块均匀施药及变量施药的目的。但是，现有技术还存在诸多不足，无法有效根据土壤施药作业的实际情况进行方便、快速地变量注药。土壤施药变量调控系统及方法的研究可以很好地解决这一问题。土壤施药变量调控系统（图3和图4）包括施药预设机构、控制器、脉宽电磁阀、流量传感器及注射泵。

施药预设机构与控制器连接，根据土壤施药变速作业的需求预设施药量；控制器根据所预设

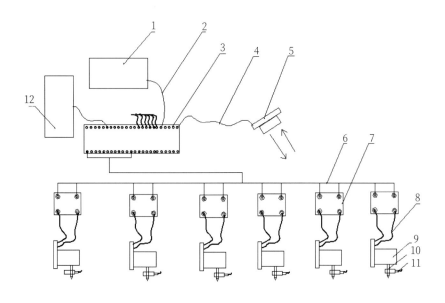

图3　土壤施药变量调控系统原理

1.触摸屏　2.通信电缆　3.控制器　4.传输电缆　5.地面测速雷达　6.控制电缆　7.脉宽继电器
8.电缆　9.注射泵　10.注射高压管　11.流量传感器　12.曲线输入板

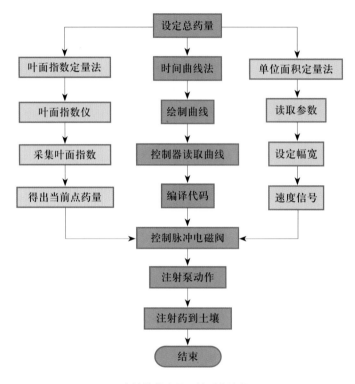

图4 土壤施药变量调控系统流程图

的施药量产生脉冲信号，并将该脉冲信号发送至脉宽电磁阀；同时，脉宽电磁阀与注射泵连接，用于控制注射泵输出与所预设施药量相同的药液，可使注射泵得到经过调制的电流信号，并按照控制器设定的压力和流量运转；该注射泵还连接有用于将药液喷射于土壤深层的注射高压管，可将加压后的定量药液喷入土壤的深层。另外，流量传感器设置于注射高压管上，用于实时采集药液流量并反馈给控制器，从而根据实际情况进行PID的伺服调节（图4）。

五、结论

本文所提出的理论方法探索主要基于机器视觉、模式识别、自动控制等方法，是在经典理论与技术上的自主创新，是信息技术在设施农业学科中的交叉研究。笔者团队做了大量的基础研究和创新探索工作，构建了视觉信息获取系统、农业机器人平台，针对土壤关键理论及方法提出创新研究目标。土壤施药理论及创新方法的研究对土壤消毒领域具有非常重要的指导意义。

第四篇

精量播种技术与装备

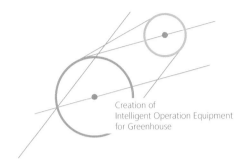

Creation of
Intelligent Operation Equipment
for Greenhouse

一种半自动精量穴盘
播种机

　　设施农业规模化发展的现状对集中商业化育苗提出需求，工厂化育苗能满足秧苗标准化、商品化、时间性要求，顺应设施农业的发展要求。郭章计（2011）研究指出，工厂化育苗是促进农业增产增收的重要技术。秧苗生产在温室内进行，其生长环境控制灵活，容易消除外界恶劣自然环境的影响。秧苗在最佳时期移栽后，可抵御早春低温寒潮，同时缩短缓苗期。对于按订单上市农作物有重要意义。设施生产的播种包括育苗移栽和直播两种方式，其中由于设施农业周年循环生产，为了提高温室利用效率，育苗移栽方式比较普遍，适用于种子价格较贵、附加值高的作物。别之龙（2008）指出我国超过2/3的蔬菜栽培采用育苗移栽的方式。工厂化育苗的方式主要有穴盘育苗、容器育苗、水培育苗等，其中以穴盘育苗为主。周长吉（1996）在研究国内外育苗播种在设施农业生产中的重要作用后指出，在我国以人工点播或撒播为主的播种方式存在诸多问题，主要有效率低，重播、漏播率高，播种出苗不均，分苗工序多，劳动强度大等。这些工厂化设施农业发展的瓶颈问题是发展穴盘机播的主要原因。国家非常重视解决设施农业生产中遇到的问题，并对其发展给予政策引导。农业部种植业管理司在全国蔬菜重点区域发展规划(2009−2015)中指出，小粒径种子作物在我国作物种植中具有重要地位。农业农村部公布的数据显示，2007年我国各类蔬菜（不含西甜瓜）播种面积已经处于世界领先地位，面积达$1.7 \times 10^7 hm^2$，占农作物总播种面积的11.3%，然而技术水平总体不高，主要依靠人工作业。由于育苗时节性很强，关键最佳育苗期相对集中在很短的几天时间，存在熟练劳动力短缺、播种质量不易控制和种子浪费引起成本增高等诸多问题，进一步影响该行业的快速发展。目前国内种子质量水

平有较大差异，因此播种机械化实用技术研究对于种子作物产业化发展将具有重要的促进作用。张宁（2012）研究指出，不同粒径种子的几何形状等物理特性存在差异。番茄、辣椒等蔬菜种子为扁平状，表面带有绒毛；油菜种子为直径1.8~2mm的球状，干燥后的种子表皮有皱纹，含油率高，易破碎。优质种子价格昂贵，播种时播量要求精确，大多数播种时一穴一粒的精准度限定95%以上，播深根据发芽状况严格限制，播种过深其子叶发芽较难。

笔者为解决京郊精量穴盘播种生产问题，开发了一种半自动精量穴盘播种机，可满足低成本和高精度要求。

一、原理

该设备（图1）机架采用不锈钢材料，固定在机架上的轴承座、转轴、连杆和平移吸盘构成摆动平行四连杆机构，保证平移吸盘水平在左右两侧摆动。平移吸盘内部配有吸嘴的真空室、气管、调压阀、外丝、空滤器、负压电磁阀、正压电磁阀、单项旋涡风机共同构成气密性结构。固定在转轴上的拨片随平移吸盘的摆动，分别在指定位置触碰两个行程开关，开关信号经过处理后启动交流接触器，驱动自动控制负压电磁阀及正压电磁阀交替开启，使吸嘴交替吸气与吹气，吸气时取种，吹气时放种。

种子的转移依靠气压的方式进行，利用正负气压原理来实现机械的精准取种与排种。主要通过漩涡风机产生正负气压，行程开关控制电磁阀的开启与关闭，进而控制吸嘴取种时接通负压、排种时接通正压；同时正压吹气清理吸嘴，减少杂质阻塞机会，吸嘴插入基质并将种子排放到基质平面下0~12mm处，完成流畅顺利的取、排种。

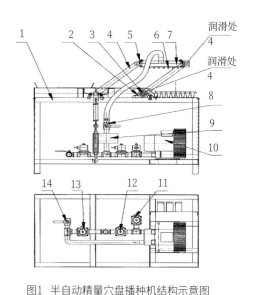

图1 半自动精量穴盘播种机结构示意图

1.机架 2.轴承瓦架 3.转轴 4.连杆
5.平移吸盘 6.吸嘴 7.真空室 8.负压调压阀
9.空滤器 10.风机 11、12.正压电磁阀
13.负压电磁阀 14.正压调压阀

二、系统整体机构

目前市场上根据所育种苗的大小不同有多种穴盘可供选择，为了满足不同穴盘的作业要求，

Creation of Intelligent Operation Equipment
for Greenhouse

该播种机可以根据作业对象穴盘的规格方便更换取种装置。设计的取种装置有72穴吸盘、128穴吸盘、162穴吸盘、200穴吸盘共4种，更换时将取种装置上方固定螺丝取下替换即可。

操作者在开机前将种子清理干净，倒入盛种盘中，将穴盘装满基质并刮平的穴盘放到机器工作台前码垛，工作时将取种装置移动到盛种盘内取籽，目测检查取种情况（图2），移动到穴盘，检查压穴播种情况，取种装置往复运动一次完成一盘播种。

精量播种对误差要求严格，因此本机作业结束后要按照要求对各个运转部位注入润滑油；及时清除台面、吸嘴的土尘，在通风干燥处存放；检查各活动部件配合间隙是否合适，转动是灵活，连接件有无松动现象；定期清理滤清器。如果作业精度不够或出现问题，可按照以下方法解决：

（1）取种和放种时间开启过早或过晚，可通过调整工作台下方两个行程开关触头与转轴拨片之间的距离加以调节，每次调整幅度以1mm为宜，播种深度可由操作者控制。

（2）机箱内有两个手动阀门，滤清器上边的吸气开关开得越大，吸种力越强，取种粒数越多；机箱下边的排气开关，开得越小，排种吹气压力越大。此开关不能完全关闭。

以下为主要技术参数。

电压：220V交流电。

功率：0.6kW。

取种率：≥95%。

播深：0~12mm。

工作压力：5kPa。

效率：780穴盘/h。

外形尺寸（长×宽×高）：1200mm × 800mm × 850mm。

工作台高度：640mm。

图2　吸种子效果

三、田间应用

半自动精量穴盘播种机（图3）在北京密云温室基地进行现场试验，单粒率95%以上，重播率小于4%，空穴率2%左右，能满足生产应用。该设备由于需要人工辅助作业，结构相对全自动设备简化，设备成本大幅度下降（一个数量级），一般数千元即可购置。内蒙古产的780型播种机田间测试性能满足要求，同时维护保养成本低，技术门槛不高，实用性好，适合京郊家庭农场、专业种植合作社规模化集中育苗生产中使用。

图3　半自动精量穴盘播种机实物

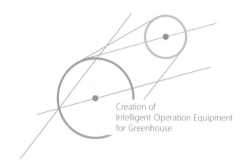

Creation of
Intelligent Operation Equipment
for Greenhouse

气吸振动式穴盘育苗播种机的
设计

设施育苗不仅可以保护幼苗的根系，提高成活率及出苗整齐度，并且具有防灾害、不受季节限制等优点，是蔬菜获得早熟、高产、优产的重要保障。播种机械是设施育苗机械化播种的核心装备，直接决定播种质量。欧美等国家在设施育苗方面的发展较早，至今已研制出较多机型，并且功能完善，自动化程度高，配套设备齐全。育苗播种机按播种方式可分为针(管)式、板式和滚筒式播种机；根据自动化程度又可以分为手动型、半自动型和全自动型播种机。我国在设施育苗方面的研究及应用起步较晚，经过多年的发展，取得了一定成果，但总体水平还是较低，应用不够广泛，发展速度也比较缓慢，更多的还是采用人工播种的方法。随着现代化农业的发展和农业产业模式的转变，落后的育苗播种技术和播种装备已不能适应新的形势，急需发展设施育苗机械化精准播种技术。笔者团队根据现有装备存在的问题，结合国内外的先进技术，研制了一种新型育苗播种装备。

一、播种系统的结构

气吸振动式穴盘育苗播种机的结构见图1。该机主要由传送工作台、步进电机、同步带及带轮、光电传感器、滚珠式气动振动器、种盘、吸种管

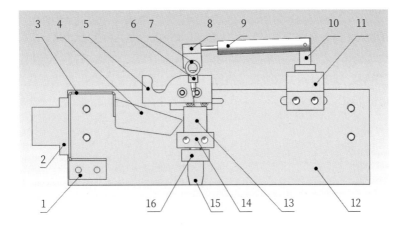

图1　气吸振动式穴盘育苗播种机结构示意图

1.固定横梁　2.气动振动器　3.种盘及振动器固定架　4.种盘　5.吸种管仿形块　6.吸种针　7.吸种管　8.吸种管固定块
9.吸种气缸　10.气缸尾座　11.固定横梁　12.吸种机构固定侧板　13.导种气缸　14.气缸固定板　15.下导种管
16.下导种管固定板

图2　气吸振动式穴盘育苗播种机实物

及其运动仿形块、吸种针、导种管及其固定板、吸种运动气缸及导种运动气缸、真空发生器等部件，以及气动控制系统组成。气吸振动式穴盘育苗播种机实物见图2。

二、工作流程

工作时，当光电传感器检测到穴盘时，传送带停止前进，同时打开真空发生器电磁阀，在吸种管内部形成负压。吸种气缸推动吸种管到吸种位置，经过0.5s的吸种时间，气缸拉动吸附着种子的吸种管回到排种位置。此时，导种气缸电磁阀换向，气缸向下推动下导种管固定板，使下导种管伸入到已压好的穴孔内，真空发生器电磁阀关闭，吸种管内负压消失；同时，吹种电磁阀打开，将吸附的种子吹落到导种管内，完成后吹种电磁阀关闭；然后，导种气缸将导种管拉回原位置，完成一排穴孔的播种。气吸振动式穴盘育苗播种机落种设计示意图见图3。传送带及穴盘前进一个穴孔的距离，重复上述动作，继续执行下一个播种循环。若检测不到穴盘，即完成整个穴盘的播种。

1. 传送机构的设计

本设计采用步进电机为动力源。步进电机的转速和停止位置只取决于脉冲信号的频率和脉冲数，在播种过程中可以通过控制器发出的脉冲数，确保穴盘前进的距离。此外，采用同步带传递动力，可以防止传送带打滑并保证固定的传动比。采用步进电机和同步带传递动力，能大大提高穴盘的定位精度；同时有效降低对穴盘和工作台的冲击和振动。

根据分析和实际负载转矩计算，选用型号为86STH118—4208A的混合式步进电机。

2. 排种机构设计

投种时，种子进入导种管内会与其内壁发生碰撞，使得种子落入穴孔内的位置无法保证，甚至有些种子落到穴孔外，对育苗质量产生影响。为了实现精准播种，该设计采用延长导种管的方法，使种子直接落到穴孔的底部（图3），将导种管分为上下两段，在不投种时上下导种管套在一起，

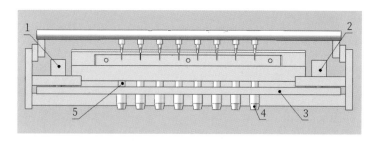

图3 落种设计示意图

1、2.导种气缸 3.下导种管固定板 4.下导种管 5.上导种管

图4 气吸振动式穴盘育苗播种机排种效果

不影响穴盘的前进。下导种管固定板两端与导种气缸连接，气缸向下动作时便可以延伸导种管，实现精准播种。气吸振动式穴盘育苗播种机排种效果见图4。

三、气路的搭建

吸附种子需要负压，而振动器和气缸均需要正压，所以系统气路选择用真空发生器来产生负压，气路采用统一正压气源作为动力，选择由空气压缩机来提供。种子具有差异性，所以使种子达到合适振动频率和振幅的气压有所不同，在振动气路中利用减压阀来进行气压的调节。在排种切断负压后，会有种子仍附着在吸种针上的现象，针对这种情况，需加入吹种功能，同样采用减压阀来调节吹种压力。种盘里含有的细小杂质会堵塞吸种针，使其不能正常吸种，所以在气路中加入清针功能，在吸种针堵塞时，按下通针按钮，在较大气压作用下，将杂质从吸种针内吹出，达到清针的目的，降低种子的漏播率。

四、控制系统

该系统控制器选用可编程控制器。可编程控制器具有可靠性高、抗干扰能力强等特点，并且扩展容易、运算功能强、控制精度高、操作方便、体积小。播种机控制系统结构见图5，可编程控制器（PLC）作为控制系统的核心部件，根据触摸屏输入的动作指令、光电传感器及气缸传感器反馈的信号，按照预先设定的程序依次发出指令，完成穴盘播种工作。

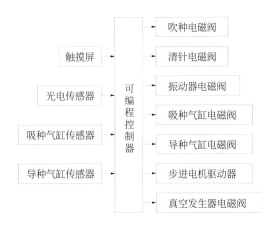

图5 气吸振动式穴盘育苗播种机控制系统结构示意图

该控制系统由触摸屏、光电传感器、气缸传感器、可编程控制器（PLC）、步进电机控制器、电磁阀等组成。其中属于可编程控制器的输入信号有人机交互的触摸屏信号，光电传感器信号，吸种气缸的磁铁感应器信号；导种气缸的磁铁感应器信号；可编程控制器的输出信号有步进电机的控制信号、气动振动器的启动信号、吸种气缸动作信号、导种气缸动作信号、真空发生器启动信号、排种时的吹种信号、清针的启动信号。输入信号共计有6个，输出信号共有7个。

微型固定式可编程序控制器可以满足该气吸播种装置的控制要求。本装置选用德国西门子公司的I/O点数为24的224XP微型可编程序控制器，输入点数都为10点，输出点数为14点。

五、 结束语

蔬菜是人们日常饮食中不可或缺的食物，全国每日消耗量一直较大，并且随着农业产业结构体系的调整，蔬菜育苗产业面临新的挑战。传统的人工育苗技术及方法较落后、效率低、人工成本高，已经不适应育苗产业的发展。设施农业模式正逐步向机械化、精准化转变，机械化精准播种育苗成为发展趋势，即通过精准播种，提高出苗率、成活率、整齐度，最终提高产量。通过与农艺相结合，逐步完善改进，更好地适应设施农业发展的需要，该装备一定会具有较好的应用前景和市场潜力。

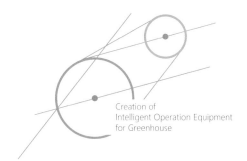

Creation of
Intelligent Operation Equipment
for Greenhouse

设施手动育苗播种机的设计

穴盘育苗技术是20世纪欧美等发达国家发明的一项设施栽培技术，具有防灾害、保护根系、不受季节限制等优点，是蔬菜获得早熟、高产、优产的重要保障。育苗是蔬菜生产的一个重要环节，所以性能可靠的育苗播种机成为大规模育苗的必要装备。国外对育苗播种装备的研究较早，经过不断发展，技术已经相对成熟，加之国内种子的质量也达不到国外先进水平，这些因素对技术装备发展普及有一定阻力。而国内的研究起步较晚，与国外的先进机械化播种技术装备相比还有一定的差距。国内还有许多育苗工厂和农户采用传统的育苗播种方式，由人工点播种子，这样播种的位置参差不齐，并且生产效率低下，人工成本较高。由于进口育苗播种设备和国内现有的自动化育苗播种机相比价格普遍较高，普通的育苗生产基地和小农户难以承受。所以，发展小型、轻便的手动育苗播种机成为满足小型种植合作社的当务之急。

一、工作原理

设施手动播种机主要由底板、导轨、支撑板、播种调节片、吸种调节片、种盘及种盘固定架、吸种管及吸种针、振动器、角钢和调节螺杆组成。支撑板固定在底板上，吸种调节片和播种调节片可以沿着支撑板上的U形槽上下滑动，以调节吸种和播种高度。吸种所用的负压由真空发生器产生，振动器在正压力的作用下产生振动，气源均由空气压缩机提供。图1为手动育苗播种机结构的三维示意图。

该设备在开始作业前，先根据吸种高度和播种深度将吸种、播种调节片调到一个合适的高度。工作时，首先将装满基质并完成压穴的穴盘放到底板

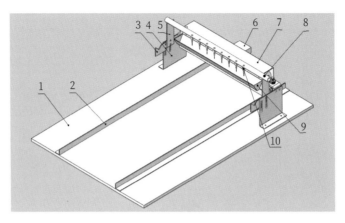

图1 手动育苗播种机示意图

1.底板 2.导轨 3.播种调节片 4.支撑板 5.吸种调节片 6.振动器 7.种盘固定架 8.吸种管 9.种盘 10.吸种针

两导轨之间，开启气源阀门，振动器振动带动种子产生振动，可以减小种子之间的摩擦力，提高吸种成功率；此时，真空发生器也开始工作，使吸种管内部形成负压。将吸种管放在吸种调节片上，大约经过1s，在负压及振动作用下，种子被吸附在吸种针上；再将吸种管提起，放在播种调节片上，将吸种针按顺序置于每个穴孔的上方，按下换向阀按钮，切断真空发生器的压力供给，使吸种管内部负压消失；同时，压力进入吹种气路，经过减压阀降到一个较小的压力，进入吸种管，将吸附的种子吹入穴孔里，完成穴盘一排的播种。重复相同的动作，完成整穴盘的播种，并且可以继续连续作业。

二、播种机关键部件的设计

1. 气路的设计

手动育苗播种机的气动原理见图2。气源选择空气压缩机。空气压缩机产生的气压能够达到0.85MPa，而振动器所需气压较小，为了防止振动器振幅过大，使种子溢出种盘，在振动气路中加入减压阀来降低气压，从而让种子在一个合适的范围内振动。种子被吸附在吸种针上时，由于某些种子表面粗糙，有时会使种子不平的表面嵌入吸种针内，在切断负压之后，种子不能依靠自身重力下落，仍然会附着在吸种针上。针对这种情况，该设备在气路中设计了吹种的功能，但是如果吹种气压过大，种子及穴孔中的基质会从穴盘里被吹出，有必要加入一个减压阀降低压力，避免上述情况的发生。真空发生器和吹种的作用对象均为吸种管，并且吸种和吹种只有一个功能作用，因而将两个气路合并到一起，通过电磁阀的换向来实现两个功能的切换，达到简化气路的要求。

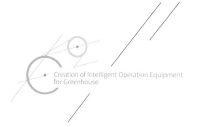

2. 种盘的设计及固定调节

由于种子在作业过程中需要振动，为了避免造成种子的浪费和重播，种盘采用深V槽形设计，以更好地避免振幅过大，种子跳出种盘问题。

试验证明，如果将振动器直接固定在种盘上，会出现种子振动不均匀的现象，并且振动比较剧烈，造成较多的重播和漏播。因此在设计中加入种盘固定架（图3），固定种盘和振动器，通过种盘固定架将振动传递给种盘，可避免振动不均匀的现象，减小振动，提高播种的单粒率。

由于在制造和安装过程中存在误差，若将固定架直接固定在两侧的支撑板上，会导致种盘倾斜，同样会出现种子振动不均匀的现象。为了解决这一问题，在设计过程中利用角钢和调节螺纹杆悬吊种盘固定架的横梁（图4），这样可以利用螺纹杆和紧定螺母来调节左右的高度，最终使种盘在一个高度的水平面上，消除制造和安装过程中的误差。

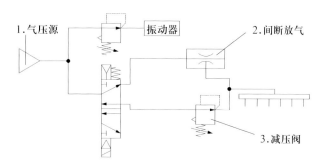

图2 手动育苗播种机气动原理图

1. 气压源　　振动器　　2. 间断放气　　3. 减压阀

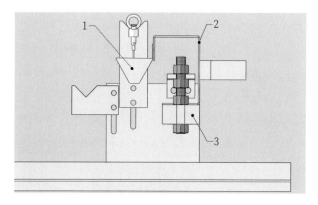

图3 种盘的固定
1. 种盘 2. 种盘固定架 3. 固定横梁

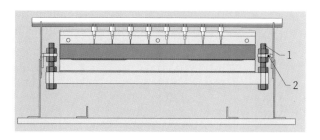

图4 种盘的调节
1. 调节螺纹杆 2. 角钢固定片

三、结束语

随着农业产业结构的调整，育苗产业也在飞快发展。传统的育苗技术已经不能满足当前发展的需要，这就迫使人们改良技术，研制与先进技术配套的农机装备。手动育苗播种机的研制，不仅提高了工作效率，节约了人工成本，还提高了机械化程度，达到了精准播种；但是与国外的先进技术相比仍然相差很多，还有很多缺点，如动力的消耗过大、自动化程度较低等。这也正是我们继续进步的动力，促使我们研究出更加智能的育苗设备。

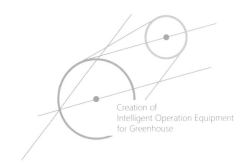

Creation of
Intelligent Operation Equipment
for Greenhouse

温室蔬菜穴盘精密播种标准化装置研究

　　蔬菜在人们日常生活中扮演着重要角色，"菜篮子"是老百姓日常生活中的热点问题，也是农民增收的重要途径。蔬菜种植的一个重要环节是培育高质量种苗，传统蔬菜种植自育自用的育苗模式因为种苗质量不均匀、生产率较低等诸多缺点，已经不适合现今的发展需要，逐渐被集中育苗的模式所取代（图1）。除了连栋温室工厂化育苗，也可以在日光温室开展分区育苗（图2）。目前商品种苗市场发展迅速，播种的标准化技术具有很好的市场前景。采用人工方式播种存在诸多问题，如效率低、耽误农时、误差较大、工人易疲劳等，采用精准装备进行播种可有效解决这一问题，但同时也存在新的问题，如装备播种的空穴率等。这就需要一个合理的评价指标来量化播种的精度和质量。胡文娟等（2006）在分析了我国蔬菜穴盘育苗的研究现状后指出，生产中的不

图1　育苗基地规模化生产

图2　日光温室分片育苗

确定因素对穴盘育苗的影响较大，需要制定相关的标准。本文采用多种参数评价播种的实际质量和具体的量化值，旨在为蔬菜播种装备标准提供科学依据。

一、评价标准

标准化的温室蔬菜穴盘精密播种技术包括技术要求、试验方法、检验规则和标志、包装、运输和贮存。标准化技术必须符合相关的现有标准，并与相关的标准完全兼容。主要采纳的标准有：

GB/T 2828.1　计数抽样检验程序　第1部分：按接受质量限（AQL）检索的逐批检验抽样计划

GB/T 5262　农业机械试验条件　测定方法的一般规定

GB/T 5667　农业机械生产试验方法

GB 10395.1　农林拖拉机和机械　安全技术要求　第1部分：总则

GB 10395.9　农林拖拉机和机械　安全技术要求　第9部分：播种、栽种和施肥机械

GB 10396　农林拖拉机和机械、草坪和园艺动力机械　安全标志和危险图形　总则

GB/T 13306　标牌

JB/T 5673　农林拖拉机及机具涂漆通用技术条件

主要涉及的评价指标：播种合格率（seeding qualified rate），指播种合格穴数与总穴数之比；空穴率（empty hole rate），指播种空穴数与总穴数之比；重播率（reseeding rate），指重播穴数与总穴数之比；压穴深度合格率（pressure hole depth qualified rate），指压穴深度合格穴数与总穴数之比。

二、技术要求

1. 性能指标

蔬菜种类繁多，种子外部物理性状差异较大。针对这一实际特点，如何保证标准化播种，使播种质量达标，对排种器提出了较高要求。国内外众多学者对排种原理和播种形式进行了深入研究。温室蔬菜穴盘精密播种标准化装置主要有机械式、磁吸式和气力式3种。在种子质量符合穴盘播种机使用说明书要求时，温室蔬菜穴盘精密播种标准化装置作业性能指标应符合表1的规定。

2. 一般技术要求

近年来，精密播种新技术发展迅速，国外有诸多研究新成果。程欢庆、张祖立等（2010）研究指出，静电播种、流体播种、种子带播种等新方式，以及液压技术、电子技术等新技术的集成

表1 温室蔬菜穴盘精密播种标准化装置作业性能指标

序号	项目	指标值
1	种子破损率	≤0.5%
2	播种合格率	≥90.0%
3	空穴率	≤5.0%
4	重播率	≤5.0%
5	生产率	≥产品设计值
6	基质填充量稳定性变异系数[a]	≤10.0%
7	压穴深度合格率[b]	≥70.0%
8	使用有效度	≥95.0%

注：a.表示带有基质填充装置的穴盘精播机应查此项；b.表示有压穴装置的穴盘精播机应查此项。

应用推动了精密播种装置的发展。对于所有新装备而言，基本遵循的技术要求共性如下：零件所有原材料应符合图样要求。允许有材料代用，其代用材料应保持原设计性能，并要提供代用材料检测或试验证明材料。铸件不应有裂纹和其他降低零件强度的缺陷，配合部位不允许有砂眼、气孔、缩孔和夹渣等缺陷。锻件不应有夹层、折叠、裂纹、锻伤、结疤和夹渣等缺陷。冲压件不应有毛刺、裂纹和明显残缺皱折。焊接件应牢固，不应有夹渣、咬肉、烧穿、裂纹和未焊透等缺陷，焊后变形应校正至符合图样规定。

3. 总装技术要求

所有零部件必须经检验合格，外购件、协作件应检测合格后方可进行装配。装配后，零件的外露加工表面应涂防锈油。传动系统应平稳，无卡滞，无异常声响。调节机构应方便、灵活、准确、可靠。

4. 涂漆与外观质量

涂漆前应将表面锈层、油污、黏砂、泥土、焊渣和尘垢等清理干净。涂漆应符合JB/T 5673中规定的普通耐候涂层。油漆表面应平整、均匀和光滑。外观应整洁，不得有锈蚀、碰伤等缺陷。

5. 安全技术要求

安全技术要求应符合GB 10395.1和GB 10395.9的规定。危险部位应有安全标志，安全标志应符合GB 10396的规定。

外露传动装置等对操作人员有危险的部位应有可靠的防护装置。防护装置应便于机械维护、保养和观察。各防护装置应有足够强度，在正常作业条件下不得产生裂缝、撕裂或永久变形。防护装置应固定牢固，无尖角和锐棱。使用说明书中应规定安全操作的注意事项和维护保养的措施方法。

三、试验方法

刘志侠、张宏等（2005）研究后指出穴盘精密播种装置的适应能力有很大差异，需要通过试验、检验和鉴定。精密播种的技术特点决定其对种子的品质和外形均有较高要求。但由于不同蔬菜种子质量差距较大，目前多数精密播种只能针对某些特定的少数几种种子，多为一机一用，对不同种子的适应能力较差。有些装置如果要保证指标合格，甚至需要进行种子精细预处理、选择进口种子等措施。这些局限性导致播种装置的使用周期短、利用率低，不利于降低农业生产的成本。对于标准化的播种装置，应按照标准的试验方法进行检验。试验样机应符合制造厂提供的使用说明书要求，技术状态良好。

1. 试验用种子和基质

试验用种子和基质应符合产品使用说明书规定的适用范围。试验用种子应根据使用说明书要求进行筛选，并按GB/T 5262的规定进行特性测定，包括种子外形尺寸、千粒质量、含水率、破损率等。

2. 试验地点和仪器

试验场地应宽敞、平坦，能存放基质和穴盘。试验用测试仪器设备，应经检验合格，测试前应进行检查校正。

四、性能试验

1. 播种合格率、空穴率、重播率

穴盘精播机应按使用说明书要求调整到最佳工作状况，表1是该机的作业性能指标，待正常播种后，随机抽取不少于5个穴盘，统计合格穴数、空穴数和重播穴数，计算播种合格率、空穴率和重播率。蔬菜穴盘育苗见图3，单盘秧苗的播种出苗情况见图4。播种后，待秧苗生长到一定

图3 蔬菜穴盘育苗

图4 单盘秧苗的播种出苗效果

时期进行统计，以便得到准确的评价指标。

2. 压穴深度合格率

除排种机构外，穴盘精播机其他机构正常工作。随机抽取5个穴盘，每个穴盘随机测定10个穴的压穴深度，计算压穴深度合格率。合格的压穴深度为当地农艺要求的压穴深度值±5mm。

3. 基质填充量稳定性变异系数

在测定压穴深度合格率的同时，随机抽取30个穴盘，取出每盘中的基质称其质量，按式（3）计算其质量稳定性变异系数a。

$$\bar{x} = \frac{X_i}{n} \quad \text{.................................} \quad (1)$$

$$S = \sqrt{\frac{\sum_{i=1}^{n}(X_i - \bar{x})^2}{n-1}} \quad \text{...............} \quad (2)$$

$$a = \frac{100S}{\bar{x}} \quad \text{........................} \quad (3)$$

式中： X_i——测得的各盘基质质量，kg；

$\bar{x}$——各盘基质质量的平均值，kg；

n——测定盘数；

S——标准差，kg；

a——质量稳定性变异系数，%。

4. 种子破损率

除基质填充机构外，穴盘精播机其他机构正常工作，随机抽取5个穴盘，统计穴盘中种子总数量及破碎种子数量，计算种子破损数量占接取种子总数量的百分比。种子破损率为试验后种子破损率与原始种子破损率之差。

5. 生产试验

生产试验时间应不少于120h。生产查定和生产试验时间分类、使用有效度、生产率和能源消耗量等技术经济指标计算，按GB/T 5667的有关规定进行。

五、检验规则

1. 不合格项目判定和分类

进行检验试验的穴盘精播机，应按GB/T 2828.1规定的计数抽样检查程序，按表2和表3所列

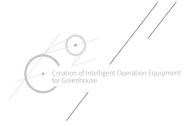

不合格项目分类检查判定。

被检测项目凡不符合本标准要求的均判定该项不合格，按其对产品质量的影响程度分为A类不合格、B类不合格、C类不合格（表2）。

2. 判定原则

采用逐项考核、按类判定（表3），当样本中的不合格数小于不合格判定数时，评为合格；大于或等于不合格判定数时，评为不合格。各类全部合格时，则最终评为合格；任一类或多个类评为不合格时，则最终评为不合格。

表2 不合格分类

类别	项	项目名称
A	1	安全要求
	2	使用有效度
	3	种子破损率
	4	播种合格率
B	1	重播率
	2	空穴率
	3	基质填充量稳定性变异系数
	4	压穴深度合格率
C	1	生产率
	2	总装质量
	3	涂漆与外观质量
	4	铸件、锻件、冲压件、焊接件质量

表3 抽样判定

不合格分类	A	B	C
样本数		2	
项目数	4	4	4
检查水平		S−1	
样本字码		A	
合格质量水平	6.5	40	65
合格判定数	0	1	2
不合格判定数	1	2	3

六、结束语

温室蔬菜穴盘精密播种标准化装置的大规模推广应用首先要针对不同品种的种子进行反复测试，不同质量的种子对作业效果及评价结果有较大影响，应按照标准进行规范化检验，严把质量关，以免造成损失。流水播种装置具有较好的推广价值（图5）。在应用推广前，应该对种子的质量进行详细的标准化规范，并对操作人员进行严格的技术培训，只有这样才能保证播种的标准化和运营的专业化。

图5　流水播种装置

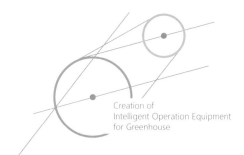

Creation of
Intelligent Operation Equipment
for Greenhouse

设施育苗精量播种装置
现状及发展

设施育苗是20世纪70年代发展起来的一项新育苗技术，与传统育苗方式相比，设施育苗更有助于保护幼苗的根系，提高种苗成活率及出苗整齐度。设施育苗技术使用国际统一标准的穴盘，对于机械播种而言就有了标准的载体。机械播种具有播种精准、工作高效、节约成本等优点。我国从20世纪80年代中期，北京率先引进设施育苗技术。随着农村经济结构变化及种植业结构的调整，我国设施农业已经步入快速发展阶段，种植面积逐年扩大，因而迫使我国的育苗技术模式从分散、落后向专业化、规模化转变，而设施育苗精量播种装置则成为转变过程中发挥重要作用的关键技术装备。本文对国内外播种装置现状进行了对比，结合现有问题对今后发展进行了初步探讨，以期为研制适合我国国情的设施育苗精量播种装置提供指导。

一、国外设施育苗精量播种装置的现状

欧美等国家设施育苗产业发展比较早，已有近50年的发展历程，通过多年技术积累研制出多种成套的机型，功能较完善，自动化程度较高，并且配套设备工具较齐全。代表性产品有英国的Hamilton，美国的Blackmore、Gromore，澳大利亚的Williams，荷兰的Visser，韩国的Helper等。

育苗精量播种机按照播种方式的不同，可分为针式播种机、板式播种机、滚筒式播种机。根据自动化程度的不同，又可以分为半自动播种机和全自动播种机，如手持针式播种机（图1）属于半自动型，针式精量播种机（图2）和滚筒式播种机（图3）属于全自动型。

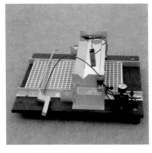  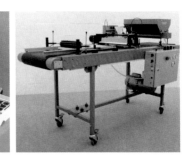

图1 英国手持针式播种机　　　　图2 荷兰针式精量播种机　　　　图3 英国滚筒式播种机

20世纪80年代以后，气动技术和气动元器件制造水平有了极大的提高，发达国家利用新技术开始研究开发气吸式育苗精量播种机。其工作原理都是真空吸附。播种机有一个真空发生装置，通常为真空泵，当穴盘到达播种位置时，传感器会检测到穴盘，此时针管孔或者滚筒小孔借助真空把种子从种盘里吸附住，依靠机械运动到穴盘上方，将种子对准各个穴孔，将真空负压切换成较低的正压，种子便落到了穴盘里的指定位置，完成一个穴盘播种。

二、国内设施育苗精量播种装置的现状

我国对设施育苗精量播种装置的研究及应用起步较晚，20世纪80年代才开始引进吸收，并经过多年发展，取得了一定成果，但总体水平还是较低，发展速度也比较缓慢。为了解决这一问题，国家科技计划先后将穴盘育苗技术研究列为重点科研项目，设施育苗播种装置也成为主要攻关对象。在应用方面随着农业现代化和产业化贯彻实施步伐的加快，蔬菜种植结构得到了合理调整，工厂化规模种植也得到了发展，并且建立了一批穴盘育苗示范基地，引进了先进科学技术，加大了科技投入，设施育苗及配套装置得以快速发展。

目前，国内的科研单位也研制出了一些育苗播种机的成品，但不能得到很好的推广应用。在大型种植基地中，拥有成套育苗播种装置的企业也有一些，但总体上市场种苗自动化作业占有率偏低。有代表性的国产育苗精量播种机有中国工业工程研究设计院和中国农业大学等单位联合研制成功的2XB-400型穴盘育苗精量播种机、广西农机化研究所研制的2ZBQ-300型双层滚筒气吸播种机、胖龙(邯郸)温室工程有限公司研制的BZ30穴盘精量播种机（图4）、浙江台州生产的YM-0911型蔬菜花卉育苗气吸式精量播种流水线（图5）等。这些机型产品的工作原理与外国的相似。

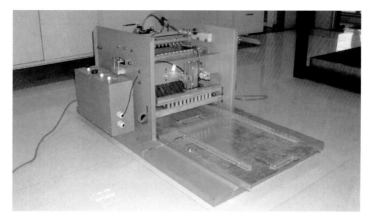

图4　BZ30穴盘精量播种机

图5　YM—0911型蔬菜花卉育苗气吸式精量播种流水线

三、存在问题与发展趋势

　　经过多年飞跃式快速发展，我国的设施育苗精量播种装置研究及推广工作取得了较大进步。但在今后的发展道路上还有以下一些问题需要解决。

　　（1）我国蔬菜种植目前正处在一个转型的过渡时期，正在由传统农业向以信息化、现代化、智能化为特征的精准农业转变。具体到设施育苗领域，则是由过去的分散、落后的育苗形式向规模化、专业化、机械化育苗转变。在这一转变过程中存在一些问题，一些具有规模化育苗能力，购置新型育苗播种机械的大型育苗基地多为国家投资的示范性基地，缺乏科学的管理，无法有效将智能化装备投入实际育苗生产中参与市场竞争，导致育苗机械的部分闲置，不能及时在生产中发现新型育苗播种机械的不足，未能为机械的改进提出指导性意见。对于分散的农户，则由于精量育苗机械的资金投入较大，存在一定采购门槛，致使农户对育苗机械的认可度和购买积极性不高。

鉴于目前形势，我国应加快农业结构转变的步伐，推进示范性基地尽快地投入市场竞争及社会化服务中，并新建一些有利润的育苗生产基地，拉动育苗机械的市场，促进育苗机械市场的完善。鼓励分散农户以合作社的形式结合起来，扩大育苗规模，对机械化播种，补贴，为育苗机械的改进提出宝贵意见。

（2）设施育苗精量播种对单粒率、漏播率、重播率要求比较高，但目前国内研制的机型由于机器运行不够稳定，很难达到要求。主要原因是国内机型多为气吸式育苗播种机，一般需要借助空气压缩机作为气源。由于气源压力的不断变化，育苗机械工作不稳定，造成了漏播、重播等问题。此外，播种盘中的种子经常含有细小的灰尘和杂质，若在播种前不对种子进行筛滤，播种过程中极易造成吸嘴堵塞，出现漏播现象。

针对育苗机械工作不稳定的问题，研制性能良好的育苗机械成为当务之急。应该加强国际交流合作，通过向先进国家学习设计方法和制造工艺，并结合我国国情，提出可靠的设计方案，研制新机型。另外，在国内要加强科研机构和育苗机械生产企业的合作，利用科研机构的科技优势和企业的推广能力，将科研成果转变为新机型，迅速推广开来。

（3）机械与农艺融合。育苗机械一般只注重播种能力，而忽略播种时农艺方面的要求，未能详细了解不同种子之间差异将农机和农艺紧密结合起来，影响出苗质量，导致种苗商品率不高。此外，由于育苗的配套设备不完整，在育苗生长期间内不能有效地实行自动化管理，降低农艺管理的效率。

农机和农艺融合是促进精量播种的规律，根据农艺要求以及种子的差异性，实现播种深度及播种位置参数的可调；并研制出与播种机械配套的设备，包括穴盘铺土机、覆土机、穴盘压穴机构、喷灌机械、施肥施药机械等，使设施育苗实现全面机械化和自动化，这是精量播种未来的重要发展趋势。

四、结束语

随着我国农业模式的转变和劳动力成本的增加，设施自动化育苗已经成为必然的发展趋势。设施自动化育苗在未来也将成为农业的基础，而设施育苗精量播种装置作为设施育苗的核心装备，其发展影响着设施育苗的发展质量和水平。果类蔬菜产业技术体系北京市创新团队设施设备功能研究室针对首都都市型农业发展需求，开展了自动化育苗系统的研究示范和试验，必将对北京的"菜篮子"工程产生重要影响。了解育苗机械的现状、存在问题以及发展方向，有助于设施育苗精量播种装置的快速发展。

第五篇

环境测控与作业设备管理新技术

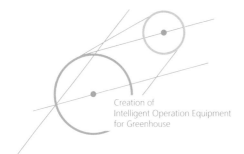

Creation of
Intelligent Operation Equipment
for Greenhouse

温室植物长势监测系统的
设计

温室植物长势监测一直是温室作物生产的研究热点，国内外的学者尝试通过多种方法获取植物的长势数据。果实膨大传感器可获取植物果实生长数据，建立果实生长全过程的历史数据库。叶面积测量仪可以获得叶片的面积指数等信息，从而用来诊断植物的健康状况。目前智能手机发展快速，通过手机获得图像并快速处理得到植物长势数据，不但能降低应用成本，而且能获得更准确的植物长势信息，适合大规模推广。

一、原理

首先利用智能手机拍照获取温室内植物叶片的高清图像，通过3G/4G网络直接发送给服务器，系统服务器上的处理程序在服务器端对图像进行处理，提取关键的叶面积指数，存储在数据仓库中待用。多个用户可在线对数据进行计算分析。叶面积指数（leaf area index）又称为叶面积系数，是指单位土地面积上植物叶片总面积和土地面积的比值。主要的计算结果有叶面积指数和归一化植被指数等。归一化植被指数是另一个重要指标。归一化植被指数是反映农作物长势和营养信息的重要参数之一。根据该参数计算出不同季节的农作物对氮的需求量，对合理施用氮肥具有重要的决策作用。由于手机拍照缺少近红外光谱图像，可用算法模拟类似指数替代。指数获取可针对区域内作物，也可针对单株或多株作物植株。一垄上特定区域内的植物图像可以采用直接获得整条垄上作物的叶面积统计数据和叶片归一化植被指数。根据成片的植物图像可以获得特定区域植物的叶面积。其系统原理见图1。

系统各功能模块面向的用户对象有农户、管理人员、超市采购经理和植物医生（图2）。农户负责拍照并上传生产管理中的图像。管理人员对图像甄别和筛选，并对其进行授权管理。超市采购经理参照植物长势制订采购计划。植物医生针对植物的健康状况提出专业的植物保护建议。其他有需求的人员可通过系统随时查询感兴趣的长势信息来确定消费计划。

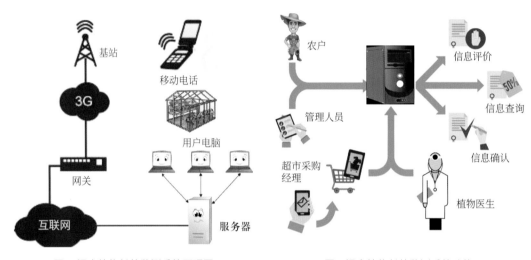

图1 温室植物长势监测系统原理图　　　　图2 温室植物长势监测系统功能

二、结果和讨论

该系统利用手机获取原始图像数据，根据生产需求挑选其中的部分有代表性的高清图像（图3），将其发送回服务器进行数学运算和图像处理。试验中选取800万像素国产安卓手机，在作物正上方1m高度采集图像，用编导好的程序对图像进行运算处理，并对图像进行对比分析。从图像处理的结果可知，手机拍摄的图像分辨率符合特征指数识别要求；从计算结果和实际实验室数据对照可得，单个叶片准确识别结果与实际相符。

为了建立更精准的识别模型，将经过运算处后图像结果选取120张保存，并查询下载其中80张结果。叶片植被指数图像见图4。图像指数能通过图像明暗来区别植物的长势（图4a）。分析处理得到植物叶片不同部位的指数等级分布图（图4b）。从每个叶片上读取到当前叶片的近似归一化指数。用80张结果建立茄子健康识别模型后，用其余40张查询下载的图像验证模型，从处理

图像和实际调查结果可得出，图像上叶片指数和实际相符，通过系统点击查询到精确数值为茄子长势提供一个数字化评价，对于定量判断植物长势有重要作用。

　　识别结果可进一步提高精度。计算机识别的叶片图像数据（图5）可以用来快速准确地算出叶面积。叶面积的统计数值包括选取的单个叶片和多个叶片的面积、区域的叶片面积、叶片面积占耕地面积的百分比、叶片的数量、不同面积等级的叶片数量。从系统计算结果与实际测量值对比可得，模型计算的精度达到$0.1cm^2$，满足生产上对单株植物小叶片识别的要求。手动框选一部

图3　拍摄的图像

a　　　　　　　　　　　　b

图4　叶片指数图像

a. 叶片归一化植被指数黑白图像　b. 叶片归一化植被指数分级彩色图像

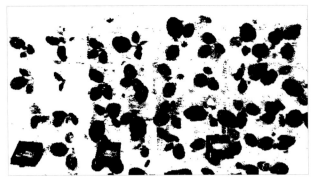

图5 提取的叶片统计图像

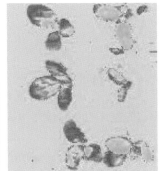

图6 提取图像

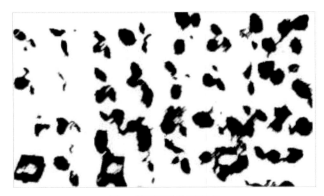

图7 卷积矩阵处理噪声

分图像（图6）进行运算，可有效消除其他绿色物品（例如传感器）对统计结果的误差。用卷积矩阵算法可有效去除图像的噪声（图7），消除土壤背景的误差。

三、结论

本文研制开发了基于互联网服务器的植物长势监测系统，对图像进行计算并与实际测量分析对比研究后，得出以下结论：

（1）手机作为茄子植株图像的信息采集终端，基于服务器进行茄子图像云计算和信息共享，并选取120个样本进行计算，证实该方法满足长势监测对单个叶片和区域作物长势监测的要求。

（2）通过对系统计算得出的叶面积指数和实际测量数据的对比分析后得出，系统识别误差小于0.1cm^2，精度满足实际生产需求。

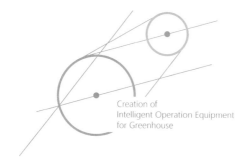

Creation of
Intelligent Operation Equipment
for Greenhouse

温室变量弥雾机的作物叶片温度探测模块设计

温室弥雾机采用极细的粒径将雾滴扩散到温室内部，达到全面覆盖消除病害的目的。采用变量控制技术，可提升温室喷药作业时雾滴粒径调控的精度（袁雪，2012），从而提高温室弥雾机的精准施药效果。

作物叶片温度探测模块作为弥雾机的重要构成部分，通过采集叶面温度为弥雾机提供决策信息。变量弥雾机根据叶面温度改变雾滴粒径，达到改变液滴在叶面的蒸发时间的目的，实现作物叶面对药液更好的吸收利用。文献中公开的叶片温度的测量传感器主要测量元件是微型触式探头，该探头通过玻璃封装的高精度电热感应器直接测量叶片的绝对温度，精度达到0.1℃。传感器还配套网络模块，可提高测量的方便性，信号采用RS-485通信，支持ModBus协议。但接触式叶面温度探测传感器无法自动探测不同垄的作物叶片温度（钟丽平，2014）。本文研制开发的两通道探测器模块，针对温室弥雾机的功能，融合株高和叶片温度两通道数据，能非接触快速测量获取叶片温度数值，为喷雾机的粒径控制提供参考。

一、工作原理

作物叶片温度探测模块包括两个通道，集成红外温度测量和超声株高测量功能。红外温度传感器采用非接触式测量方式，主要用于测量靶标作

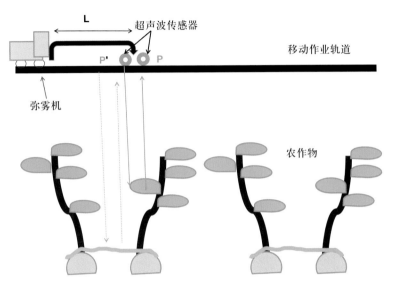

图1 温室变量弥雾机的作用叶片温度探测模块工作原理示意图

物冠层叶片的表面温度，并可连续测量同一个位置叶片监测点的温度状况。超声传感器主要判定作物的位置，用来区别作物和地面，排除非作物干扰（图1）。

二、测量流程

作物叶片温度探测模块测量流程见图2。设定轨道高度（H）由弥雾机的安装参数测量得到，包括探测器外轮廓与地面距离和感应器与外轮廓距离的数值之和；设定探测器（L）指探测器安装位置在水平方向和弥雾机的距离数值；当前位置是否有植物的判断，指根据超声传感器信号来判断当前位置点下方是地面（点P′）还是作物（点P），具体计算公式是用设定轨道高度（H）减去探测器测量的距离得出作物高度范围。当是否植物判断为否（N），说明当前位置不是植物生长位置，直接跳转到下一步，由于上一步没有执行温度记录值，在下一步温度值是否稳定的判断时，再次做出否定判断（N），直接跳转到下一步，执行弥雾机前进。如果前两步做出肯定判断（Y），则会往下执行程序。

测试对象是叶片的温度，测试采用推扫式的方法进行，因此测量过程划分为叶片位置的探测和温度数据的采集判别两个环节。

叶片位置的探测由平均株高间接确定。具体方法如下：考虑实际的作物冠层平均宽度小于50cm，所以设定作物冠层实际宽度为50cm。调查发现，实际的冠层为垄中心高出5~10cm，两侧稍微矮些，因此为了提高探测精度，将垄的作物株高分为3个区域来探测。这样测量的优点如下：推扫

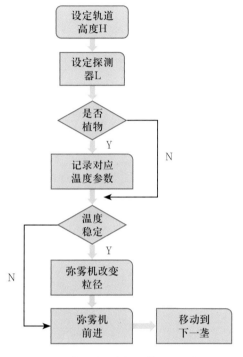

图2 作物叶片温度探测模块测量流程图

式首先探测到冠层的一侧，假定地面上有高度和作物相似的纸箱等障碍物干扰，将其误判为叶片。由于纸箱和叶片比热容不同，同时叶片的蒸发作用也会降低一些温度，测量的结果应是第一个区域平均温度高于第二个和第三个区域，在温度数据的采集判别环节，通过算法设定可以去除第一个区域的数据，这说明实际应用中划分三个区域采集数据能提高测量准确性，并减少计算量。

三、测试结果

在田间试验中发现，在探测器监测到株高信号突然增大时，判断到达作物冠层位置，开始记录测量所得温度值。记录第一组株高数据并计算出平均值，弥雾机前进20cm后第一个区域采样结束，将采样数据保存在第一个数组中；然后开始记录第二组数据，前进10cm后第二个区域采样结束，将采样数据保存在第二个数组中；接着开始记录第三组株高数据，由于第三区域宽度小于20cm，实际测试发现前进中株高突降，说明到达冠层边缘，程序立刻停止该区域叶片温度记录，并将已测得数据存到第三个数组中，然后对三个数据进行运算，未发现干扰因素带来的平均温度波动，所以系统自动保存三组数据到文件中。从结果看，叶片（包括茎秆）的平均株高对应

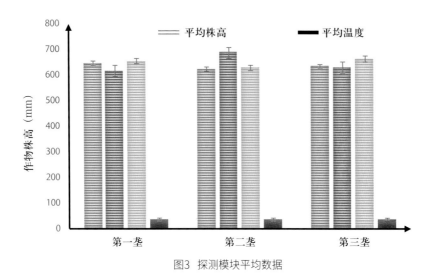

图3 探测模块平均数据

的叶面温度变化较稳定，在第一天测试室外温度为23.3℃时，温室中测得温度平均值为29.5℃，测得叶片平均温度最大误差小于1℃。第二天测试室外温度为26.9℃时，温室中测得温度平均值为33℃，测得叶片平均温度最大误差小于1.3℃。两天测试叶片温度差异超过3℃，因此，叶片温度变化对农药雾滴在叶面的蒸发吸收会有影响；另外，同一天内不同施药时刻的温度也会不同，这些温度的变化数据在弥雾机控制粒径大小的过程中可以作为决策的依据。探测模块平均数据见图3。

四、结论

本文介绍了温室变量弥雾机的作物叶片温度探测模块设计过程及原理，通过试验研究得出同一天内不同施药时间的温度存在差异，该差异可作为弥雾机控制粒径大小的决策依据。基于株高和温度探测融合的方法，按照先探测叶片位置，再采集叶片温度，最后进行融合判别的方法，能避免非作物带来的干扰，并能准确采集作物叶片温度数值。

总之，温室中作物叶面温度数值变化可能受到温室通风口设置及温室结构的人为影响，或天气原因的影响。叶面温度影响雾滴在作物叶面的留存时间，要消除叶面温度影响，使得施药科学精确，在线实时探测叶片温度，并用弥雾机来对粒径进行调控是一个有效的办法。

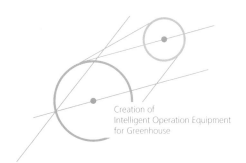

Creation of
Intelligent Operation Equipment
for Greenhouse

新型开源云端温室茄子株高实时测量系统的开发

反季节蔬菜已成为城市蔬菜全年循环供应的重要来源。其中，果类蔬菜占据重要地位，是农民增收的重要栽培种类。茄子是温室栽培种植非常普遍的果类蔬菜，对茄子生长信息的监测有很多指标，株高是其中普遍应用的一个长势指标。

开源技术是当今国际上主流的信息共享方式，云端存储与开源技术融合实现在线采集的数据再共享利用是农业物联网新形态，在欧美等国家得到很快的普及和发展（PearceJM，2012）。开源的硬件平台同与配套的软件系统能很好地兼容，快捷地实现数据在云端的存储、处理和应用（Fisher，DK，2012）。数据的存储可通过GSM、LTE网络上传云端存储保存，或临时存储在系统内置的SD卡中，随后一次性上传保存（Lozoya C，2016）。对数据的处理采用Martlab的网页技术，通过曲线或者图形的方式显示。除了图形显示外，对监测数据计算结果可以自动反馈。对数据结果的应用主要包括以txt文本、短信、Email等方式发送到用户智能手机终端（MasseroniD，2016；PayeroJO，2017）。

一、硬件电路

新型开源云端温室茄子株高实时测量系统的微控制器采用Feather 32u4 FONA开发板(Adafruit Industries公司，纽约，https：//www.adafruit.com)，开发板内置一个8位的微控制芯片。芯片的内部有一个28kb的临时存储用来保存程序，另外有一个1kb永久存储用来保存关键数据；有一个22位的输入/输出(I/O)接口，另外有一个10位的模拟/数字(A/D)转化器；有2个串口可供使用，一个是能够和计算机直接连接使用的专用USB接口，主要用来进行程序在线的仿真、下载和离线运行；另外一个专用USB接口可以和外部的传感器连接，采集外部传感器的数据；还有一个内部集成电路的专用端口(I^2C)可供使用。基本的硬件需求器件见图1。

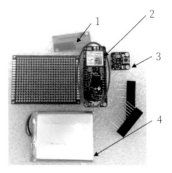

图1　新型开源云端温室茄子株高实时测量系统硬件器件
1. 无线天线　2. 微控制器
3. 低功耗时钟　4. 电池

二、软件搭建

软件的开发采用开源的开发环境（Arduino Integrated Development Environment，IDE；https://www.arduino.cc），编程环境采用C++语言。由于是开源环境，有很多用户已经预先开发了很多库函数供下载调用，因此通过开发程序搜索并加载硬件的函数库即可。目前，Arduino函数库几乎包括所有可能的函数，例如时钟、数据存储、手机模块等函数，这些函数都可以直接调用。对于不熟悉的用户而言，这些函数使得开发监测系统程序的编程工作变得非常简单和快捷。

三、云端网络搭建

ThingSpeak(https://thingspeak.com)是非常适合建立温室作物数据监控的云端接口。搭建的软件云端界面见图2。软件搭建时选取7个可变的参数作为采集对象，分别是茄子株高、生长天数、喷药量、施肥量、灌水量、采收产量及监测工作状态。另外，还有一个视频通道可以直接显示外部的监控视频。除此之外，带有一个外部的网络物理地址接口，可以链接外部数据，例如中央气象台发布的全国气象数据，这样能很快建立起一个云端网络数据库，并选用matlab的编程代码(http://www.mathworks.com)对数据进行在线分析和结果显示。每一个通道可以形成一个独立完整的数据系统并通过曲线显示（图1），各个不同通道的数据之间可以交叉引用和多重分析。测量系统数据实时刷新，当系统暂停工作后，软件界面没有数据曲线。云端界面有设置用户信息及参数功能，可以输入用户手机号码，系统会将停止工作或其他故障信号以手机短信的形式发送给指定手机。同时，可设定手机通过回复代码字符取消绑定，不再接收来自系统监测结果数据的预警信息。

四、结果和讨论

茄子冠层的测量来自超声传感器（HC-SR04，美国LowPower lab公司，www.

图2 软件云端界面

lowpowerlab.com）。传感器采集到的温室茄子植株的高度数据发送给控制器，经过计算后可进行三维曲线显示（图3）。温室中不同空间由于温度和通风不均匀，以及土壤肥力差异的影响，茄子冠层长势非常不均匀。相比较而言，温室中部种植的茄子生长得更高。经田间调查分析发现，其原因是光线遮挡少，相比靠近墙的区域而言，中部的光线照射更加充分。

　　试验中株高实时监测数据（图4）来自超声波传感器信号，传感器扫描冠层的周期是1/10s，每秒的10组数据加权后得出平均值，有效地避免了单株株高异常对结果的干扰。因此，采用高频传感器信号数据较适合分析茄子株高。从测量的精度来看，该系统能准确获取茄子冠层整体株高的变化趋势。当采集到每行茄子的冠层长势数据后，系统可按照行来显示株高的三维图，直观得出各行茄子冠层的差异，但是这么做无法得出同一行的变化规律。把每一行的冠层数据单独显示为一条变化曲线（图5），易于得出同一行茄子各株个体之间的差异。因此，对数据进行平均后，直接提取茄子最高生长点的值，加权平均后得出其变化的曲线（图4和5），可以得出和图3一样的结论（图4）。

　　本研究的目的是利用开源技术，通过具备超强数据分析能力的商业公司的云端存储和计算，实现低成本、低功耗的作物冠层监测。虽然传统方式搭建类似测量系统实现快速作物监测，本身技术难度不大。区别是，本系统采用的这种开源技术思路是未来的必由之路。笔者的尝试和应用对于推动开源云端监测技术在我国的发展发挥了重要作用。

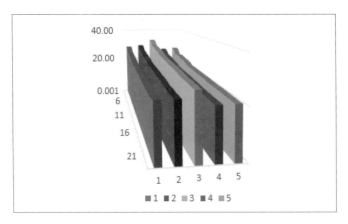

图3　茄子冠层实时监测数据曲线

试验行的编号：从进入温室门开始是1，依次到5

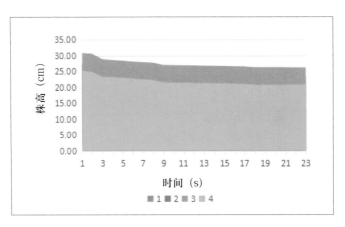

图4　实时监测数据曲线

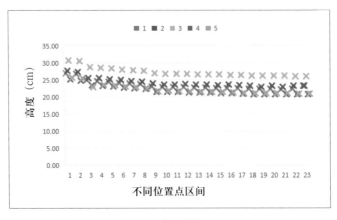

图5　变化曲线

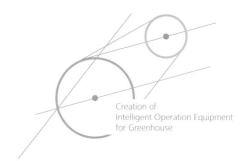

Creation of
Intelligent Operation Equipment
for Greenhouse

基于图像特征的温室杂草信息
获取技术研究

温室周年生产，环境封闭，因此不适合使用除草剂防治杂草，而且为避免农药残留问题，蔬菜作物也不宜采用化学农药进行杂草治理。温室杂草的防控多采用地膜覆盖的物理方法来阻止杂草过度生长，但整个生长季杂草都会在地膜下生长，与作物争夺肥料养分，对作物的生长产生不良影响。因此，消除杂草的影响成为必须面对的一个问题，其中首要的问题是获取杂草的信息。温室中作物生长期内地膜一直覆盖在作物根部，地膜防控杂草的同时也遮挡了杂草，不利于管理人员观察杂草长势，给直观获取杂草表观信息增加了难度。因此，探究基于图像特征的方法，通过识别算法准确地获得杂草的信息具有重要的意义。

一、原理

区别于露天环境，温室杂草信息获取有4个关键步骤（图1）：①采集装置的移动作业要符合温室柔性枝条茂密的实际情况，机械装置研制要实现易于转弯和调头，并采用人力或电动驱动的方式。②图像特征的获取，要根据作物根部绿色茎秆和膜下杂草叶片簇生的特点选择合适的摄像机，并配备合适的支架及光源组成摄像机系统。③图像的处理。温室中所使用地膜的透光度参数各不相同，但是对所获取杂草的图像都有很大的阻隔，在计算机算法及软件的开发上要进行模糊识别，难度有所增加。④杂草空间分辨结果的合理使用，需要配套对应的栽培行距、株距及膜下除草管理等农艺技术，以便实现杂草的精准防控。

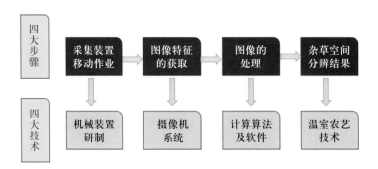

图1 温室杂草信息获取技术路线图

二、结构

信息采集系统的结构（图2）包括计算机、图像采集卡、CCD、卤素灯光源、移动装置等。计算机用来运行图像处理软件，并通过图像采集卡连接CCD获得高速的图像信息。采用可调节的卤素灯光源可以有效消除温室棚膜及作物遮挡引起的自然光变化的干扰。

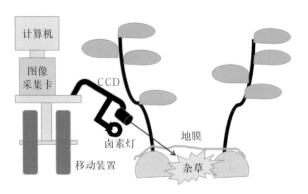

图2 温室杂草信息获取技术结构示意图

三、识别算法及软件

信息获取和杂草识别主要依据的图像特征有位置、形态、纹理、颜色特征等。根据温室的垄间距特征规则，地膜为白色、茎秆为绿色，主要采用Hough变换、直方图算法等（图3）提取作物行和行间地膜；形态特征识别利用区域标记算法提取地膜下杂草的无量纲形状特征参数；由于地膜在杂草上方覆盖使得纹理识别难度非常大，采用共生矩阵和小波变换，计算量较大，速度很慢；颜色特征的提取主要采用颜色变换等算法，将行间和行内地膜下的杂草识别出来。从实践的结果

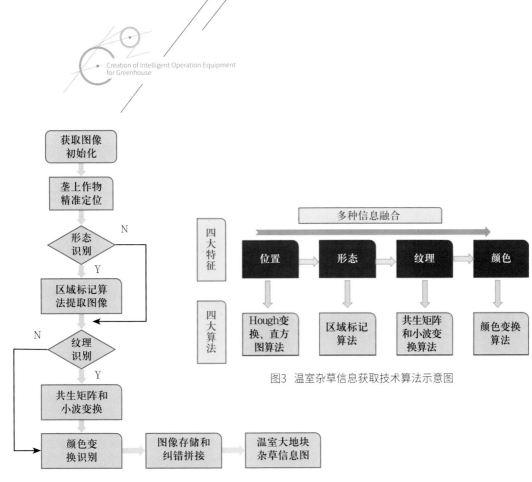

图3　温室杂草信息获取技术算法示意图

图4　软件流程图

看，单一算法很难实现及时准确的识别。多种识别方法及识别信息的综合利用，可以使杂草的纹理识别和颜色特征提取在准确性和快速性上有很大的提高。

　　软件采用C++语言编写，获取图像后首先进行垄中心线的定位，然后将图像通过区域标记、共生矩阵等数学运算进行特征提取和修正，最后通过颜色变换的校正后，将有效的特征图像进行拼接，通过软件人机界面直观显示出温室内地块的杂草信息图，并将信息图和多次获取的图进行比对，分析杂草的生长趋势和控制效果，有助于了解整个种植期的草害发生情况。

四、结束语

　　基于图像特征识别温室膜下杂草的方法是一种温室杂草精准防控信息采集的大胆尝试。美国有学者对此方法的不足提出建议，主要包括实用性、分辨率和识别范围。从国际研究的趋势看，实时的杂草识别设备及配套传感器的需求很大，美国已经开始走向实际应用。国内目前尚处于研发阶段，没有成熟的可推广的产品。由于温室膜下杂草的特殊性，基于图像特征的技术有很大的发展潜力。

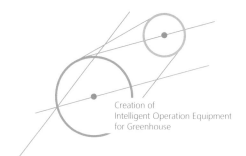

Creation of
Intelligent Operation Equipment
for Greenhouse

温室内定位和区域检测技术研究新趋势

室内定位技术是基于室内定位系统（IPS）的数据，如可视化静态坐标和基于静态标志物获得的移动坐标等，实现高保真室内定位立体重构，或在地图上显示和跟踪其位置及移动的技术。该技术通过使用一些数据库，可以动态显示坐标位置或重构的属性信息，并轻松导航定位到目标。温室内GPS信号可能存在缺失，但作物精准管理及智能化机器人作业都需要精准定位，因此，解决温室内定位的难题势在必行。进一步的研究发现，温室内根据作物收获时间和生长周期差异划分空间生产成为温室高效利用的一种有效手段。对温室内进行空间分区来控制病虫害逐渐成为研究热点。根据温室空间内病虫害实际分布情况实施变量喷药可以有效保护农用环境并节省农药的使用，这一做法已逐步成为主流趋势，同时对温室内区域的差异化利用和对室内区域检测技术的研究提出了要求。

温室内定位有诸多技术难点。由于温室内相比露天耕地而言有较多遮挡物，传统的GPS定位因为信号太弱而无法满足精度要求，新的室内定位方法成为研究热点。国内外在该领域的研究新趋势主要包括GPS定位、Wi-Fi定位和地刺定位等几个方面。

一、GPS定位

在室内无GPS信号或者信号很弱的情况下，室外的GPS定位信号无缝地过渡到室内的定位系统是研究热点，其中室内定位和室外定位的数据快速精

确结合是关键难点。国外的一些技术框架，例如Cartogram，试图建立在Google Maps平台上，然后自行控制数据的隐私性，数据不提供给Google。

二、Wi-Fi定位

该技术研究的热点是利用信号强度的精确解析来实现操作者当前位置信息的获取。通过信号强度来判断用户距离路由器接入点的距离。一般可通过离用户最近一个点的信号获得用户当前的位置。不足之处是室内如果没有足够的Wi-Fi接入点，就会因为信号的延迟而降低室内定位的精度。该技术定位原理见图1，喷药机器人或喷药作业智能装置当前坐标为Rx，预先将位置对应的信号强度存入数据库。

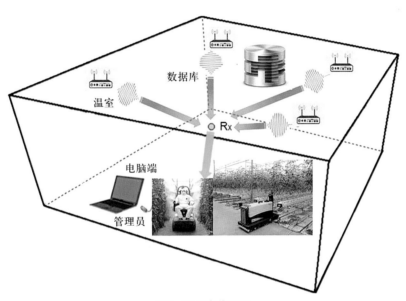

图1 Wi-Fi定位原理

三、地磁定位

地磁定位指利用惯性传感器感应地球磁场或周围金属物体的磁场来确定用户的位置。优点是不需要单独布置外围的信号装置，但要预先对每个区域的磁场进行标定。另外，传感器容易受到外部钢铁物件的磁场干扰，从而导致读数不精确。当用户在室内移动作业时，位置的精度会在用户变化缓慢或相对静止时提高。

四、惯性测量

惯性定位是依靠用户手机中可用的运动/旋转（加速度计/陀螺仪）传感器系统实现的，具体方法是通过航位推算，即通过使用确定的起始点并基于估计速度、距离和方向等参数来计算当前位置的过程。优点是成本低、效益高，原因是它不需要硬件成本或提前对各个区域进行标定；缺点是由于起点必须通过另一种室内定位方法来确定，因此不能单独使用。惯性测量只能用于用户相对于其开始的地方确定一个相对位置时使用。

五、区域检测

Geofencing作为室内检测技术平台功能强大。其所具备的强大的区域检测和移动接近解决方案是温室内定位技术的研究热点。其中，SPREO的区域检测技术是全球领先的。如果移动设备处于小区域内或小区域外，可以100%精确地检测到触发适当的特征和动作。SPREO的位置感知软件开发包和移动应用程序提供了精确的室内位置定位分析，具备区域边缘特征获取和基于接近度的上下条件预警通知功能。该区域检测平台采用数学算法将复杂的传感器和室内定位输入抽象化，以实时提供精确的位置，与任何信标或上文中所述Wi-Fi基础设施无缝配合使用。研究的最新成果是提供二次开发的接口和实现面向应用的扩展。

六、室内转弯

室内转弯位置及方向的精确引导是室内定位的重点应用。室内转弯位置应包含的下一步运动方向等属性信息确保移动设备精准获取。在应用中，温室管理员能修改作业路线，达到无人自走目的。该技术能为农业智能装备提供转弯的室内指引。

七、点云图像定位

基于图像的室内环境定位应用广泛，温室中无人自走装备就是其中一个典型代表。该技术首先建立3D图像数据库，为定位提供最接近的匹配图像，通过重建后点云图像数据来判别室内的位置，准

确率达94%。进一步的研究表明，通过已知地理坐标的6个自由度的图像建立一个数据库，把获取的周围环境大图像分割成许多小的单元格，通过数据库使得每个单元格都具备预先的搜索结构，识别精确度达到95%。图像对室内定位的研究方法见表1。

　　试验在2017年10月29日进行，天气为多云，上午9:00采集，行走中用手机由远到近连续采集图像，利用相对特征建立定位关系，对温室中作物进行定位，然后利用特征进行三维虚拟重建。试验结果见图2。数据过少，作物目标小，图像精度不高。解决办法是通过提高图像采集数量来提高分辨率。

表1　基于图像的室内定位方法

完成人	定标方法	精度	CCD尺寸（mm）	镜头类型
Hile	地板定标法	30 cm	640×480	手机镜头
Kitanov	vectormodel 向量法	1 dm	752×585	EVI—D31
Schlaile	边缘分割法	1 dm/min	752×582	VC—PCC48P
Muffert	图像法	0.15 gon/min	1616×1232×6	Ladybug3
AICON ProCam	编码标记	0.1 mm	1628×1236	ProCam

图2　三维虚拟重建图像

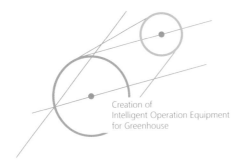

基于深度学习的叶片病害高光谱
图像预测分类方法

温室环境密闭，气候湿热，加之相同蔬菜连茬种植，病害的暴发概率增加。因此，温室中的病害防治成为重要环节，其中病害调查诊断和精准施药成为重中之重。

病害调查的传统方式是人工田间调查和采样，保存好样本后在实验室显微镜下识别和分析。这种办法费时费力，个人经验对识别准确性有很大的影响。

精准施药是病害调查的下一个重要环节。精准施药很大程度上需要病害调查信息来决策，病害调查的精度决定施药的效果。通过高光谱图像能获取叶片的特征信息，并为病害决策提供大量的数据。研究表明，传统光谱方法在叶片病害特征描述、判别特征学习、分类器设计方面有诸多成就。然而，大多数现有方法只能提取叶片病害图像原始数据的浅层特征，对于叶片病害图像原始数据更细致的分类任务完成得不够出色。也有学者甚至提出，温室中对病害发生的精确预测，尤其是对病害未来发展的测报有很大难度（Steven J.Schrodi,2014）。

基于深度学习的叶片病害图像的像素分类涉及构建一个具有面向像素级的数据表示和分类特点的深度网络结构。采用深度学习技术，可以提取更显著和抽象的特征表示，从而提高分类精度。

一、原理

深度学习用于叶片病害高光谱预测并基于图像像素级分类，分3个主要步骤。①数据输入：能作为输入向量的特征参数有多种，包括光谱特征、空间特征、光谱–空间特征。②分层深度学习模型训练：需要设计一个深层网络结构来学习输入数据的特征表示。③分类：在第二步基础上，在深度网络的顶层利用深度学习的特征数学模型进行精准的分类（图1）。

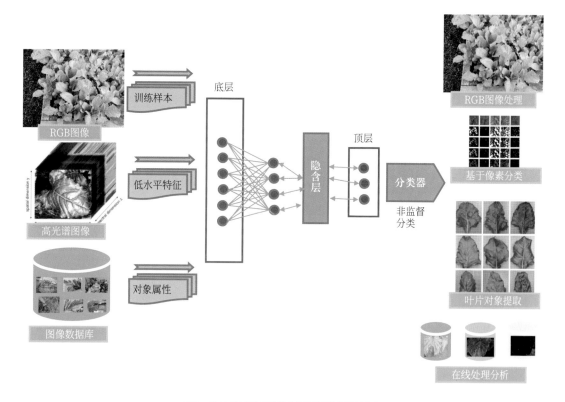

图1 叶片病害高光谱图像预测分类原理图

二、试验

基于深度学习的叶片病害高光谱图像预测分类试验，用到的分类器主要有两种类型：①硬分类器支持向量机，直接输出整数作为每个样本的类别。②软分类器逻辑回归，同时微调整个预训练网络，以概率分布预测类别。

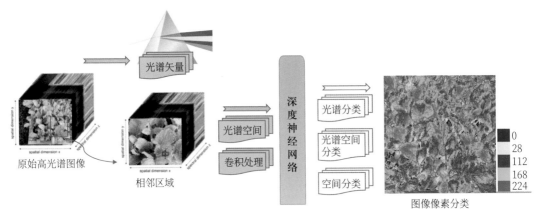

图2　处理流程

　　从处理流程（图2）可得出，对于高光谱图像，深度学习的优势是采用一个深度的体系结构来处理原始数据和特定类别之间的复杂关系，尤其是结合空间信息的分类，突出图像中的相邻像素关联性，达到利用空间特征显著提高分类精度的目的。

三、结论

　　结合空间信息对高光谱图像进行分类，能提取到稳健的深度特征表示。使用原始图像中的每个特定像素（选择窗口大小为35×35）邻域［邻域像元指一个像元(x, y)的邻近（周围）形成的像元集合］来收集空间信息，将多维数据整理为一维输入深层网络，进一步对多维海量高光谱图像原始数据和特定类别之间的预测分类。

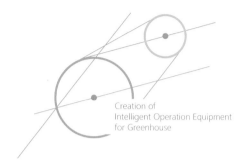

Creation of
Intelligent Operation Equipment
for Greenhouse

条码技术在温室园艺生产
精准管理中的应用

我国设施园艺生产发展迅速，取得了较好的经济效益，有效地推动了高附加值农业的发展。但与此同时，温室园艺生产也存在诸多问题，如粗放式管理、标准化水平低、作业人员流动性高、信息化水平低等。上述这些因素严重制约了温室园艺产品质量水平的进一步提高，阻碍了我国高端农产品温室园艺领域的健康发展。因此，迫切需要引进能够准确记录生产信息、随时查询特定植株信息、便于追踪目标植株信息的精准生产管理技术。

条码技术是近年来发展起来的一种技术，原理是利用间距不等的黑白亮色的条状标记来表达相关的信息，使用条码阅读器（图1）读取信息。条码技术已经被大量应用在物流、仓库管理等领域。条码技术具有体积小、成本低、信息量大、输入速度快、可靠性高、应用灵活等显著优点。

条码技术装备的快速发展为温室园艺生产精准管理提供了重要手段和技术平台，使低成本、快捷的生产作业信息管理得以实现。由于农业生产环境的限制，如何化繁为简、快捷准确地进行操作是将条码技术应用于温室园艺的基本门槛。秦开涌等（2005）和林小松（2005）指出，条码输入速度是传统键盘输入速度的5倍，条码技术误码率为百万分之一。与传统的键盘输入方式比较，

图1 便携条码阅读器

条码技术具有明显的优势，而且条码打印制作过程简单，成本低，容易被大众接受，易于普及，非常适合农业生产中各个环节的大面积应用。

一、施药管理

近年来，传统温室的喷药作业方式引起的蔬菜等农产品农药残留超标等质量问题成为广大消费者关心的热点问题。全球贸易一体化背景下，农药残留问题成为新的国际贸易绿色壁垒，日本等国家多次提高此类农产品海关进口标准，对我国农产品出口产生了不利影响。对此，我国很多城市建立了农产品市场准入制度和农产品质量安全溯源系统。通过条形码技术可以对农产品的产地等进行追溯，这是目前条码技术在农业领域非常成功的应用。但这种技术尚未涉及施药管理的环节。施药管理信息化是基于农艺、植物生理、病理需要，对施药作物的施药周期、施药量、农药种类等信息进行统筹规划，利用条码技术以垄为管理单元甚至精确到特定植株的定点、定量施药作业管理技术，不但可以查找农药残留超标根源，还可以建立农药指导系统，起到"标本兼治"的作用，并且起到"防微杜渐"科学施药指导的效果。

温室内小环境密闭，GPS卫星信号差（图2）、无法应用大田精准作业采用的导航定位技术，条码技术成为解决这一精准作业瓶颈的有效手段。将条码技术应用在温室科学施药精准管理的生产中，并基于条形码信息作为唯一识别代码建立精确到垄、行、特定株，包含病害、虫害、药害的数据库，将田间管理调查结果不断添加进数据库中。当使用条码扫描每一垄、每一行和特定病害严重的病源植株时，条形码对应的所有数据都显示在掌上电脑中，数据库根据条形码进行查询并自动计算应该施药的浓度、农药种类及施药量，并且可以显示历史施药数据作为参考。

基于条码技术的信息也可以进行共享传递，配套智能农业机械实现系统化作业。智能变量喷药机可以装备有扫描条码的条码阅读器，当喷枪要对某一行进行喷洒农药时，首先用喷枪上的扫码器扫描喷洒目标行上的条形码，数据库进行查询后将需要喷洒的喷药浓度反馈给智能变量喷药机，喷药机的控制器按照接收到的数值自动调整喷药浓度，待目标行喷洒完成后，开始下一目标行时，再扫描对应的条形码，即可查询该行对应的喷药量信息。

系统将数据库每一次查询并反馈的喷药量及浓度都生成历史文件，以方便查询；使用条形码将喷枪流量传感器记录的每一行的喷药量数据进行关联，做到每一个条形码对应的每次施药浓度和施药量都可以追溯。

图2 温室内GPS信号试验

喷药量和喷药浓度可以按照条形码在温室中的对应位置使用地理信息系统软件（GIS软件）生成科学施药量分布图，直观地获得温室施药的管理信息。

所有施药数据可以进行网络发布，不同权限等级的用户可以进行在线查询。

二、施肥管理

不同温室园艺生产内部设施的硬件条件差别很大，由于通风、灌溉等条件的影响，同一个温室内的作物生长情况有明显的地块差别。温度较高、通风良好的垄长势好、产量高、养分需求大，因此采用精准变量施肥技术能有效节约化肥用量，提高农产品质量。使用条码技术将作物按照垄、行管理，精确施肥，并将肥料的使用首先进行科学规划，按照预设的时间表和作物长势区分时间、区分施肥量、区分肥料种类"三区分"，科学管理。结合条码技术，采集温室土壤样品进行化验，调查出土壤的N、P、K、微量元素等养分信息，添加进数据库，在实际生产中再根据条形码进行实时无线数据查询，指导施肥作业。

三、灌溉管理

温室园艺生产的灌溉管理是温室生产精准管理的重要环节。现代温室园艺普遍引进传感器等信息化手段监测环境参数，例如利用土壤湿度传感器（图3）获取土壤的水分含量信息。在这些信息化水平基础之上，可使用大型平台管理灌溉自动控制器，对多达24组的电磁阀进行分区域精准灌溉控制，实现大规模精准灌溉的目的。这种现代灌溉技术的应用，迫切

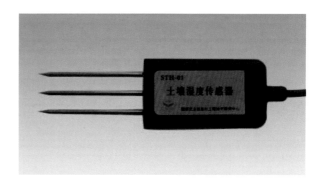

图3 土壤湿度传感器

需要精准的灌溉信息技术手段，传统的纸笔记录已经远远不能满足这一要求，使用条码技术对每个单独的灌溉区进行管理，可以对每个灌溉区进行细化管理，按照特定的要求进行灌溉用水的精准控制，做到农业科学用水"零误差"。

将灌溉的历史数据进行统计分析，按照条形码的分布位置生成直观的水消耗分布图，有助于进一步指导实际生产。

四、收获管理

定时收获是温室园艺生产的一大亮点。具体说就是和工业产品一样按订单生产，严格控制生产过程中的每一个环节，细化每一个阶段的关键要素，实现精确控制，保证作物在特定的时间内达到成熟可供收获的状态。这种精确的控制要求每个环节的信息都要详细记录并核实和兼管。利用条码技术能够尽可能地精确掌控每一个苗盘的详细信息，随时调控，根据设定的生产计划保证准确定时收获的。同时，收获时的分级信息、采摘人、采摘地块，果实具体来自哪一垄、行，采摘前后的施药、施肥、病虫害情况等都能够通过条码进行查询和浏览。

相关的收获采摘信息和生长信息，消费者也可以通过超市、农业监管部门的终端按照不同的权限等级对农产品管理全程信息进行查询。

五、育苗管理

在温室园艺生产过程中，育苗是一个基础的重要环节，育苗质量决定所收获农产品的均一性和商品率。温室园艺育苗基地在实际生产（图4）中育苗的数量非常巨大，可多达几十万穴。规模化育苗阶段，每一天都要对每一个苗盘的变化信息进行调查及精准管理，包括水、肥、药、温度、通风等，因此数据量巨大。传统的方法主要依靠纸笔及人工记忆，准确率低，管理粗放。基于条形码技术能够做到精准管理每一个苗盘，通过条码阅读器读取条码信息，在掌上电脑上能浏览到育

图4　温室育苗基地生产实景

苗情况的所有信息，包括每天的作业情况，以及下次施肥浇水的具体时间和施肥量等指导信息，并将不同阶段的注意事项进行提示。所有的信息也可以传到服务器上进行网络共享，为整个园区后期的生产管理分析提供辅助参考。

种子是温室园艺生产过程中需要重点控制的关键因素之一。种子的品质和使用决定所培育种苗的商品率。种子一旦出现质量问题，会造成巨大的经济损失，因此种子的管理必须非常严格。由于温室生产基地使用的种子数量比较多，不同农作物的品种都有其自身适宜的发芽温度和水分要求，因此种子的管理必须有区别地加以细化。基于条码技术的管理系统能对同一系列不同批次、不同供应商、不同供应时间的品种进行详细分类管理。通过苗盘上的条形码获取播种的所有信息，包括播种责任人、播种时间、品种名称、发芽特性等。这些数据和条形码能做到一一对应，并且所有的条形码都是唯一，不会重复，并也可以精确到每个苗盘的每穴，包括补苗情况等，都可以进行动态监督。

六、结束语

温室精准管理与大田管理有较大差异。温室中因为GPS卫星信号受到屏蔽，无法进行定位，因此地理坐标体系无法建立，基于3S技术的精准农业模式在温室管理中遇到障碍。开发适合温室精准管理的技术平台是温室园艺生产迫切需要解决的问题。

温室中空间的差异化管理需要通过信息化手段。实现在通风有限的条件下，通过在温室设定多个测量点获取温度、湿度、露点等信息，都只能代表某些行、垄的环境参数，整个温室内部的环境参数差异在特定情况下还是比较明显的。同时，土壤养分也存在明显的不均匀性。因此，基于条码技术的温室园艺精准生产管理技术是一个重要的发展方向，能够对温室园艺的精细化作业提供一个技术平台。

国家农业信息化工程技术研究中心基于条码技术开展大量农产品溯源研究和应用。实践证明，推广基于条码技术的精准生产管理模式能够有效地管理生产过程中的诸多环节，将整个种植过程，严密监控起来，从种子、育苗到施肥、施药、灌溉及收获都做到"一条线"。这种技术如同一条纽带，超越了不同管理者、供应商、种植者、消费者，以及不同地点、时间，使用简洁通用的信息将所有种植信息梳理成一条线，能够使温室园艺企业和种植基地在激烈的市场竞争中处于有利地位，同时结合农业专家系统的先进理念，双管齐下，最大限度地发挥条码技术在温室园艺生产精准管理中的应用潜能。综上所述，条码技术在温室园艺生产精准管理中的规模化应用具有非常广阔的市场潜力。

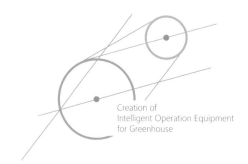

Creation of
Intelligent Operation Equipment
for Greenhouse

温室苗盘条码管理系统在工厂化育苗生产中的研究与应用

在温室园艺发展过程中，工厂化育苗（图1）是一个关键环节。工厂化育苗本身有很多显著的优势和特点，适合温室园艺的发展要求。孙尚忠（2008）指出，所谓工厂化育苗是指以不同规格的专用穴盘作容器，草炭、蛭石等轻质无土材料作基质，通过精量播种，定量覆盖基质并浇水，实现一次成苗的现代化育苗技术。这种技术具有出苗整齐、病虫少、质量好、定植后不缓苗、成活率高、生长快、上市早、产量高、效益好、种苗适于长途运输等优点，最大的优势在于其具有节省种子、生产成本低、机械化程度高等；能够加快新品种、新技术的推广速度，显著提高生产效益。该项技术适用于对标准化、规范化作业需求较高的温室园艺领域。该技术在发达国家起步较早，且发展势头迅猛。陈殿奎（2000）介绍了穴盘育苗技术起源于美国，历经20余年发展，现已成熟完善，在欧美等农业现代化程度比较高的国家推广普及较为迅速。商品苗生产量第一位的是美国，意大利、法国等国家的穴盘育苗也形成了相当的规模。美国的Speedling Transplanting和GreenHeart Farms育苗公司商品苗年产量突破了10亿株。

温室苗盘条码管理系统是一种适合工厂化育苗的技术手段。该系统通过条码技术对每一个投入工厂化育苗环节的苗盘编制一个用于身份识别的唯一性条码，打印后固定在苗盘上，在工厂化育苗过程的每一个环节中进行生产管理和跟踪，根据生产计划进行信息管理，指导育苗生产。丁桂英（2009）指出了工厂化育苗设施包括多个场所，并对遮光条件、保温性能及面积进行了详细规划。温室苗盘条码管理系统使用条码将苗盘所有信息

进行集中管理，实现在催芽室、绿化室、分苗室等育苗不同设施中和地点上的一条线全程监管。该系统具有便捷、友好的条码自动编制系统，系统使用Microsoft Visual C++ 6.0进行主程序界面编程。系统操作界面美观，功能性强，操作简洁，有利于推广。

工厂化育苗生产作为一个技术密集的产业，该技术的大规模应用也面临很多实际困难，主要体现在信息技术管理方面。如管理信息涉及诸多环节，在时空上有较大跨度，一环套一环，时间性、准确性、多样性等特点都比较突出，这在很大程度上制约了该技术在我国的大规模化、大范围应用，急需技术提升。范小刚等指出了工厂化育苗存在的管理精细，定苗、送苗时间严格，苗不等人等管理环节实际应用的具体困难。陈殿奎（2000）以北京为例，详细分析了我国工厂化育苗存在成本偏高的问题。要解决这些发展问题，基于信息化技术的管理手段是最重要的解决途径之一。

图1　工厂化育苗生产实例

一、系统整体框架

本系统由育苗信息查询、条码打印扫描、育苗信息采集3个功能模块组成。系统在结构上包括外围硬件设备和软件两部分。外围硬件设备主要包括便携式条码阅读和显示模块、条码打印机以及温室管理的数据校核系统等。软件包括应用处理程序和数据库两大部分。用户通过人机交互系统与各功能模块发生联系，系统结构见图2。

人机交互系统是管理人员根据不同的权限等级与系统进行交互的接口，育苗人员可以根据育苗生产流程中的实际管理信息，通过人机交互系统进行操作。育苗基地每个不同生产环节的具体管理人员可以对系统下层的3个基本功能模块进行管理和操作，该层搭建了用户和系统之间信息转化和交互的桥梁。具体来说，针对工厂化育苗的具体应用，系统通过条码对苗盘进行唯一性区分后，设计了涵盖种子处理、精量播种、催芽、育苗、苗盘周转消毒、种苗销售等不同生产环节的功能。

1. 育苗信息采集模块

该模块将相关农艺技术标准、生产经验、技术要求等作为参考信息，根据供应合同和计划，制订相关的育苗指导信息；并利用条码不断更新苗盘的位置、生长和管理信息。实际生产中通过条码的阅读器读取条码，并将进度等信息输入数据库中保存。

2. 条码打印扫描模块

该模块通过采用特设的编码制度，系统生成可用于区分的唯一性条码，使得每一个苗盘的相关数据具有唯一性、永久性。通过条码可以快速、准确地找到相关的数据信息，使得数量众多的苗盘数据能够有效地管理起来。

3. 育苗信息查询模块

在实际应用过程中，种植户可以使用便携式条码阅读和显示模块随时读取苗盘上的条码，从而获取一定权限范围内苗盘的种苗信息，包括从播种品种、时间、责任人、销售计划等有权限查看的相关信息。根据用户名和密码识别权限等级，系统自动设定信息的可公开程度，最大限度地保

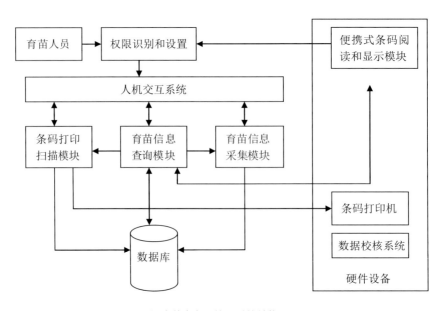

图2 温室苗盘条码管理系统结构图

证信息查询的可靠性及育苗查询对象的针对性。通过数据校验系统可以实时对系统提供的参考数据进行抽查校准，防止数据的输入错误引起不必要的损失，根据生产实际做到信息的"质量监督"。

二、软件系统

1. 数据库的设计

温室苗盘条码管理系统使用Access建立后台数据库。按照育苗计划的浸种时间、育苗交货时间及序列号创建一个数据表，表中包括种子精选责任人、品种、供应商、前处理责任人；精量播种基质处理责任人、审核人；播种、装料、压穴、精播、覆盖、喷水、喷药7个环节的责任人及作业时间；催芽时间、责任人；育苗时间、责任人；肥水使用记录和责任人；病虫害防治记录和责任人；周转穴盘清洗、干燥、消毒的时间和责任人；销售流程的装防潮箱时间、责任人、装车责任人及样品条码等许多分类字段，其中苗盘唯一性条码为主键，且不能为空。通过Access相应的功能可以随时对表中的数据进行添加、删除、修改和查找操作。

2. 条码打印扫描

条码是由一组规则排列的条、空及对应的字符组成的表达一定信息的标记。条码是迄今为止最经济实用的一种自动识别技术，具有输入速度快、可靠性高、采集信息量大和灵活实用的优点。条码的编码规则，称为码制。一维条码的码制很多，大概有20多种。本系统所使用的条码及编码流程见图3和图4。

取出条形码中的部分数据，用汉字形式直观显示。这样可以使人比较直观地了解到基本信息，对种苗的状况有一个大致了解。这种针对工厂化育苗的苗盘编码方式，能够很好地保证所使用区别编码的独立性与唯一性。通过这种编码方式，以及条码打印条码扫描，用户能够快速、连续地对大批量的种苗苗盘进行科学管理，使得种苗相关生理数据的适用性和一致性得到提高。

3. 育苗信息采集

除了将种苗播种等管理信息输入数据库外，该系统还需要将穴盘选择的注意事项，如繁育标准苗有六七片叶子的茄子、番茄等应选择72孔穴盘；种子处理时的浸泡、包衣、丸粒化环节等药剂选择的注意事项；苗期管理的温度、光照、水分等使用参数通过采集模块存入系统中，在查询的同时为使用者提供辅助参考的功能。

图3 系统编制的条码示意图

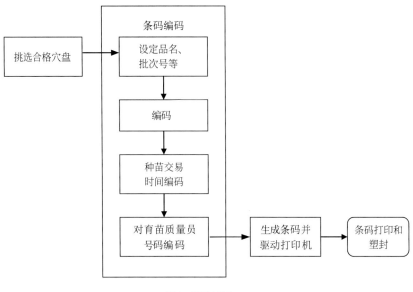

图4 编码流程

三、结束语

超大规模的工厂化育苗基地需要很多配套装备支持才能获得成功，如穴盘配套厂商、下游种苗消费种植基地链、温暖湿润的气候、国家的优惠政策等。只有超大规模的工厂化育苗才能显著降低成本，提升种苗在国际市场的竞争能力，形成产业链，带动相关行业的蓬勃发展。要发展超大规模的工厂化育苗基地，精准的信息管理手段必不可少。本系统就是基于这样的需求理论设计的，具有实用性和针对性。该技术的示范应用，使得针对苗盘作为单元进行育苗管理过程更为简单合理，可有效消除人工管理过程中可能出现的失误，使工厂化育苗朝着规范化和标准化的方向不断迈进。

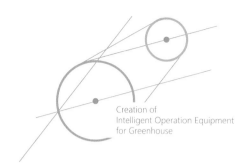

Creation of
Intelligent Operation Equipment
for Greenhouse

近地光谱技术在温室生产中的
应用

....

　　温室生产过程中的作物长势监测是作物生长管理的重要依据。科学获取第一手的温室作物长势数据、植被生长状态、植被覆盖度等信息，能够为水、肥精准管理提供可靠的基础数据，因此一直是温室园艺生产环节关注的热点问题。目前应用比较广泛的是对植被指数的监测，包括叶面积指数和归一化植被指数。叶面积指数（leaf area index，LAI）又称为叶面积系数，是一块农田上作物叶片的总面积与占地面积的比值。即：叶面积指数=绿叶总面积／占地面积。叶面积指数是反映作物群体大小的动态指标。在一定的范围内，作物的产量随叶面积指数的增大而提高。当叶面积超过一定的限度后，田间通风不好，光照不足，光合效率减弱，产量反而下降。归一化植被指数（normalized difference vegetation index，NDVI）利用两个波段反射率计算得出，是反映农作物长势和营养信息的重要参数之一。根据该参数可以获得不同季节的农作物对氮的需求量，对合理施用氮肥具有一定的指导作用。归一化植被指数在作物生产决策中得到广泛应用。美国俄克拉荷马州立大学在2002年推出了GreenSeeker光传感器实时变量施肥机系统，该系统可根据植物光谱理论实时计算出作物的生长条件和营养状况。杨玮和笔者合作（2007）通过NDVI指数和氮肥优化算法，采用变量施肥技术实现作物长势趋于平衡。台湾大学林慧美等对在温室环境下相关植被指数的获取和应用进行了系统的论述，并将相关植被指数应用于温室灌溉供水量的分级中。温室精准管理中，植物长势监测是一个重要环节，获得的植被指数数据可以在作物历史数据库保存查询，有非常重要的价值。

一、地物光谱仪

温室环境下植物长势指数NDVI可采用地物光谱仪进行测量。该测量方法存在视场角较小、对日光照明条件有较高要求的限制，而且设备结构复杂、质量较大、操作困难，所以进行大面积推广应用有诸多困难。因此，在温室实际生产中需要开发小巧便携式的NDVI测量仪，以便于对作物长势进行精确测定。

1. 基于自然光测量的便携NDVI测量仪

GreenSeeker手持式NDVI测量仪（图1）利用自然界太阳光能够非常方便地由一个人完成测量和记录NDVI值。该测量仪可对单个的点进行测量，测量时将测量数值和对应的编号保存在掌上电脑中，也可通过掌上电脑界面人工实时记录植被指数值。

图1 用于温室的手持式NDVI测量仪　　　　图2 NDVI掌上电脑

由于国外引进的仪器价格昂贵、操作复杂，不利于大规模推广应用，因此笔者团队自主研发了一种基于单片机ARM芯片的小型NDVI测量仪。该测量仪可以在测量作物长势的同时，将测量点的位置坐标等外界传感器参数记录到测量系统的移动存储器中，测量完成后只需将记录数据的存储器拔下，将数据导入系统的推荐施肥系统软件中，即可利用该测定数据实现系统的推荐施肥使用。

2. 系统原理

利用太阳光照射，测量仪内置4个光传感器：①红光入射光传感器；②红光植被反射光传感器；③红外入射光传感器；④红外植被反射光传感器。以ARM7为微控制器，配置相应的接口电路完成传感器信号采集、U盘数据存储、CAN总线数据通信和检测信号显示。传感器信号采集部分包括特殊光谱响应特性的光电传感器、光学系统。NDVI测量仪硬件结构见图3。

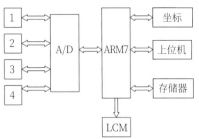

图3 NDVI测量仪结构图
1～4为光传感器

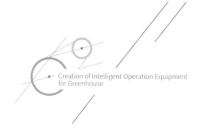

特殊光谱响应的光电传感器由窄带干涉滤光片、硅光电二极管及适配放大器等组成。窄带干涉滤光片只允许中心波长附近通带内的光通过。4个窄带干涉滤光片分为2组，每组有2个特性相同的两滤光片，它们的中心波长分别位于植被光谱反射率曲线斜率最大处两边的近红外$(0.77\sim0.86\,\mu m)$和红光$(0.62\sim0.68\,\mu m)$波段。红光波段为植被叶绿体峰值吸收区域，干涉滤光片的带宽应保证在通带内光谱反射率没有明显变化，确保测量精度。4个硅光电二极管与4个窄带干涉滤光片组成2组光传感器，分别用于近红外和红光两特征波长处入射光和植被反射光的探测。硅光电二极管在近红外和红光特征波长处具有较高的光谱灵敏度，其光敏面尺寸要保证在不同的日光照射条件下有足够大的信号输出和线性度。用于入射日光信号探测的2个光电传感器安装在测量仪的上方，用于植被反射光探测的2个光电传感器安装在仪器的下方，朝向植被。

ARM7微控制器的主要任务是数据采集、控制和显示等功能。与其配套的A/D转换器的输入端连接放大电路输出的4个信号，经过A/D转换后，通过数据线输出到微控制器上。4个通道采集到的传感器的值传输到微控制器运算后，在液晶上显示出归一化植被指数值。基于ARM7微控制器搭建的手持式NDVI测量仪系统设有5个快捷按键，这些按键分别用来控制装置的供电、复位微处理器、测量目标作物和储存数据。

主控单元用于实现数据处理、外设控制。涉及的外设包括CAN总线控制器、U盘模块、串口和AD。考虑到测量系统的升级方便性、成本的总体价格、功耗和紧凑性，在设计中选用具有ARM7内核的LPC2119作为微控制器。

3. 结构描述

ARM7是一个通用的32位微处理器，具有性能高和功耗低的特点。其结构根据精简指令集计算机(RISC)原理而设计。指令集和相关的译码机制比复杂指令集计算机简单得多。因此，使用一个微型、廉价的处理器核即可实现很高的指令吞吐量和实时的中断响应。由于使用了流水线技术，处理和存储系统的所有部分都可连续工作。通常在执行一条指令的同时对下一条指令进行译码，并将第三条指令从存储器中取出。该处理器使用一个被称为THUMB的独特的结构化策略，非常适用于对存储器有限制或者需要较高代码密度的大批量产品。在THUMB后面一个关键的概念是"超精简指令集"。具有标准32位ARM和16位THUMB两个指令集。THUMB指令集的16位指令长度，使其可以达到标准ARM代码2倍的密度，却仍然保持ARM大多数性能上的优势。这些优势是使用16位寄存器的16位处理器所不具有的。

4. 电源电路

LPC2119要使用两组电源，I/O口供电电源为3.3V，内核及片外外设供电电源为1.8V，所以系统设计为3.3V供电系统。首先，输入12V直流电源，然后通过LM7805将电源稳压至5V，再使用LDO芯片(低压差电源芯片)稳压输出3.3V及1.8V电压。LDO芯片特点

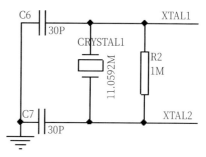

图4 时钟电路

是输出电流大、输出电压精度高、稳定性高。LM117系列LDO芯片输出电流可达800mA,输出电压精度±1%以内,还具有电流限制和热保护功能。使用时,其输出端需要钽电容来改善瞬态响应和稳定性。

5.时钟电路

LPC2119可使用外部晶振或外部时钟源,内部PLL电路可调整系统时钟,使系统运行速度更快。如不使用片内PLL功能及ISP下载功能,则外部晶振频率为1~30MHz,外部时钟频率为1~50MHz;若使用片内PLL功能及ISP下载功能,则外部晶振频率为10~25MHz,外部时钟频率为10~25MHz。该测量仪采用片内PLL功能及ISP下载功能,使用的外部晶振频率为11.059MHz。时钟电路见图4。

6.复位电路

温室环境湿热,ARM芯片高速、低功耗、低工作电压导致其噪声容限低等因素,对系统电源的纹波、瞬态响应性能、时钟源的稳定性、电源监控可靠性等诸多方面提出了更高的要求。因此,复位电路使用专用微处理器电源监控芯片MAX708SD,提高了系统的可靠性。由于在进行JTAG调试时,nRST、nTRST可由JTAG仿真器控制复位,所以使用三态缓冲门74HC125进行驱动。信号nRST连接到LPC2119芯片的复位脚,信号nTRST连接到LPC2119芯片内部JTAG接口电路复位脚。当复位按键RST按下时,MAX708SD立即输出复位信号,其引脚RST输出低电平导致74HC125D导通,信号nRST、nTRST将输出低电平使系统复位。平时MAX708SD的RST输出高电平,系统可正常运行或JTAG仿真调试。

7.液晶显示电路

推广应用时,用户需要设备有简单的汉字界面显示。该测量仪的液晶显示模块是带汉字字库的图形点阵,编码调用汉字字符,可图文混排,并提供串行/并行两用接口。电源操作范围宽(2.7~5.5V),低功耗设计满足产品的省电要求。同时,与单片机等微控制器的接口界面灵活。液晶显示模块用于显示系统的工作状态及土壤电导率数据。VDD可为3V或5V,根据所使用的液晶显示模块进行选择,VO、VR两端外接一个电阻,用于亮度调节。D2用于分压,保证液晶显示模块在背光时工作在4.0~4.4V,起到保护液晶显示模块的作用。

8.U盘存储电路

实际生活和生产中U盘比较普及,易于采购,有多种容量和价格可供选择,而且携带方便,存储量大,掉电数据不丢失,即插即用。采用U盘存储数据,可广泛应用到需要与计算机不定期交互数据的数据采集系统中,解决了掌上电脑或其他较笨重的设备带到温室进行数据更新和采集的麻烦,具有良好的实用价值。U盘存储电路用于实现RAM中的数据按照海量存储协议规定的数据格式存储到U盘中,电路采用U盘模块。U盘模块上面集成一个单片机、USB控制器芯片和少量的外部元件。其中,USB芯片已经集成了存储协议,单片机内部集成了USB功能软件与底层软件。LPC2119控制器通过串口与U盘模块连接。U盘模块的参数配置通过配置线与计算机通过USB口完成。便携式NDVI测量仪工作示意图见图5。

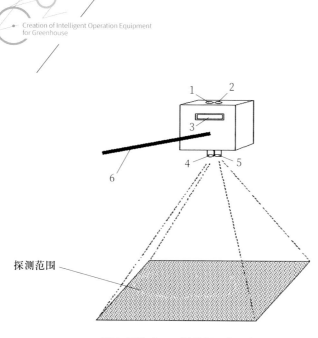

图5　便携式NDVI测量仪工作示意图

1.红光入射口　2.近红外光入射口　3.液晶显示模块　4.红光反射光入射口　5.近红外反射光入射口　6.手柄

　　仪器用于测量红光和红外光特征波长处入射光信号的传感器，使用时垂直向上。为了减小日光入射角对信号幅度造成的影响，传感器前设有毛玻璃或乳白玻璃的漫射体，漫射体下方是相应波长的窄带干涉滤光片和硅光电二极管；而用于测量红光和红外光特征波长处植被反射光信号的传感器，使用时垂直向下，在最下方是相应波长的窄带干涉滤光片，其上面为接收物镜，使所要求的探测范围在离植被一定距离处成像在物镜上方的硅光电二极管光敏面上。

二、应用

　　温室生产中的水肥管理可以参照相关的植被指数经验值，叶片归一化指数测量仪在使用过程中存在一定的局限性。针对蔬菜（甘蓝）灌溉水分试验研究后，林慧美等指出，叶片归一化指数的数值在苗期的前20d可准确地反映相关的水分情况，但叶片不断长大后，因为植被覆盖率超过一定程度就无法准确判别，所以应和LAI指数结合使用。天气干热引起的叶子萎缩也可能影响测量值的实际精度。由于受株高等的限制，手持测量仪适合矮株型作物使用，工厂化育苗在幼苗期也可以广泛应用。

　　光谱技术已经在农业遥感中得到广泛应用，在大面积农田监测中发挥了明显的优势。温室生产具有室内、密闭的特点，在作物长势监测中除采用茎、果生长膨大传感器外，手持近地光谱设备由于实时性高、速度快、价格低，能够有效满足植株长势检测需要，所以未来一定能在温室生产精准管理中发挥重要作用。

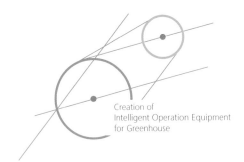

Creation of
Intelligent Operation Equipment
for Greenhouse

近红外光谱（NIRs）检测技术在设施果蔬生产上的应用

近红外光谱（780~2526nm）属于分子振动的倍频、合频光谱，具有信息量丰富的特点（严衍禄，2013）。对其认识过程可以追溯到文艺复兴时期，1666年，英国科学家艾萨克·牛顿(Isaac Newton)证明一束白光可分为一系列不同颜色的可见光，即一条从紫色到红色的光带。牛顿提出"光谱"(spectrum)一词，这是光谱科学开端的标志。近红外光谱区是英国科学家威廉·赫歇耳(William Herschel)在1800年进行太阳光谱可见区红外部分能量测量中发现的。为了纪念Herschel的历史性发现，人们将近红外谱区中780~1100nm的波段称为Herschel谱区。近红外光谱作为有效的分析手段在20世纪30年代就得到了认可，最初用于分子结构理论的研究。19世纪60年代，美国Karl Norris博士提出相对近红外分析技术，即物质的含量与近红外区内多个不同的波长点吸收峰呈线性关系，并利用近红外漫反射技术测定了农产品中的水分、蛋白质、脂肪等，这才使得近红外光谱其成为实际分析技术。

近红外光谱以其速度快、不破坏样品、操作简单、稳定性好、效率高等特点，已在国际上被广泛应用于各个领域。特别是在欧美及日本等发达国家，很多近红外光谱分析法被列为标准方法。农业方面主要有美国谷物化学家学会（AACC）标准39-00.01近红外方法-模型的建立与维护通则（Method 39-00.01Near-Infrared Methods-Guidelines for Model Development and Maintenance）、美国谷物化学家学会标准39-10.01漫反射近红外测定小粒谷物蛋白质的方法（Method 39-10.01Near-

Reflectance Method for Protein Determination in small Grains）等7条，以及国际谷物化学会（ICC）标准159漫反射近红外测定蛋白质［Standard Method No.159 Determination of Protein by Near Infrared Reluctances（NIR） Spectroscopy］等2条标准。我国制定了国家标准《饲料中水分、粗蛋白、粗纤维、粗脂肪、赖氨酸、蛋氨酸检测法快速测定近红外光谱法》（GB/T 18868–2002）。

对于设施农业作物的分析对象从最初的组织结构和种子扩展到包括植物根、茎秆、叶、全株、果实等，分析对象也从粉末样品扩展到分析完整的籽粒样品、液体样品、蔬菜活体样本等。蔬菜生产上，近红外光谱主要被用于进行病害和收获期的预测、作物植株营养元素缺失和果实品质的无损检测。

一、设施生产可检测对象

近红外光谱检测法主要可应用于设施蔬菜生产环节多类指标的检测和监控（王多加，2004）。检测品种主要集中在大白菜、洋葱、马铃薯、西红柿、辣椒等。近红外光谱可以检测的指标见表1。

表1 近红外光谱检测指标

样品名称	定量分析项目和定性分析信息
菜豆类	蛋白质、含油量、淀粉（直链淀粉和支链淀粉）、水分、各种氨基酸、纤维素等，以及作物产地、季节鉴别、品质分级等
果类、蔬菜	农药残留量、坚实度、缺陷、病变、酸度、含糖量、维生素、水分、纤维素、胡萝卜素、还原糖、粗蛋白、干物质、可溶性固形物、有机酸等，品质分级、良种选育
蔬菜秸秆废弃物	干物质、粗纤维
温室土壤	机械组成、有机质、灰分、氮、磷、钾、NO 和NH^+比例、腐殖值
作物细胞	气味、生物碱、纤维等，品种分类、良种选育、新鲜度

二、果蔬害虫防治

研究表明，利用近红外光谱可以有效定量获取虫害的信息（王红武，2013）。由于不同害虫的表皮及组织内都具有相对独特的化学成分，害虫体内分子在吸收近红外光能量后，其振动能级和转动能级产生跃迁，因此可以根据不同害虫对近红外光吸收与反射的差异对害虫进行定量识别。由于不同害虫体内C、H、N成分存在差异，通过近红外光谱扫描后，可根据获得的发射和吸收光谱的数据识别不同害虫的质量及数量，目前近红外光谱在设施蔬菜领域的研究应用已经成为一个活跃和创新的领域。

三、蔬菜病害的早期检测

设施蔬菜的病害防治非常关键，一旦发病几乎难以防治。对于发病初期无法用肉眼观察到的病害，如能早做预防，将会对病害防治发挥非常关键的作用。由Botrytis cinerea真菌引起的灰霉病对于众多设施蔬菜影响非常严重。对于茄子叶片灰霉病害还未在叶片表面出现病症时的早期检测，利用近红外光谱能取得很好的效果。基于化学计量学方法建立早期检测模型，采用主成分分析结合BP神经网络的方法，可解决光谱反射率值不适合直接应用于神经网络建模及仅应用主成分分析鉴别能力不足的缺点，提高模型计算的速度和精度。试验检测结果显示，模型具有良好的检测效果，能够达到100%的识别率，正确率也能达到88%，证实采用近红外光谱技术能够实现病症还未在叶片表面出现时的快速、准确的早期检测，为灰霉病早期诊断提供新的途径。另一方面，对于长在地下的根部病害也有应用。李金萍（2013）应用傅里叶变换红外光谱技术对大白菜根肿病实现了早期快速检测。这对于应用红外光谱对根部疾病的检测是开创性的。研究表明，染病的根部样品在红外光谱图中有很强的吸收峰，而健康根部样品的光谱图信息中没有这些吸收峰，结合吸收峰的峰面积值变化，可以对大白菜根肿病进行早期快速检测。与此同时，可采用聚合酶链式反应(PCR)进行检测加以佐证。此项研究对于研究根部的疾病具有很大帮助。

四、果蔬种类的识别

Belton P.S等(1995)使用漫反射和傅里叶红外显微镜方法测定了10个果蔬样品(胡萝卜、黄瓜、克威果、辣椒、橙子、梨、马铃薯、葡萄、苹果和小胡瓜)的细胞壁，并与KBr方法进行比较，发现3种方法都能用于区别果蔬样品，但使用不同的方法所得到的光谱有明显变化。此项研究有助于借助光谱快速识别设施蔬菜种类，可以用于蔬菜的识别和分类。祖琴和邓巍等（2013）基于近红外光谱分析开展圆白菜识别研究，用于杂草和蔬菜的区别。试验结果显示，利用MSC与3阶5次21点SG相结合的方法对光谱数据预处理后，运用PCA提取前10个主成分作为分类模型的输入变量，取得了100%的分类正确率，能够快速无损地识别圆白菜与几种常见杂草；通过对蔬菜叶片的光谱识别诊断，可进行设施栽培作物的变量施药。

五、蔬菜品质的鉴定

对肉眼无法识别的蔬菜品质的鉴定也是近红外光谱研究的重要方向。使用光谱检测可以对大白菜等的品质进行分级。张德双等（2000）利用近红外光谱法在波长为680～1 235nm时，对

5个大白菜品种从外向内分别测定每片叶片的叶柄及软叶的还原糖、维生素C、中性洗涤纤维(NDF)、粗蛋白(CP)、干物质(DW)5种有机成分。光谱检测结果表明,不同叶片中除软叶的维生素C外,其余叶柄、软叶的有机成分都是由外向内逐渐增加;同一叶片中,软叶的还原糖和维生素C含量都高于叶柄中的含量,各品种软叶与叶柄的其他营养成分则有高有低,表现不一致。比较有代表的是北京橘红心(97-8)的还原糖、维生素C、NDF、CP含量是所有品种中最高的。这种快速鉴定蔬菜营养成分的无损检测方法对蔬菜的栽培管理及精细化管理非常有用。覃方丽(2003)对新鲜辣椒进行光谱方法的品质鉴定,用近红外光谱法获取不同品种、不同颜色鲜辣椒的凸表面点进行可溶性糖和维生素C含量的测定。利用该方法对新鲜辣椒的养分进行品质检测鉴定,取得了很好的效果。

六、蔬菜农药残留的检测

周向阳等(2004)开展了叶菜的农药残留光谱检测工作。利用农药中磷元素的光谱特征信号,采用傅里叶变换近红外光谱法对十字花科、菊科、伞形花科、苋科等20余种叶菜类中有机磷农药残留的鉴别开展研究。该研究共采用高、中、低3种毒有机磷类进行分析测试,采用差谱技术、导数预处理等方法,成功得出油菜中甲胺磷残留定性和定量检测的分析模型,并发现无论是哪种叶菜,波长在1908nm时,其特征吸收都非常典型。此方法的检测极限与传统方法一致。该研究证明,利用近红外光谱进行蔬菜有机磷农药残留的快速分析比较可靠和准确,可为容易受到施药影响的叶菜安全控制提供一种实用的技术手段。

七、蔬菜的硬度

通过近红外光谱技术无损地获得蔬菜的果实硬度信息,对于获得果实的物理特性及果实生长规律都具有重要意义。马广等(2005)用傅里叶近红外光谱仪测定了荸荠的果实硬度。在800~2 500nm、830~1 250nm和860~1 090nm等不同波段上,用PLS、主成分回归(PCR)和逐步回归(SMLR)建立荸荠近红外光谱和硬度的统计模型。研究结果表明,基于近红外光谱的果实硬度检测精确性能满足生产上的需求。

八、蔬菜的长势监测

通过对蔬菜叶片进行近红外检测来获得蔬菜的长势情况,能无损地快速获得西红柿等作物的叶片的营养情况。石吉勇等(2011)利用近红外光谱实现设施栽培水果、黄瓜磷元素亏缺初期的快速诊断,取得了很好的效果。由于磷元素亏缺初期,水果黄瓜植株根部叶片会出现小斑点,其症状的外观特征与健康植株根部叶片老化初期类似，难以用肉眼或者计算机图像处理技术识别。通过采集叶片病症区域的近红外光谱，利用BP神经网络（BP-ANN）算法，研究者建立了磷元素亏缺初期的光谱诊断模型，正确识别率为100%，预测集的识别率为100%。因此，该技术对于磷元素亏缺初期的快速诊断，判断植株营养状况，及时指导追肥和挽救生产具有重要意义。蒋焕煜等(2005)分别用傅里叶变换近红外漫反射光谱法测定西红柿叶片中的水分含量和叶绿素，用PLS模式探讨不同的光谱处理方法(不同波长范围、基线校正、平滑、一阶和二阶微分)，获得了较好的预测模型。研究结果表明，直接对西红柿的叶片光谱测试能判断其长势。

九、结束语

近年来，随着设施农业的快速发展，对设施蔬菜生产的管理借助多种无损检测手段，其中近红外光谱是非常具有代表性的。谢丽娟（2007）从最初的基于尺寸、形状、颜色、气味、硬度、表面纹理等特征出发开展相关研究，得到了比较好的结果，一系列的果蔬农产品的品质无损检测技术已经被开发出来并投入生产应用。除了外部品质的快速无损检测外，近红外光谱的优势在于无损地对内部品质进行检测，对设施果蔬产品的内部直接通过照射获得其数据，包括成熟度、糖含量、脂肪含量、内部缺陷、组织衰竭等。蔬菜内部成分及外部特性不同，在不同波长的射线照射下，会有不同的吸收或反射特性，且吸收量与果蔬的组成成分、波长及照射路径有关。根据这一特性，结合光学检测装置，能实现水果和蔬菜品质的无损检测。但近红外光谱仍存在诸多不足，如易受到采样位置和装样条件的影响，尤其是对于叶片的单点测量而言，不同部位测试获得的模型有一定差异，测试结果就会有所差异，结合化学分析、高光谱图像、核磁共振等手段，可使检测的稳定性更容易得到国际认可。

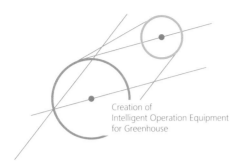

Creation of
Intelligent Operation Equipment
for Greenhouse

设施卷膜智能控制系统的设计与应用

随着移动互联网技术的快速发展，智能手机从交通、购物、餐饮、家居等多方面影响着人们的生活，而在农业生产领域，使用智能手机提高生产管理效率同样成为可能。本研究拟开发一款用于温室通风调控的设施卷膜智能控制系统，通过系统的植入，使得温室通风依据更加科学、操作更加便捷、管理更加高效、成本更加低廉。

设施卷膜智能控制系统将移动互联网技术与传感物联技术相结合，通过传感器采集温室环境数据，系统可自行判断当前环境是否需要通风，并进行相应的智能化控制；同时系统预留了电动控制功能，可通过智能控制终端旋钮或智能手机、计算机远程等方式实现通风口的精准控制。

一、工作原理

设施卷膜智能控制系统由传感器、智能控制终端、卷膜器、远程控制软件组成。其中，智能控制终端集成了数据采集与解析模块、智能控制模块、无线局域网控制模块和远程控制模块。数据采集与解析模块用于采集传感器感知到的环境数据，并进行模拟量解析；智能控制模块根据模拟量解析的温室环境数据结果对通风进行控制；无线局域网控制模块可发射网络信号，智能手机接入后智能控制模块局域网络可对通风口实现无线局域网控制；远程控制模块可接入互联网，用户通过网络计算机或智能手机远程控制软件可以发送控制指令，远程遥控温室通风（图1和图2）。

二、温室通风智能控制终端

温室通风智能控制终端实物见图3，用户可通过触摸屏查看温室环境数据，并根据

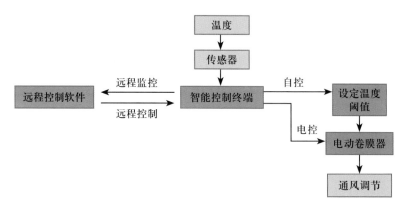

图1 设施卷膜智能控制系统原理图

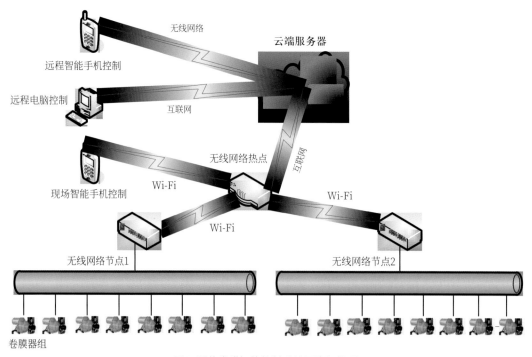

图2 设施卷膜智能控制系统网络拓扑图

作物需求设定通风所需阈值。数据采集与解析模块通过4~20mA电流信号采集传感器数据，传感器接口最大可扩展为8路，通过传感器数据解析后得到温室环境信息；智能控制模块根据环境信息和用户设定的阈值信息，向接触器发送指令，控制卷膜器的正转与反转；无线局域网控制模块将多路卷膜接触器关联到模块内置的继电器中，当收到无线局域网内智能手机发来的控制指令时，对相应的继电器进行开闭控制，进而控制接触器动作，通过电路切换实现卷膜器的正反转；远程控制模

块可接入温室基地的互联网，将温室通风变成划地区的物联网，用户通过智能手机或网络计算机，在全国不同省份的任何地点都能对通风进行远程遥控。

图3 温室通风智能控制终端

三、远程控制软件

远程控制软件基于Eclipse平台，使用Java语言开发，可运行于任意安卓系统终端或虚拟机上。远程控制软件界面见图4，软件可支持最大8路通风口的远程开膜、关膜和停止操作，设施卷膜智能控制系统远程控制软件流程见图5。

图4 远程控制软件界面

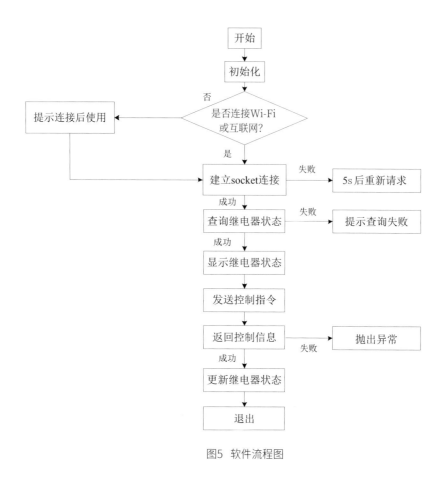

图5 软件流程图

四、应用

设施卷膜智能控制系统在北京市昌平区小汤山国家农业精准示范基地进行测试试验，并推广到北京市大兴葡萄园种植基地、北京市房山番茄种植基地、河北秦皇岛黄瓜生产基地、安徽宣城烟草育苗基地等（图6）。测试试验和推广应用结果显示，系统运行稳定，能很好地满足实际工作需要。电动、远程、智能三种控制方式相辅相成，可有效解决温室通风不及时、不科学的问题，降低人工成本。阈值设定可根据作物不同灵活调整，能够适应设施栽培葡萄、果类蔬菜、烟草育苗等不同类型的通风控制，为作物营造更好的生长环境，使得温室通风依据更加科学、操作更加便捷、管理更加高效、成本更加低廉。

图6 设施卷膜智能控制系统在京津冀地区推广应用

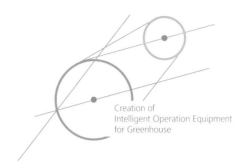

Creation of
Intelligent Operation Equipment
for Greenhouse

温室卷膜器遥控系统的
应用

为了提高农业自动化程度，加速农业现代化技术发展，我国先后从国外引进了各类大型温室，设施农业取得了较快发展，设施自动化程度不断提高。我国以蔬菜生产为主体的温室面积达到150万hm^2，居世界第一位。温室类型主要为塑料拱棚和全日光温室。我国现代化大型连栋温室有700多hm^2，其中引进国外的有200hm^2左右，并且每年以100hm^2的速度快速增长。然而发展过程中仍存在配套装备缺乏等短板问题，绝大多数的塑料大棚和日光温室设备自动化程度较低，实际生产中需要耗费较多劳动力。

在我国，温室的卷膜和放膜作业主要依靠人工手动操作完成。当温室的面积很大或者温室较多时，采用手动卷膜劳动量很大。温室电动卷膜器的出现推动了温室大棚电气化升级，其通过电机运转带动卷膜轴转动，使得塑料膜被卷膜轴一层一层地卷起，极大地提高了生产效率，降低了劳动强度，降低了冬天恶劣天气卷膜操作强度。

目前常用的电动卷膜机，一般采用220V交流供电，配备电源和减速电机，输出扭矩大。由于卷放膜重量大，卷膜和放膜工作不够平稳，控制不方便，只能通过按键或开关控制，卷膜器启动时，必须有人守在电源和控制器旁；安装的位置如果不合适，往往看不见室外卷膜的动作情况；为了防水，其控制器往往放在温室的两头，这就导致无法直观地看到卷膜的状态。另外，采用电机和其他机械结构，成本也较大。传统卷膜机的特点及存在的不足导致因卷膜机原因造成的事故频频发生，因此，有必要开发安全、可靠的遥控系统来解决这一问题。

一、系统组成

本系统（图1）主要由电源转换模块、遥控收发模块、电机控制模块、转换

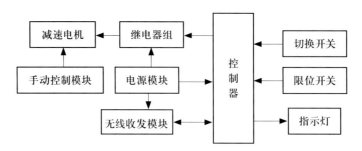

图1　温室卷膜器遥控系统框图

按键、电机和其他机械部分组成。

卷膜器控制系统采用密封设计，除了电机外，电源部分和整个控制电路全部密封在防潮的控制盒内，电机与控制盒之间采用防水接头连接。防水接头可以有效地避免电缆在被拖曳时外力对内部控制系统的影响，从而保证控制层系统安全有效的运行。控制盒盖沿结合处设有密封垫圈，盖紧后盒子内部与外界隔离，可防止水的渗透，从而起到防水防潮的作用。

控制盒的电源直接采用220V交流电，电源模块会将交流电转变为24V直流电，电源模块输出电压可以微调，基准可上调至4V。电源部分设计了短路保护，当发生短路故障时，其指示灯由绿色变为黄色，可有效保护控制系统。电源开关采用带LED指示灯的拨动开关，开关打开时，指示灯会亮，显示电源接通。开关外面有密封套，防水效果良好。

控制盒上安装有两个转换开关，一个是模式切换开关，一个作为电机正反转控制按钮。转换开关是双刀双掷开关，模式开关设置有遥控和手动两档，默认为手动档；电机正反转控制按钮是三位控制，设置卷膜、停止和放膜三档，默认为停止档。

二、系统设计

本系统的功能是实现遥控卷膜和放膜作业。无线收发模块采用PT2262和PT2272芯片开发，遥控距离约100m。芯片带有锁存功能，收到遥控器发出的信号，将该信号对应的编码输出，I/O口状态维持不变，直到遥控器发出新的指令。

当使用手动控制模式时，遥控器将不起作用，控制面板上的正反转控制开关进入工作状态。拨动按钮可以控制卷膜器的工作状态，向上拨，电机正转，卷膜器卷膜；向下拨，电机两侧的电源正负极会交换，电机反转，卷膜器放膜；在中间位置时，电机处于悬空状态，电机不会有任何动作。

当模式切换开关拨到下位时，卷膜器进入遥控器控制状态。按下遥控器任何一个键，无线接收模块上的指示灯都会闪烁，表示接收成功。遥控状态对应见表1。

表1 遥控状态对应

无线编码	00	01	10	11
继电器状态	禁止	Q1开Q2闭	Q2开Q1闭	全闭

对电机的控制部分，设有继电器互锁保护电路，保证任何时候只有一个继电器可以接通，避免两个继电器全部接通，发生短路故障。

电源转换模块将交流电转换为24V直流电，为卷膜直流电机提供工作动力。电机采用24V直流供电，电源模块输出电压可以微调，从而微调转速；相对于交流供电，直流供电安全性更高。电机控制电路设有限位开关，当放膜或卷膜到尽头时，限位开关会动作，电机停止转动，避免过度卷膜破坏塑料膜。

控制器采用LM318稳压芯片将24V降为5V，为单片机系统提供电源。LM318为高精度电源稳压芯片，输出电压取决于调节电阻和基准电阻。电阻应采用精密电阻，否则会影响稳压精度。另外，为避免电压的波动，应在输入端和输出端接入电容，根据本系统电路的特点，输入端电容为1μF，输出端电容为0.1μF，保证输出稳定。控制器采用89S52单片机，复位电路提供上电自动复位和人工复位。

三、系统特色

本系统能十分方便地控制温室卷放膜作业，在保留传统手动控制功能的基础上，新增了遥控控制功能。两种模式之间可以根据需要随时切换，方便控制。可将主机（图2）放于温室中，手持遥控器在多个温室之间移动操作，作业非常方便。

系统默认为手动控制，可通过拨动系统设定的按钮控制电机的正转、停止和反转；当切换到遥控方式时，通过遥控器上的控制键实现温室的卷膜和放膜。这两种模式之间可以相互切换，既方便控制，又能使工作人员在远离温室时，全方位观察卷膜放膜状况。卷膜器运行过程中，可以随时控制启停，显著提高了工作效率。

另外，系统采用直流减速电机，运行平稳，断电后自锁，不再有惯性动作，控制更可靠；限位开关会保护电机控制电路，避免由于人为操控不当而破坏塑料膜。

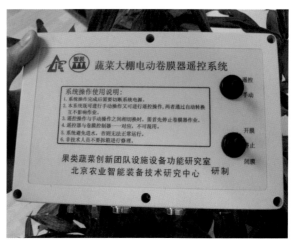

图2 温室卷膜器遥控系统主机

四、应用

该系统在国家精准农业示范基地进行试验和应用，对基地内蔬菜大棚进行卷膜和放膜作业。结果表明，本系统卷膜和放膜工作平稳，可以灵活控制工作状态，可靠性高。相比传统的手动卷膜，明显减轻了劳动强度，提高生产效率3倍以上。该系统使得操作人员可以在有效距离的任意位置对卷膜器进行灵活控制，让操作人员突破了地点的局限，并可以直观地观测卷膜器运行状态，使得温室的卷放膜工作更加轻松自如。

在模式切换时，最好确保电机停止运转。电机在转动时不要立刻使之马上反转，应在停转5s后，再使之反转，这样可以有效地保护电机。

五、展望

电动卷膜器节本增效显著，深受菜农欢迎，推广前景广阔。在我国现有的塑膜大棚中，有相当一部分适宜安装温室卷膜器遥控系统，随着新棚的建设和旧棚改造速度的加快，需求数量会继续增加，温室卷膜器遥控系统也将占有越来越大的市场份额。

在北京密云温室基地的田间试验结果表明，一个70m长的温室，人工卷放一次需要2h，而电动卷放一次仅需用10min，每个温室每天卷放一次可节省0.3个人工日，每年平均每个温室卷放膜约220天，每个温室每年电动卷膜比人工卷膜可以节省60多个人工日。因此，应用高效遥控卷膜机，可大大减轻劳动强度，降低生产成本。

另外，由于遥控电动卷膜比人工卷膜缩短了作业时间，能够做到适时卷放，这样就相对延长了光照时间，增加了室内积温，在同等条件下，间接提高了蔬菜的产量和品质。

但是，当前的卷膜器价格普遍趋高，一台简易的电动式卷膜器售价也在500元以上，很多农民无法承受。所以，电动卷膜器还要进一步改进设计，在确保质量的前提下，尽量降低成本。

另外，还需要增加简易手动卷膜装置，以应对停电和故障发生；减少其他设备对无线收发模块的干扰，采用无线信号加密技术进一步加强遥控装置的可靠性，提高操作的方便性。

该设备得到"果类蔬菜产业技术体系北京市创新团队"项目的大力支持，在北京密云、通州等农业种植示范园区得到推广应用，在生产中取得了较好的效果。通过实际应用证明，该设备较适合现代化日光温室生产使用，具有很好的应用前景和市场潜力。

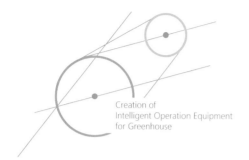

Creation of
Intelligent Operation Equipment
for Greenhouse

温室电动卷帘机卷展遥控系统
设计与应用

随着近年来对反季节蔬菜需求的大面积种植不断增加，北方设施蔬菜的种植也出现大面积增加的趋势。目前，我国温室种植面积已居世界首位；在北方的温室日常管理中，冬季管理的劳动强度较大，日常的主要工作就是确保保温被的准时放下与收起。在很多地方，温室保温被的卷展仍然靠人工爬到温室顶部，早晨日出后将保温被卷起，下午再依次放下。人工作业需要作业人员爬上爬下，劳动强度较大；在一些地方人工卷放1个温室需要耗时1h，这样也会使温室内光照时间减少，降低了温室温度；另外，容易出现因雨雪天气或绳子断开引发的安全事故，直接影响温室的日照时间和规模经营。

电动卷帘机的出现在很大程度上解决了上述问题，其在温室大棚的应用越来越普遍，成为温室大棚不可缺少的农业机械之一。电动卷帘机改变了传统人工卷帘的操作方法，将农民从繁重的劳动中解放出来。卷帘机工作效益高，极大地减化了保温被卷展所需的繁重体力劳动，显著提高了劳动效率。卷帘机卷帘速度快，能显著缩短卷展所需时间，从而使得大棚获得相对长的光照时间，能在较短时间内提高棚内温度，加速棚内作物的生长，使作物早熟和提前上市，显著提高种植户的经济效益；同时，由于卷帘器用力均匀，可延长保温被的使用寿命。

尽管卷帘机提高了菜农的经济效益，但也存在新的问题，仍会有较多事故发生。目前的卷帘机卷展作业有两种操作方式：①将控制开关直接固定在温室一端的房间内，卷帘机卷展时操作人员听从现场人员的指示，随时关闭和打开电源。这种操作方式当卷展过程中出现两端不统一时，无法实现实时灵活调整，极易造成卷展系统和保温被的损坏。②将电动卷帘控制开关安装在温室的中央，通过操作人员直接操作开关实现现场作业。这种操作方式的弊端是开关容易受到雨雪的侵蚀，极易造成漏电引发事故。由于产品没有采取针对性的防护措施，没有对系统进行安全防护，若操作者缺乏足够的安全意识或未按规范操作进行安全作业，则极易造成短路事故，甚至烧毁系统驱动电机。

为此，笔者团队设计了一种可以实现遥控作业的性能安全的温室电动卷帘机卷展遥控系统，能有效解决上述缺陷。卷展人员只需按动遥控开关上的卷展按钮，即可根据现场的实际卷展情况，实现合理快速的卷展作业。系统的过载保护功能可以有效避免卷展系统发生电机烧毁情况。

一、工作原理

温室电动卷帘机卷展遥控系统（图1）主要由遥控器、遥控收发模块、过载保护、三相电机、限位保护开关、切换开关、工作指示灯等部分组成。

针对温室环境潮湿的特点，卷帘器控制部分采用防水封装的方式，过载保护、遥控收发模块全部封装在防潮的控制盒子内，动力电线进入控制盒采用防水接头接入。防水接头可以有效保护电缆被拖曳时内部控制电路焊点不松开，从而保证控制系统安全有效的运行。控制盒盖沿结合处设有密封垫圈，盖紧后盒子内部与外界隔离，可防止水的渗透，从而起到防水防潮的作用。

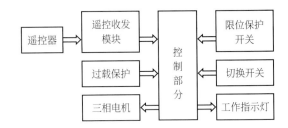

图1 温室电动卷帘机卷展遥控系统结构框图

控制盒的电源采用380V四线制交流电，控制部分过载保护里的空气断路器具有短路保护作用，当发生短路故障时，会自动切断整个系统的电源，有效保护卷帘机。控制盒装有不同颜色的指示灯，绿色指示灯为电源指示灯，黄色指示灯和红色指示灯为模式切换显示灯。红灯亮为遥控模式，绿灯亮为手动模式。控制盒上安装了两个转换开关，一个作为模式切换开关，一个作为电机正反转控制按钮。转换开关是单刀双掷开关，为三位控制，上下分别为遥控档和手动档，中间为空档。系统默认为空档，当处于该档位时，电机正反转控制按钮是三位控制开关，三位控制开关分别设置卷帘、停止和展帘三档，默认为停止档。三相异步电机为卷帘机的动力机构，用户可以根据实际需要选配电机及其他配电器材，但是购买产品应是国家标准的合格产品，以确保用电安全和主机安全运行。

二、系统设计

1. 主机电路

卷帘机的关键是对三相异步电机的控制。本系统采用380V交流电作为电机动力电源。空气断路器与三相电源连接，一方面可以作为系统的电源开关，另一方面可以对电路进行短路保护。三相电源经过断路器后，控制部分从空气断路器端子上获得单相220V交流电，为控制系统提供电源。

对电机的控制是通过对主继电器的控制实现的。当左边的继电器吸合时，电机正转，卷帘机实现卷帘作业；当右边的继电器吸合时，电机反转，卷帘机实现放帘作业；两组继电器用互锁电路进行保护，运行过程中只能有一个继电器闭合。

热继电器发挥电路过载保护作用，当电机长时间处于超负荷运行时，热继电器就会动作，切断主回路，起到保护电机的作用。热继电器的整定电流默认是最小值，在实际使用时，需要根据实际功率设定。另外，电机在启动的瞬间电流很大，热继电器的整定电流应该避开这一过程。如果卷帘器不工作，有可能是因为热继电器的动作引起的。热继电器设定为人工复位，在排除系统故障后再按复位按钮（红色），系统恢复正常。

2. 控制器设计

控制部分连接三相电源的一相，从而获得220V交流电。电路正常接通后，控制盒的绿灯会亮。火线连接到操作模式切换开关的中间位置，此为空挡。向上拨动为手动操作，利用该操作方法可以进行手动操作控制；向下拨动为遥控操作，该方式下遥控手持开关可以实现远距离遥控作业。

遥控操作时遥控模块启动，手动操作失效。遥控模块有两组继电器，当按下卷帘键时，模块收到信号并锁存信号，通过放大电路使得吸合继电器吸合，电机正转。当按下放卷膜键时，管脚状态改变，控制器先使电机停转，延时一段时间后，再使得电机向相反的方向运转。当按下停止键时，两个继电器均处于释放状态，电机不动作，从而实现卷帘与放帘作业。两个主继电器的常闭触点串联到线圈回路中，实现互锁，这样二者不会因为误操作而同时导通。

手动操作时遥控模块关闭，手动操作开关的中间位置接通，这是停止位置。通过向上拨动和向下拨动使得继电器线圈分别接通，实现电机的正转和逆转。

另外，限位开关也串接在电路中，当卷帘作业或放帘作业到尽头时，限位开关动作，电路会自动断开，避免卷帘机越位运转。控制电路见图2。

3. 遥控电路设计

遥控收发模块采用PT2262/2272芯片设计。该芯片为CMOS工艺制造的低功耗、低价位通用编解码电路，广泛用于无线遥控发射电路。

PT2262/2272的电路设计中，双方的地址编码需要完全一致，外接振荡电阻也要匹配。本系统中，编码方采用2.2M电阻，解码方用390K电阻。在具体应用中，外接振荡电阻可根据需要进行适当调节，阻值越大，振荡频率越低，编码的宽度越大，发码一帧所需的时间也越长。

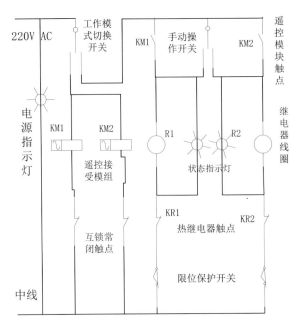

图2　温室电动卷帘机卷展遥控电动系统控制电路图

遥控收发模块设计直接采用220V交流电供电，经电源变换电路转换为直流供电，为解码电路提供直流电。PT2272工作电压最好为3～5V，当电压超过5V时，芯片工作不稳定，甚至会烧毁。另外，PT2272的地址端高电平不宜比芯片的工作电压高。

遥控收发模块含有两路无源输出，有非锁和锁存两种输出模式，由于采用无线编码技术，遥控没有方向性，两路开关互不干扰。接收灵敏度高，遥控距离为30～50m，空旷地区可以达到更远距离。

另外，模块采用较大容量的继电器，体积小，但是可通过10A以上的电流，控制上千瓦的电气设备，并且设计了双限位保护功能，限位类型为常开型。

三、系统安全性测试

在系统处于可以手动操作与遥控操之间相互切换的状态时，应先停止卷帘器作业，避免电机在运动情况下突然反转使电流突然急剧增大，起到保护电机的作用。系统的过载保护功能需根据实际情况调节，在实际中当安装好系统后，根据电机的实际功率设定热继电器整定电流。热继电器设定为人工复位，如果发生动作，应先排除故障后再按复位按钮（红色），系统恢复正常。

每一个控制器与遥控器一一对应，遥控器已经编码，只有匹配的遥控器才能操控对应的控制器，

避免混用。系统完成作业后，应切断电源。系统采用380V动力电源，为确保用电安全，应避免电线裸露。控制箱在拆开时，应避免破坏密封而进水，否则会影响其正常工作。

根据大棚的实际长度、宽度、弧度及保温被（草帘）质量，按标准选用扭矩合适的主机，注意要留有10%以上载荷余量，尽量避免满载荷和超载运行。遇有雨雪天气时，要注意采取防护措施，防止草帘淋湿超重而导致卷帘机损坏。

卷帘机在运行中，在主机和卷杆附近危险区域不要有人站立，建议使用遥控操作模式，边观察边操作，以防出现人身安全事故。

主机在使用时需要加入足量润滑油，并需要做定期检查。

四、系统特点

系统在保留了传统手动控制功能的基础上，新增了无线遥控调控功能。两种模式之间可以灵活切换，方便控制。系统默认为手动控制，通过按钮可控制电机的正转、停止和反转；当切换到遥控方式时，通过遥控器上的切换开关能够远程遥控卷帘机构，实现温室的卷帘和展帘作业。这种切换功能可解决人工操作需要来回控制电机，需专人留守在控制器旁的问题。同时，手动和遥控这两种模式之间相互切换较方便，即使在工作人员远离温室大棚时，也可以随时控制启停，并可一边控制操作作业，与此同时，一边观察卷帘和放帘状况，显著提高了工作效率。图3为温室电动卷帘机卷展遥控系统实物图。

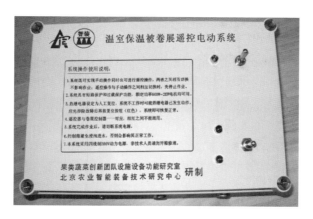

图3 温室电动卷帘机卷展遥控系统实物图

另外，该系统采用三相交流电机，利用减速机构，可降低输出转动速度，增大输出转矩，确保卷帘过程运行平稳。针对传统卷帘机制动效果不佳的缺点，设计为电机断电后自锁。如果电机失电停转，电机会被自动卡死，这种设计可避免保温被因自重而向下滑动，实现卷帘机工作过程中的可靠制动。

该卷展遥控系统在保留了传统电动功能的基础上，增加了遥控功能，从农业实际需求出发，其遥控模块选用通用电子元器件制作，成本低廉，其他配套电气部分成本也较低。

五、应用

该系统在小汤山国家精准农业研究示范基地进行了试验和应用，对蔬菜大棚的塑料膜进行了卷帘和放帘作业。通过实践证明，本系统能平稳而安全地完成卷帘和放帘作业，通过遥控可以随时控制卷帘机的工作状态，使温室的卷放帘工作不再受操作者站立位置的限制，可实时观察卷帘机的运行状态。如果发生故障或者有伤人的危险，可以通过遥控急停电机，从而使得其可靠性和安全性有很大的保证。另外，在2010年北京密云举行的设施小农机展览周上，研究人员对遥控卷帘机进行了展示和演示，受到了基层技术人员的一致好评。

六、展望

本系统如果配功率为1.5kW的电机，卷展系统的遥控控制可使保温被在大棚顶上任意位置平稳卷放，收放自如，便于调节温室光照。另外，卷帘器具有自动保护和限位保护功能，进一步提高了系统的安全性和可靠性。以80~100m长的温室为例，北京温室的实际测试结果为保温被完成单次卷或展的作业平均时长小于6min。

目前大棚种植专业户大多同时种植管理多个大棚，由于劳动力短缺，在冬季保温帘的卷展都必须雇用额外的劳动力来完成。但如果利用遥控卷帘器，这些卷展工作则可自行完成，每年可节1200~1500元劳务费用。安装大棚卷帘机后，农民还可以增加温室大棚数量，扩大规模。种植户也可以根据需要增加帘子覆盖厚度，提高温室棚体内的温度，从而提高作物产量和增加经济效益。

随着新棚的建设和旧棚的改造，卷帘机越来越受到菜农的欢迎，成为温室必不可少的农业机械之一。与电动卷帘机配套的卷展遥控系统也逐渐成为标准配置。该装置成本低、适用面广，具有广阔的市场和发展前景。与此同时，电动卷帘机械也需要进一步改进设计，提高质量。如增加简易手动卷帘装置，以应对停电和系统故障的发生；改进卷展机械系统，解决卷轴式卷帘机横向较长时工作不稳定的问题。在实际的生产应用过程中，还需加强对使用人员的技术培训工作，确保操作人员严格按照规程进行操作，避免机械系统的损坏和事故的发生。

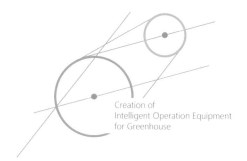

Creation of
Intelligent Operation Equipment
for Greenhouse

在线探测温室大棚暴雪厚度
实时传感系统的开发

近年来，极端天气不断出现，如极端的低温、连续多日降雨降雪没有充足阳光照射等问题，给温室大棚的蔬菜生产带来不可忽视的影响。其中，暴雪是一种必须重视的极端天气。温室大棚上沉积的积雪由于自身的重量，会给温室带来结构的载荷动态变化，最终导致温室大棚的坍塌。

中国已有温室结构设计的国家标准，其中《温室结构设计荷载》（GB/T 18622－2002）对温室结构设计载荷进行了规范。《农业温室结构荷载规范》（GB/T 51183－2016）对特定类型的联栋温室屋面积雪分布及加热影响系数进行了明确的规范。积雪分布系数是一个非常重要的指标，研究极端雪灾对温室的破坏形式，分析温室积雪分布形式及规律，开展温室结构的受力分析是优化温室结构的一个重要方法。

积雪厚度的监测可用到多种传感器。积雪采样探测方法按照是否接触积雪可分为接触式监测和非接触式监测。接触式监测利用量杯、称重传感器等方法进行测量。非接触式监测采用传感器测量，该方法具有可重复使用、在线探测实时性好的优势。由于不同厚度积雪的表面反射光谱有差异，因此可通过积雪的表面反射光谱曲线及变化特征来分析积雪厚度。研究结果显示，反射光谱为1230～1350nm和1500～1850nm，积雪表面的波谱反射率表现出随着积雪厚度变大而逐渐降低的特性。但是由于光谱传感器价格高昂，因此用光谱传感器开发单独的监测系统价格较高。除了地面监测外，空中遥测也是一个重要手段。以地面光谱仪采集光谱研究初步模型为基础，通过卫星遥感图像获得大面积区域的积雪厚度是探测大范围积雪厚度的一个快速有效的手段。另外，RGB传感器用于采集多通道彩色光谱信息，因其价格与多光谱传感器相比较低廉，所以得到了初步应用，也可用于监测积雪的厚度。但RGB传感器采集的多通道彩色图像的计算量较大，不适合小型系统在线探测使用。超声传感器利用回声反射的原理，适合于对积雪表面的高度变化进行采样，也可以对积雪表面一个区域内的起伏变化进行探测。该传感器采样精度较高、计算量小、价格合理，适合温室生产中监测积雪的厚度。

一、系统设计

1. 机械结构

采用钢质角铁焊接作为支架，高度可调节，手动调节范围为45～70cm。控制系统放入25cm×35cm防水塑料箱中。底座采用角铁和膨胀螺栓固定在温室特定位置。如果固定点没有强度大的固定底座，则应采用地锚固定的方式，避免下雪或大风影响支架稳定性。

2. 电子硬件

采用开源的微控制器作为控制核心。利用控制器自带的广播功能搭建无线传感网络。利用SIM模块可以获得低价的无线传输服务，每月每套设备仅需5元即可传输所有的数据到远程的云端存储。超声传感器测量范围为2～40cm，精度为2mm，采用太阳能电池模块为系统供电，太阳能电池固定在防水塑料箱的上方盖子上。外接的SD模块可直接读写和存储传感器数据。同时将数据无线发送，实现数据双重备份，保证数据长期安全保存。

3. 软件开发

控制系统的软件采用Arduino工具开发，对应的库函数可以为各模块的子程序开发提供调用支撑。该开发环境能显著提高硬件电路的稳定性和准确性。其在线仿真工具可对电子硬件部分进行在线测试，监测运行情况，并根据报错的地址信息判断电子硬件的各模块是否正常采集数据。为了确保数据采集的稳定性，通过开发工具设定相应的算法，将超声传感器和控制系统的电源建立逻辑关系。当电池电量不足时，可以优先供应传感器采集数据，并将获得的数据保存在SD卡中。

4. 传输平台

数据的云端传输和存储基于ThingSpeak开源平台，可以通过数据通道建立基于WEB的数据发布环境，通过网络发布实现采集数据的可视化。由于Matlab的后台数据运算工具具有非常友好和强大的曲线功能，因此后台的Matlab功能函数可作为数据运算后可视化显示调用的算法基础。图1为降雪实时监测系统实例。

5. 采样点的布置

暴雪分布具有一定的规律，采样点的布置也应考虑积雪分布规律及温室结构等因素。本文推荐采样点布置包括温室前坡3个、温室前坡底部3个、温室坡顶2个，共8个传感器。温室最高点固定一个气象站（包含风速、风向）。

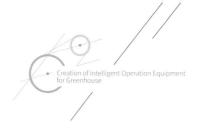
Creation of Intelligent Operation Equipment
for Greenhouse

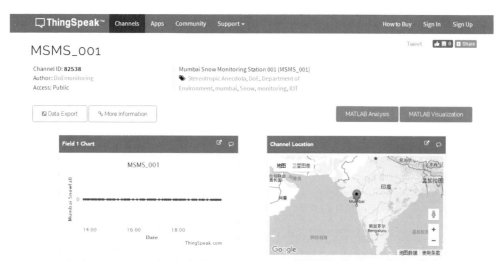

图1 降雪实时监测系统

(https://thingspeak.com/channels/82538)

二、系统搭建

1. 系统硬件

在线探测温室大棚暴雪厚度实时传感系统的硬件部分(图2)采用可拆卸结构来固定传感器和无线传输固定底座，各个功能模块通过U形螺栓分别固定在高度调节支架上，移动和拆卸方便。一个探测装置可以连接多个传感器，利用塑料的组合支架代替金属支架，以减轻重量。

2. 传输平台

利用开源Web技术完成传输平台搭建，通过后台设定软件的界面，在权限设定模块内选定数

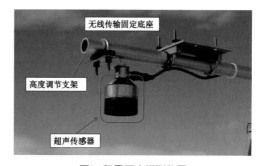

图2 积雪厚度探测装置

据曲线对外公开，外来用户根据地址可进行访问和查看积雪监测信息。传输平台网页见图3。可用的窗口为9个，其中8个是数据窗口（温室前坡1号点、2号点、3号点，温室前坡底部1号点、2号点、3号点，温室坡顶1号点、2号点），1个是地理坐标的地图。系统还有一个扩展的窗口可连接一个网络摄像头，用来采集监控的视频，在线显示积雪的历史数据和历史视频。该传输平台具有共享数据功能，也可以将历史监控视频上传到Youtube等网络服务器，以供感兴趣的授权用户在传输平台上直接观看。

图3 传输平台
(https://thingspeak.com/channels/402770/private_show)

3. 成本分析

按照现行钢材和电子配件价格计算，用户自行搭建一整套设备约需3 000多元，其中硬件（包括机械结构和电子硬件）的成本每套折合420元，核算后的价格相对较低，容易被农户接受。后期运行成本的移动通讯和维护费用是弹性的，如果用户自身使用过程中保养得当，这部分成本可更低（图4）。

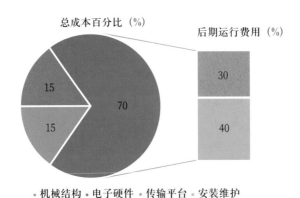

■机械结构 ■电子硬件 ■传输平台 ■安装维护

图4 系统成本分析

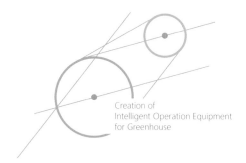

Creation of
Intelligent Operation Equipment
for Greenhouse

封闭环流风场调节控制系统的开发

封闭空间的温度变化将直接影响其内部作物的正常生长，对农作物的品质和产量产生重要影响。温室由于其封闭的特性，升温速度远超过室外，过快的升温和过高的温度会损害植物顶部、叶片等脆弱部位，最终导致作物减产。人工风场的气流调节可以达到通风和调节温度的双重目的，在温室生产中得到了普遍应用。布置多点环流风机形成分布式气流风场，可以更好地扰动温室封闭空间的气流，提高气流分布的均匀性、风量大小的适宜性、距离冠层有效性。因此，为了更好地利用封闭环流风场，可以在生产中有针对性地选用环流风机。

然而环流风场的高效使用有诸多问题需要解决。环流风机的放置和控制对于风场的效果有较大影响。另外，多个风机同时启动时产生的瞬时功率过大，会对整个温室电路的稳定性产生冲击。实际生产中，这些对风机作业效率和安全有影响的关键因素是调节控制系统需要解决的主要问题。

一、原理

根据温室进风口大小和样式不同，环流风机的悬挂点位置和悬挂高度也要有所改变。一般说来，进风口部位留有3~5m的空间，布置第一个风机，然后根据风机风速参数间隔6~10m布置一个风机，一组风机可选择排列成直线，其风送方向相同。当第一个风机对气流加速，风机加速的气流和扰动的空气到达第二个风机后继续加速，再到第三个风机，依次下去，最终达到多组风机对气流依次接力加速的效果。该方法能减少扇叶的气流阻力，提高风机风场的效率，节省能源。一个温室可根据宽度和温室栽培密度同时布置三组或更多组风机。风机轴向送风方向和进风口水平，高度应在2m以上，以免碰到作业人员。第一组风机形成的气流受到温室最里侧山墙阻挡后，气流反向继续被第二组风机加速，多组风机连续加速，最终在封闭空间促进稳定大风场的形成。

多点布置环流风机通过位于作物上方的风机驱动气流，按照逆时针或顺时针方向运动的气流增强热量的扩散能力，对于蒸发和调节湿度有所帮助；通过计算风量和温室内单位风量的降温能力，能准确调节温度变化范围，达到减少病害的目的。风机布置要根据温室进风口的特点、温室内部结构及温室栽培作物的高度决定。逆时针循环风场见图1。

环流风机的控制有两个作用：①通过分组控制，确保上述的气流风场能形成循环风场环境；②分组启动风机可避免同时启动多组风机引发电流过大带来的安全问题。传统控制方式同时启动整个温室的风机，在对温室内静止气流加速时，按照一个风机80W计算，一个温室内16~24个风机，额定功率为1.28~1.92kW，风机的电机启动瞬间需要3~4kW的负载。一般温室基地的照明电路可能会出现过载安全隐患。

图1 分布式气流风场

二、控制系统开发

控制系统要面向生产实践，其设计的首要因素是稳定和安全。要解决多个风机同时启动时产生的瞬间功率峰值的问题，可以基于电工电路优化来解决该问题。系统配套的电路结构比较简单，

成本较低。如果需要通过计算机或者嵌入式人机界面系统实现远程可视化控制，可以开发基于PLC的控制系统，将电机分为3组，每组风机3～10个。3组风机控制信号时序见图2。

基于电工电路设计搭建的控制系统首先解决电路逻辑的分析。基本电路用法在电路设计手册中有许多典型电路设计可供参考，可以根据具体的需要对典型电路进行增减，增加并联回路指示灯。环流风机电源可选用二路220V普通照明用交流电路，可以去掉B路的接线。其控制顺序可见图2。

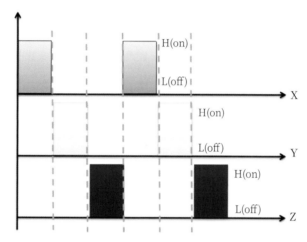

图2 风场调节系统控制信号时序图

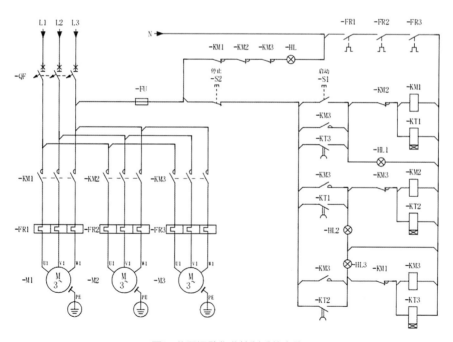

图3 分区间歇作业控制系统电路

分区间歇作业控制系统电路见图3。

基于PLC的控制系统相对单片机控制系统的扩展性更好。PLC不需要大量的元件和接线，电子元件之间的连线大大减少。从安全和稳定角度出发，其具备冗余设计、断电保护等优点，在农业的复杂环境下应用大有益处。以西门子SIMATIC系列为例，程序下载到PLC后可脱机独立运行。其工作过程一般分为输入采样、用户程序执行和输出刷新3个阶段。PLC按由上而下的顺序依次扫描用户程序（梯形图，图4）。对由触点构成的控制线路进行逻辑运算，然后根据逻辑运算的结果，刷新该逻辑线圈在系统RAM存储区中对应位点的状态。可通过程序灵活控制3个分组的电机，M1组、M2

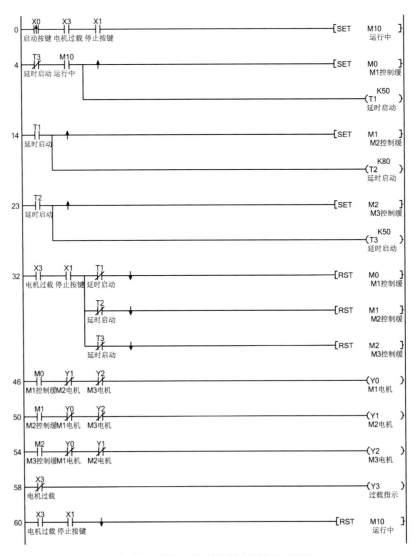

图4　封闭环流风场调节控制系统梯形图程序

组和M3组轮流交替独立动作。

除了设计为分组间歇工作模式外，也可根据电路负载能力设计为其他模式，有助于实际生产中充分利用环流风机的有效功率。例如设计为同一组内的多个风机轮流依次启动作业的模式，或者间隔交替奇数位置电机和偶数位置电机启动，都可以在充分利用前一个风机加速的气流基础上继续加速，同时避开启动瞬间的大电流问题，一举两得。其他类似的作业模式可根据需要安排，单个环流风机的控制属于电机基本知识，其电路在普通电机手册或文献中已有介绍，这里不再赘述。

三、应用

笔者团队在北京大兴区魏善庄镇、长子营镇、青云店镇等50多个基地温室安装了其研发的环流风场调节系统。田间实际应用结果表明，该系统对于设施栽培的温度调节和通风增产发挥了巨大的推动作用。由于农业基地的供电系统无法承载过大启动电流，因此调节系统的工作模式可有效地适应这一要求。实际生产中的应用测试发现，启动瞬间的电路超载跳闸问题能够得以避免，降温速度明显加速，温度最高值平均下降2~5℃，初步试验结果表明系统应用效果达到预期目标，但最佳的布置和控制方案还需要封闭空间空气流体数值计算模拟和多年实际作物测产数据验证，本文未涉及该分析。但有一点可以肯定，本系统可以更加灵活地控制通风，有效降低劳动强度，并且具备推广价值。

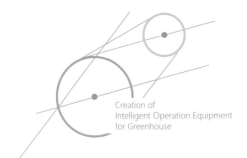

温室轨道式省力作业装置开发

在设施蔬菜标准园生产过程中，劳动强度大、农业资料搬运难是一直困扰设施温室生产的问题之一。例如，肥料需要搬进去，果实需要运出来。此外，叶面肥和杀菌剂喷洒需要人工背负移动作业。以上这些作业环节的效益不仅是决定种植效益的关键因素之一，也是耗费劳动力较多的环节。温室环境中道路狭窄，车辆进出不方便，传统的施药作业主要靠人工背负药筒行走时手动加压施药，大面积施药作业则采用拖拉机加压，人工拉扯药管进出温室作业。另外，温室距离长，作物密集，经常发生药管缠绕作物无法扯动、药管摩擦地面爆裂、药管打结没有药液、进出温室不方便等问题，困扰广大农户正常施药作业。

根据京郊设施温室结构和温室具体情况，以日光温室为主，结合室内空间相对狭小的实际情况，笔者团队开发出了一种适用于温室省力作业的装置。该装置可以解决温室作物大面积施药及搬运不方便的问题，减轻工人的劳动强度，使得妇女和老年人员也可以轻松地从事设施生产。温室轨道式省力作业装置实现了省力作业，生产中作业对象范围广，应用面广，实用性好。

一、工作原理

温室轨道式省力作业装置是笔者团队开发的一种全新的适用于农业环

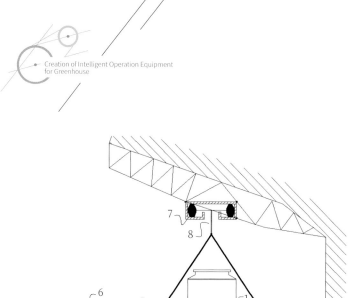

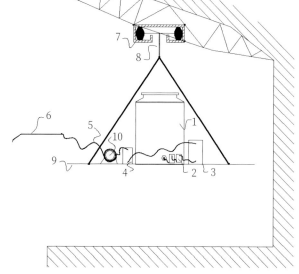

图1 温室轨道式省力作业装置设计原理图

1. 药箱 2. 两级过滤器 3. 加压装置 4. 药量精量控制模块 5. 药管 6. 喷枪 7. 绕管器 8. 悬挂平台
9. 移动装置 10. 轨道

境下的省力运输作业装置（图1）。该装置可以在温室自身结构上连接安装轨道，利用移动装置手推灵活行走，在悬挂平台上搭载所有施药加压装置，利用药量精准控制模块实现施药流量精准控制。该装置及方法是适合农民使用的温室施药装置，可广泛应用于温室精准施药。同时，该施药装置施药压力单元可以更换为汽油机，用来给药液加压；施药单元的动力单元既可以为蓄电池，也可以为交流220V电源。该装置的悬挂平台可以更换为果蔬运输筐，用于采收果蔬时运输果实；或可更换安装肥料托盘，用来运输各种温室有机等肥料。该装置可提高生产效率，降低劳动强度。该装置移动时较省力，载重工况下，单人也很容易推动作业，老人妇女均可操作，具有广阔的应用潜力。

二、硬件设计

该装置主要针对农业实际生产中劳动力短缺的难题而设计。为了实现上述目的，温室轨道式省力作业装置硬件设计过程中综合考虑了省力和便捷的因素，并在装置的安装、使用、维护等方面综合考虑了温室的实际环境（如湿热等）。

轨道所有的连接点都固定在温室自身的钢结构上，不需要另外在温室内安装其他机械结构，可避免因为安装支点需打孔固定在墙体上而给温室墙体带来的破坏，降低安装维护成本。该装置轻巧、紧凑，对外围环境及其配套设施的要求低（此处需考虑温室骨架的承重能力范围）。移动装置滑动轮与轨道之间采用内嵌式连接，在轨道槽内滑动。考虑温室的湿热环境，对轨道和紧固件都进行了防锈处理。轨道强度计算按照100kg静载荷，运输时动态载荷不超过10%。经计算，轨道选用2mm厚钢板折弯成型，单根轨道长度6m，轨道固定采用1.5m一个间隔固定在梁上。

图1中悬挂平台和移动装置采用柔性铁链连接的方式，在运输过程中操作者可用手抓住移动装置的柔性铁链，左右方向适当偏移，有效地躲开温室内的障碍物，有利于在狭小的温室内通行。在不使用时，可以方便地将悬挂平台从轨道上取下，存放在储存仓库中，节省温室内可用空间。悬挂平台可通过挂钩更换不同的作业机械平台，将施药单元挂上，可以实现施药功能，将果蔬运输筐挂上，可以实现采摘果实作业时果蔬的快速省力运出；将肥料托盘挂上，可以实现温室施肥时各种肥料的灵活搬运，以及收获后将藤蔓运出温室等作业任务（图2）。悬挂平台根据载荷计算，平台架子选用长40mm、宽20mm的方管焊接，壁厚2mm，钢板厚度1mm。

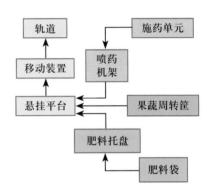

图2　温室轨道式省力作业装置多种功能结构示意图

三、软件和作业方法设计

将施药单元通过挂钩挂在悬挂平台上，可当作植保机械使用。在温室入口处将药液加入药箱中，然后操作者可以手动推动作业装置轻松地前进，到达需要施药的作业位置后，打开开关，药液从药箱的底部流出，首先经过两级过滤将药液中的不可溶解物质过滤掉，然后药液进入加压装置中变成高压液体，同时再次混合均匀。加压装置可以使用蓄电池、汽油机或用220V交流电驱动，可通过活动螺栓更换加压装置的动力形式。加压后的药液通过药量精量控制模块实现定量施肥。

所述的药量精量控制模块可以根据需要设定为手动模式或自动模式。当药量精量控制模块设定为手动模式时，输入一个施药量值，药量精量控制模块即设定好施药数量值程序，此后在药量精量控制模块控制下，每按下一次按钮，系统就按照预先设定量精确地施药一次。当药量达到预先设定的施药量时，系统自动停止施药。

当药量精量控制模块设定为自动模式时，首先需要人工调查病虫害信息及分布情况，在有病虫害信息的行垄放置一个传感器。当操作人员推动本装置行走到达传感器标定的靶标作物栽培时，药量精量控制模块监测到传感器的数值，从而得到病虫害分布信息，然后根据读取到的病虫害信

息自动控制施药量，实现高效施药作业。药管的长度可以通过绕管器收放药管来调节。施药时通过喷枪将药液喷施在需要施药的目标作物上。施药功能的控制软件需要根据作物管理要求基于掌上电脑或智能手机进行开发。施药作业实例见图3。

通过挂钩将果蔬运输筐挂在悬挂平台（图4）上，可以实现果蔬采摘后的运输作业，省力地将果蔬运输到温室的出口。地悬挂平台通过挂钩将果蔬运输筐把手挂住后，可以将果蔬运输筐从温室里面灵活地运输出来。当果蔬运输筐运输到温室出口时，可将果蔬运输筐把手的挂钩去掉，果蔬运输筐就可以搬出去，重新将一个空的果蔬运输筐放上去。采收输送装置利用滑动轨道与滑轮车，可覆盖整个温室。单车运输最大重量100kg，可满足大多数生产基地温室搬运物资的基本需要；可以利用人力推动前进，链条软连接悬挂，利于操作人员在运动时掌控，方向可灵活躲闪障碍物。

此外，通过挂钩将肥料托盘挂在悬挂平台上，可以实现肥料的便捷搬运。肥料托盘两端有设计三角把手，可将肥料托盘挂在悬挂平台的挂钩上。

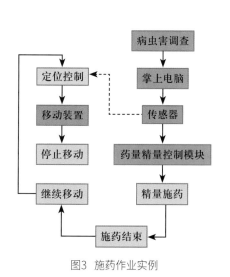

图3 施药作业实例

图4 采收运输平台实物

四、应用

利用温室自身的桁架结构将图1中轨道以铰接方式固定住，将移动装置的滚轮安装在轨道内，移动装置所有的连接都采用挂钩锁扣的形式，方便拆卸。每次将施药单元、果蔬运输筐或肥料托盘任意一种挂在悬挂平台上，可完成一种省力作业方式。除此之外，藤蔓等废弃物的运输也可以采用合适的肥料托盘实现省力作业。另外，施药作业时可以借助靶标传感器实现不同行垄间根据病害情况进行变量施药。

其他温室作业农机需要移动时，也可和该装置结合起来，比如将臭氧发生器放置在该装置上移动，可以使生产的臭氧更加均匀地分布于整个温室中；移栽时的苗盘也可以通过该装置实现省力运输。

实际应用过程为：装置根据温室电源的情况选择动力源，如选择蓄电池供电，则将蓄电池固定在施药单元上，根据实际生产调查的病虫害情况，开始推动装置移动。当借助人眼或者系统自带传感器的提示音判断装置到达指定位置时，启动施药单元，喷枪和药管将农药喷施在需要施药的目标作物上。可以根据需要，预先设定施药量数值，药量精量控制模块即可自动控制药量。自动模式下传感器主要的作用是保存病虫害信息，无线传送给施药装置，并发出提示报警音，完成施药的精准变量作业。

温室内如果有220V交流电源，也可在温室里面根据需要选择交流电作为施药单元的动力源。首先将220V足够长的电缆每隔1m用可自由滑动圆环吊在轨道上，当移动装置在轨道上被推动时，圆环在轨道上滑行，电缆就会随着移动装置在轨道上面伸长和收回，从而实现滑动作业时的电缆同步供电。如果在没有电源的地方，可以将施药单元的加压装置换为通过汽油机获得动力，汽油机用螺栓固定在施药单元底板的预留孔上，同时将药筒移动到预留孔加以固定，实现重心平衡。

要进行果蔬采摘作业时，将悬挂平台更换为果蔬运输筐，将挂钩挂住运输筐的把手，就可以实现灵活移动。轨道可同时连接多个移动装置，实现多个果蔬采摘筐同时进出温室，完成多人次省力作业。

在闲暇时，可将移动装置从轨道上摘下来，存放在仓库中，节省空间，不影响其他环节工人劳动。

温室轨道式省力作业装置在北京通州金福艺农温室基地进行了规范化示范应用推广，实际作业效果显示，该装置能提高作业效率数倍。

笔者认为"智能装备工具化、产品服务租赁化、持证上岗专业化"是我国温室智能装备发展的有效途径之一，作为现在工业技术和农业科学技术的一种重要载体，智能装备将在今后的设施作业中扮演重要角色。

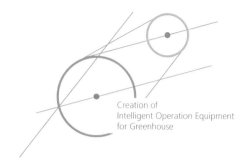

Creation of
Intelligent Operation Equipment
for Greenhouse

国内外温室园艺机器人的
研究和应用现状

温室园艺产业在西方发达国家的水平较高、产值规模很大。由于受到农业用地狭小的自然条件限制，荷兰、以色列、日本等国家发展温室园艺产业具有重视种苗培育、建设现代化大型温室、大量采用计算机智能化控制、生产流程高度自动化等典型特点。这种"植物工厂"的专业化生产模式和分工合作方式生产效率较高，优质蔬菜、花卉的品质和产量有所保障，取得了很好的经济效益。在信息化时代到来的今天，依托自动控制技术和信息技术的温室精准农业是备受关注的焦点，世界各国都在该领域展开研究，取得了一系列很有特色的成果，极大地推动了温室精准农业生产技术的进步。在这一领域中，而温室园艺机器人无疑最具代表性。

由于设施生产是在全封闭的设施内，周年生产花卉和蔬菜的高度自动化控制生产体系，可以最大限度地规避外界不良环境影响，具有技术密集型的特点。温室园艺机器人能够满足这种精细管理和精准控制的需求，并且能够解决温室园艺生产劳动密集和时令性较强的瓶颈问题，大幅度提高劳动生产率，改善设施生产劳动生产环境，避免温室密闭环境施药施肥对人体的危害，保证作业的一致性和均一性等。王树才（2005）指出，目前全世界已经开发出了耕耘机器人、移栽机器人、施肥机器人、喷药机器人、蔬菜嫁接机器人、蔬菜水果采摘机器人、苗盘播种机器人、苗盘覆土消毒机器人等相对成熟的可用于设施生产的农业机器人。

机器人技术以日本最具代表性。日本作为最早研究机器人的国家之一，由于老龄化的提前到来引发劳动力缺乏及人力成本上升等问题，从20世纪

70年代开始，日本的工业机器人快速发展，在经过对汽车焊接、汽车喷漆等工业领域的成功应用之后，工业机器人技术开始在农业领域快速应用，因此农业机器人研究也开始不断取得进展。佟玲（1995）指出，日本在20世纪末已经在技术密集型的设施生产农业领域开发了多种生产机器人，如嫁接机器人、扦插机器人和采摘机器人等。荷兰花卉生产发达，温室园艺产业具有高度工业化的特征，每年花卉产业可创造50亿欧元的价值。由于温室园艺产品生产摆脱了土地约束和天气影响，可以实现按工业方式生产和管理，其种植过程可以安排特定的生产节拍和生产周期，产后包装、销售也能够做到和工业生产如出一辙。由于温室的上述优点，机器人技术在温室生产中的应用得到快速发展。很多温室使用机器人实现了不分昼夜的连续工作，极大地降低了劳动成本。周增产（2001）介绍了荷兰农业环境工程研究所开发的黄瓜采摘机器人，能够快速到达预定作业位置，利用视觉系统探测到黄瓜果实的精确位置及成熟度，利用末梢执行器抓取黄瓜果实并将果实从茎秆上分离。由于温室园艺产业发展的需要及对高精尖温室园艺环境控制机器人的需求，温室园艺机器人领域得到快速发展。

一、种植机器人

标准模块化机器人理念在设施农业生产领域的应用能够给农业注入巨大的活力。以色列海法市一所大学的研究人员研制的种植机器人采用运输集装箱作为作物生长环境，用营养液栽培法种植蔬菜及其他农作物。这种方法的主要原理是以水取代土壤作为植物的苗床。每只集装箱内从播种、浇水直至收获均由机器人系统操作，箱内的温度、湿度、光线等均由机器人细心控制，使农作物一年中的每一个生长时刻都得到精心管理。经过试验，一个运输集装箱平均生产的蔬菜比同样面积普通农田的产量要高出数百倍。这种基于标准模块组装的机器人具备大规模应用的广阔前景，规模化潜力巨大。

二、工厂化育苗机器人

设施生产工厂化精准作业育苗机器人是针对西甜瓜等需要专门育苗的作物播种、喷药生产需求开发的。该系统能实现流水线作业，自动完成大规模苗盘播种时的上土、精量播种、对靶喷药消毒3个环节，非常适合现代农业园区使用，有很好的示范效果。一条生产流水线可实现整个育苗环节全部自动化，是设施生产瓜果、蔬菜、花卉等工厂化育苗的关键设备之一。该系统全部采用自动化作业，利用真空吸种，自动输送，不锈钢机架结构造型美观，不同的作业环节模块采用组合设计，集成了气、液、电、光等技术，可提高播种的精度，消除土壤病虫害，减轻劳动强度。喷药时在用封闭环境进门，可减少喷药过程中农药对人体的危害，提高生产率，降低生产成本。

图解温室智能作业装备创制

工作流程：苗盘首先被传送带送到送土位置，完成自动装土工序；然后自动到达播种位置，传感器检测到苗盘准确位置后，发出信号，自动精量播种机采用真空气吸技术将种子吸附在播种器上，播种器并排完成多个播种穴同时放种，并可以精确地自动控制每个穴中播种的数量；播种完后，输送苗盘到达喷药位置，系统可自行完成农药对靶喷洒，有效地节省农药。该系统已在北京郊区大兴等地区基地实现播种育苗自动化，可以为周边农户和企业提供订单式育苗服务，发挥了良好的示范展示作用。因此，该系统符合当前市场需求，对于推动温室自动化精准育苗流水线作业具有重要意义。

三、移栽机器人

传统移栽作业需要大量手工劳动才能完成，移栽机器人的出现能够代替人工，高效率地进行移苗工作。王树才（2005）介绍了台湾K.C.Yang等研制的移栽机器人能把幼苗从600穴的育苗盘中移植到480穴的苗盘中，这种自动化的作业方式极大地减轻了工人的劳动强度。该机器人本体由四自由度工业机器人和SNS夹持器组成，在工作的过程中，系统依靠的视觉传感器和力度传感器能够做到夹持秧苗而不会损伤。在秧苗盘紧挨作业时，每个苗的操作时间约3s。这样的工作效率是熟练工人的2~4倍，而且不会出现因疲劳而降低质量。因此，该机器人非常合适现代温室园艺生产过程中的移栽作业，而且在工作过程中可通过计算机控制实现自动化的标准苗分选，保证种苗的质量。该分选作业可通过专门的标准苗分选机器人（图1）进行。这种机器人作业的模式可以有效解决人为因素导致的种苗分选质量不稳定的问题。

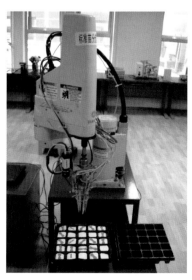

图1 标准苗分选机器人

四、嫁接机器人

温室生产中广泛应用的嫁接技术能有效增加产量、提高作物抗病能力，因而得到了越来越多的应用。为了解决嫁接过程中劳动强度大的问题，机器人技术较早被引入这个领域。日本对嫁接机器人（图2）的研究起步较早，嫁接的对象包括黄瓜、西瓜、西红柿等。这种经过嫁接的蔬菜、水果更适应温室环境且产量和果实品质有明显的提高。机器人利用图像探头采集视频信息及计算机图像处理技术，实现了嫁接苗叶的识别、判断、纠错等，然后完成砧木、穗木的取苗、切苗、接合、固定、排苗等嫁接全过程的自动化作业。全自动机器人可以同时将砧木和穗木的苗盘通过传送带送入机器中，机器人可自动完成整个苗盘的整排嫁接作业，工作效率极高。半自动的机器人需要人工辅助，在嫁接过程中，工人只需把砧木和穗木放在相应的供苗台上，系统即可自动完成其余的劳动作业。

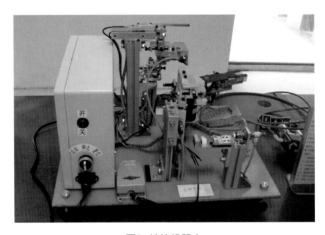

图2 嫁接机器人

五、农药喷洒机器人

不合理地使用农药极容易导致操作人员中毒，全国每年因为施药机械落后导致中毒的事件有8万多起。由于施药技术直接关系农民的身体健康，同时对空气和地下水有危害风险，因此，发达国家一直在高效施药技术领域展开大量研究工作。机器人技术是根据设施生产中杀菌和病虫害防治的要求，结合现有的高精尖科技成果，应用光机电一体化技术、自动化控制等技术在施药过程中按照实际需要喷洒农药，做到"定量、定点"，实现喷药作业的人工智能化，做到对靶喷药，计算机智能决策，保证喷洒的药液用量最少和最大限度附着在作物叶面，减少地面残留和空气中悬浮漂

移的雾滴颗粒。日本为了改善喷药工人的劳动条件开发了针对果园的喷药机器人，机器人利用感应电缆导航实现无人驾驶，利用速度传感器和方向传感器判断转弯或直行，实现转弯时不喷药。美国开发的一款温室黄瓜喷药机器人利用双管状轨道行走，通过计算机图像处理判断作物位置，实现对靶喷药。周恩浩（2008）对温室喷药机器人的导航问题提出了一套视觉方案，并对此进行了理论分析后，他指出实际上导航和定位涉及人工智能的运算算法，是一个比较复杂的问题。温室喷药机器人"Ehu"（图3）采用轮式方式行走，可利用辅助标志自动识别道路。喷药机器人采用循迹方式自走作业，采用超声波技术和光电技术定位作物，可以实现姿态的灵活调整，非常适合在温室的光线下进行图像识别。采用轨迹导航姿态校正可使喷药机器人速度明显高于摄像头导航的机器人，基本不会偏离作业路径，可实现持续喷雾作业。

图3 喷药机器人

六、采摘机器人

目前国内外研究和投入应用的采摘机器人作业对象基本集中在黄瓜、西红柿等蔬菜，西瓜、甜瓜等瓜类，以及温室内种植的蘑菇等劳动密集的作物。以色列Yael Edan（1995）介绍了用于水果采摘的准确率可达85%的可自行定位和收获的机器人。英国西尔索研究所研制的蘑菇采摘机器人可自动测量蘑菇的位置、大小，并且可根据设定值选择成熟的蘑菇进行采摘，机械手由2个气动关节和1个旋转关节组成，采用顶置摄像头来确定位置和大小，采蘑菇速度为6～7个/s。日本N.Condo等人研制的黄瓜采摘机器人为6个自由度，利用黄瓜和茎叶的反射率差异来区分黄瓜果实和叶子，采摘速度约为4个/min。日本Kyoto大学研制的西瓜采摘机器人采用5个独立电机，实现5个自由度的运动，配有视觉摄像头和行走装置，活动空间较大。美国研制的甜瓜采摘机器人使用3个伺服电机驱动机械手，实现3个自由度运动。韩国Kyungpook大学研制的苹果采摘机器人具有最高达3m的机械手，可进行4个自由度运动，末端执行器采用三指夹持的方式，辅助压力传感器避免损伤苹果，识别率达到85%，采摘速度为7个/s。应用于温室蔬菜和水果生产的机器人采用视觉识别模式来确定果实的空间位置并调整机械手的位置，由于光线和叶面的遮挡，准确率受到很大影响，因此，相关的算法还需要不断优化，以满足设施生产的环境要求和生产准确度。

七、鲜花机器人

利用仿形技术开发的机器人除了具备完美的外观之外，其智能控制技术的集成应用可以代替人来控制室内环境，并且能够实现环境的精确控制。韩国国立全南大学研制的鲜花机器人外形模仿普通开花植物，高130cm，最大直径40cm，能够自动分析室内空气的质量，根据程序设定对空气进行加湿处理、释放氧气，还能释放空气清新剂的香味。该机器人充分的仿生功能还能够生长和开花。该鲜花机器人可以将花朵朝向说话人的方向，也可以根据音乐的节奏开合花瓣。休闲和科普功能也是设施农业的一个重要组成部分，仿形机器人的外形具有很好的亲和力，因此，在设施农业发展过程中将会扮演重要的角色。

八、总结

温室园艺生产高效率、高投入、高产出的管理模式要求应用大量的高新技术，以便提高利润。机器人技术在该领域的应用是国内外研究的热点。笔者认为，真正意义上的机器人和半自动农业机械在界限上没有严格的区分，但是完全替代人或者部分替代人从事繁重体力劳动，通过自动识别农作物和自动调整姿势实现无人操作的智能农业机械都可以归入农业机器人的范畴。温室园艺生产高投入、高产出的特点决定农业机器人技术的发展前沿将优先集中在该领域发展。因此，在温室园艺环境下，在生产和应用思想的指导下，通过大量实际环境测试和研究的图像识别算法、姿态控制算法、机械末端执行器将是温室园艺机器人发展的重点。由于农田环境的多变性和对象复杂性，生产对象不如工业品那样单一和标准，因此农业机器人相比工业机器人面临更多的技术障碍。温室园艺的生产环境相比大田环境在光线、风速、温度等气象条件方面较稳定，而且产品附加值较高，反季节可生产大量高附加值农产品，因此未来的机器人技术在温室园艺生产上的应用具有广阔的发展空间。

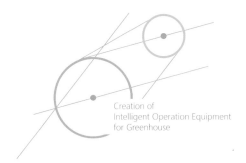

Creation of
Intelligent Operation Equipment
for Greenhouse

用于设施蔬菜标准园播前处理的相关技术及设备

设施蔬菜标准园播前处理的相关技术设备研究以目前蔬菜标准园建设中关键增产机械化技术需求为背景，重点解决设施空间狭窄，农机普适性问题，在不增加动力的前提下，使设备体积尽量小巧，实现"设备工具化"，降低劳动强度，提高作业效率。本文针对京郊温室实际生产播种前环节，介绍并推荐一套具有代表性的工具化设备，包括电动除草机、土壤连作障碍电处理等4类装备。

一、电动除草机

温室作物在播种前需要平整土地，清除土地中的杂草，播种及定植后需要在垄间反复松土和除草。为了降低温室种植人员利用锄头锄草的劳动强度，用于设施农业的小型蔬菜除草设备（图1）具有很好的应用前景。该设备利用普通照明电源为驱动动力，人工控制其前进速度和方向，可方便实现播种前的土地平整和垄间松土除草作业的需要。

图1 电动除草机

1.系统功能特点

整机结构设计简单实用，整体造价相对低廉，所有零配件都采用通用标准配件，安装快捷，维修方便。系统动力源为220V交流驱动电动机，不采用汽油或柴油机，可减少温室内排放带来的环境污染。其工作电源通过普通民用电作为能源供给，所以在温室内容易获得所需的配套电源。在具体应用中，用户还可通过挑选低速大扭矩电机和刀片满足耕深和土地平整度的要求。

2.性能指标

除草幅宽300mm；松土最大深度30mm；生产率15～20垄/h。

二、土壤连作障碍电处理技术

土壤消毒电处理技术的工作原理集成了直流电土壤消毒、土壤微水分电处理和脉冲电解等技术。土壤电处理技术具有以下优点：① 增加土壤溶液酸度，促进难溶矿物质养分的溶解、分解与转化，杀灭电极附近的微生物；② 有效杀灭引起土壤传播病害的病原微生物；③ 在土壤含水率较低时，杀死土壤虫体；④ 可以产生许多具有消毒作用的铜、银、铁等金属离子；⑤ 整体降低土壤pH，提高Fe、P、Mn和Zn的有效性，增加它们在土壤中的渗透性。

1.系统功能特点

这种物理处理技术可以消灭土壤中的各种致病微生物和害虫，进而消除由土壤传播病菌和害虫导致的各种病害。土壤连作障碍电处理技术克服了用化学药物防治投资成本高、农药残留多、效果不理想的难题，解决了换土难、药物防治成本高和连作投入大等问题（图2）。

2.性能指标

土壤连作障碍的消解率大于87%，土壤传播病防治效果大于90%。

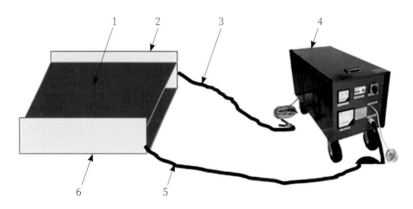

1.混入导电介质的土壤 2.负极电极板 3.电缆 4.主机 5.正极电缆 6.正极电极板

三、深耕、开沟及起垄配套技术

设施深耕技术是通过增加耕作机械动力、加强变速箱强度、优化设计旋耕刀运动曲线参数等手段，实现深耕和起垄作业。土壤深耕及起垄技术设备在京郊农业基地的应用见图3。该设备在北京小汤山特菜大观园进行的示范耕作试验，使得设施黄瓜、西红柿、茄子的平均产量提高了10.5%。

1. 系统功能特点

该成套设备由于提高了耕作深度，打破了设施温室内长期传统耕作留下的坚硬犁底层，所以起到了破坏细菌滋生环境、增加土壤有效肥力、改善温室内土壤板结现状、增强贮水能力，利于果类蔬菜等深根系蔬菜生长的作用。

图3 土壤深耕及起垄技术设备

2. 性能指标

该机生产效率可达到每小时467m²，比传统微耕机提高效率0.5倍，每667m²生产成本降低10元左右。作业深度达到25cm以上，比传统的微耕机作业深度增加10~15cm。

四、果、肥运输轨道

设施蔬菜标准园播前施用底肥时，肥料在温室内的运输问题也是耗费劳动力较多的环节。由于温室中道路狭窄，车辆进出不方便，因此传统施肥作业主要靠人工分批少量的方式搬运。温室果肥运输轨道是根据京郊设施温室结构特点设计，主要针对日光温室，从温室内空间相对狭小的实际情况出发开发出的一种适用于温室生产资料和果蔬采摘运输的设备，可以解决温室作物收获环节采摘产品人工转运的难题，减轻工人的劳动强度，使得妇女也可以轻松地从事设施生产。果、肥运输轨道实物见图4。

图4 果、肥运输轨道

1. 系统功能特点

该装置采用螺栓固定方式将轨道铰接在温室自身的钢结构上，不需额外安装新的结构，可避免因为安装固定轨道在墙体上开孔而给温室墙体带来的破坏，降低安装维护成本，降低对外围环境及其配套设施的要求。同时新装轨道增强了原有钢结构，不会对温室结构承重造成明显影响。系统轨道选用铝合金型材，质量较轻。运输小车与轨道滑动轮之间采用链条软连接，在运输的过程中可以手扶住在左右方向适当偏移，能有效躲开温室内的障碍物，有利于在狭小的温室内通行。不使用时，可以方便地将小车从轨道上取下保存，节省温室空间。该系统也可增加电机遥控驱动模块，可在100m范围内实现运输小车遥控自动行走和随时停车，方便操作人员的作业。

2. 性能指标

单车单次运输最大重量为50kg，轨道长度为100m，前进推力为50N，运输车宽度为400mm。

五、结束语

设施果蔬标准园的关键技术装备经过北京市果类蔬菜创新团队在京郊长期示范推广，得到了京郊各区县基层技术员和用户的普遍认可，并在河南，天津，陕西等地规模化推广使用。该技术主要实现多角度、多层面的播种前处理，使播前的系列作业环节实现体系化，将先进的关键技术整合为"一盘活棋"，实现在不增加污染的前提下高效增产，为有机果蔬的增产提供保障。实践证明，此类成套技术装备具备良好的应用价值，在解决日光温室播前的作业方面取得了较好的效果。

设施蔬菜标准园播前处理的相关单个技术设备也具备出色的性能，但是将技术设备集成为一个作业体系，实现关键环节相互间的无缝衔接需要对农艺和实际需求进行缜密细致的研究，设计一套成熟的应用模式和技术规范，从而保证在标准园建设过程中实现技术的可复制、标准化和工具化。

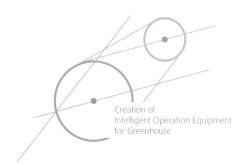

Creation of
Intelligent Operation Equipment
for Greenhouse

设施蔬菜标准园生长期管理
先进技术设备应用

为了满足有机绿色农产品生产的要求，需要采用先进的技术设备实现设施蔬菜作物的增产，促进农户增收，同时提高劳动生产率，降低劳动强度。因而，可采用先进的声、磁、电等物理技术调控设施环境，实现零污染，无化学残留；采用智能控制技术，全面提升设施装备的技术水平，实现高效安全的生产要求。同时，蔬菜标准园建设中不断引入新技术成果，经过推广示范及反复改进，可达到标准园蔬菜生产的生长期管理标准。蔬菜标准园生长期的相关技术设备在北京郊区已经呈现良好的发展潜力和市场需求。

一、声波助长技术

声波助长技术的原理是蔬菜作物经声波刺激后，植物生化反应增强，合成代谢得以促进，根系中的可溶性糖含量显著提高。糖类是植物体内的主要成分之一，其含量占植物体干重的60%～90%；作为作物的重要成分，可为植物体内各种生命过程提供能量；也是合成各种物质的碳骨架，如细胞壁的纤维素、果胶物质及组成膜等的重要成分。另一方面，丰富的蛋白质是细胞进行生理活动的物质基础。植物经过声波刺激后，根系中的可溶性蛋白明显提高。高水平的可溶性蛋白质含量保证了细胞旺盛的分裂和生长能力。在北京密云区统军庄温室生产基地的长期试验表明：采用声波技术可使叶类蔬菜、食用菌增产20%以上；花卉花期延长，病虫害明显减少；果类菜坐果率提高，果实含糖量提高1～3个百分点，成熟时间提早5d以上。

图1 植物声频发生器

a. 实物　b. 设施生产试验环境

植物声频发生器（图1）是根据声波助长技术原理研制的设施生产设备。该设备根据植物的声学特性，对植物施加特定频率的声波，使声波的频率与植物本身固有的生理系统波频一致，产生共振，从而提高植物活细胞内电子流的运动速度，促进各种营养元素的吸收、传输和转化，增强植物的光合作用和吸收能力，利于生长发育，达到增产、增收、优质、抗病的目的。

二、空间电场防病促生长技术

空间电场防病促生长技术是一种可以解决设施病害和生长速度问题的新技术。利用此技术开发的设施蔬菜空间电场防病促生长系统在温室生产中能够有效地解决设施果、蔬类生产中遇到的多种生理性问题，可作为蔬菜生产的安全保障技术系统，使植物产量增加20%以上，果实糖度显著增加，预防空气传播病害效果大于90%。图2是一种空间电场防病促生长技术装备。

空间电场防病促生长系统在温室内建立空间电场，电极线放出高能带电粒子、臭氧和氮氧化物，使土壤与植株微观环境体系形成微弱的直流电流。利用这种电场可实现土壤传播、空气传播病害的防治，同时持续提高植物的光合作用强度并获得显著的增产效果。另外，系统产生的电场对温室密闭环境下困扰生产的静化粉尘、空气微生物、有害气体的吸附和分解也具有较好的作用。

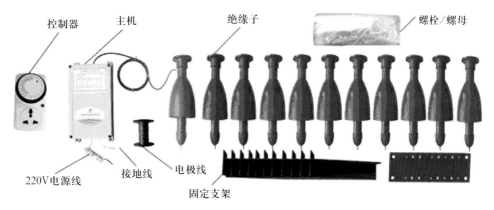

控制器　主机　　　　　　绝缘子　　　　　　　　　　　　　螺栓/螺母

220V电源线　　接地线　　电极线

固定支架

图2　空间电场防病促生长技术装备

三、设施蔬菜病害臭氧防治技术

设施蔬菜病害臭氧防治技术主要解决冬季温室生产中灰霉病、霜霉病等空气传播病害，以及疫病、蔓枯病等部分土壤传播病害的防治问题。空气传播病害综合防治效果大于70%，同时可以节省氮肥施入量。

臭氧（O_3）是氧的同素异形体，其密度是氧气的1.5倍，在水中的溶解度是氧气的10倍，是一种强氧化剂。它在水中的氧化还原电位为2.07V，仅次于氟（2.5V），能破坏分解细菌的细胞壁，很快地扩散进入细胞内，氧化分解细菌内部氧化葡萄糖所必需的葡萄糖氧化酶等；也可以直接与细菌、病毒发生作用，破坏细胞、核糖核酸（RNA），分解脱氧核糖核酸（DNA）、RNA、蛋白质、脂质类和多糖等大分子聚合物，使细菌的代谢和繁殖过程遭到破坏。细菌被臭氧杀死是由于细胞膜的断裂所致。臭氧的杀菌能力不受pH变化和氨的影响，杀菌能力比氯大600～3000倍，其灭菌、消毒作用几乎是瞬时发生的，在水中臭氧浓度0.3～2mg/L时，

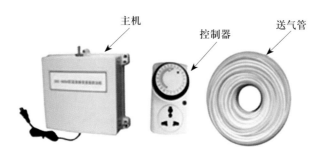

主机　　　　　　控制器　　　　送气管

图3　臭氧防治技术装备

0.5～1min内就可以杀死细菌。使用臭氧防治技术装备（图3）可人为精准施放臭氧，达到病虫害防治目的。

需要注意的是系统需要配备臭氧浓度监测传感器和浓度自动调控模块，否则，不合适的臭氧浓度会对蔬菜作物造成伤害，严重的可导致大面积绝收。

四、电动卷膜遥控系统

设施农业是劳动密集型产业，劳动强度大，每天要打开和关闭大棚塑料膜通风口，费时费力并存在安全隐患，有时还会将棚膜捅破造成浪费。电动卷膜机（图4）能降低劳动强度，提高设施农业的生产效率和效益，促进设施农业可持续发展。配套的遥控系统（图5）可以实现远距离无线方式控制电动卷膜，遥控器体积小，控制灵活。

实际管理中通过按动遥控器按钮就可实现温室棚膜的开启和关闭，实现温室内外的空气流通和交换，实时调节温室内的温度、湿度，解决传统攀爬棚顶、长杆搂拽带来的登高摔伤隐患，降低棚膜损坏率。人工开启关闭一次棚膜需要10～15min，使用该机构开启关闭一次用时2～5min。在我国现有的温室大棚中，有相当一部分适宜安装遥控电动卷膜机，随着新棚建设和旧棚改造速度的加快，数量还会继续增加，遥控卷膜机也将占有越来越大的市场份额。

另外，与人工卷膜相比，遥控电动卷膜使作业时间缩短，能够做到精准定时，从而使得光照时间相对延长，室内积温增加，在同等条件下，间接提高了蔬菜的产量和品质。系统最大开膜宽度0.5m，最大开膜长度60m。

图4　温室电动卷膜系统

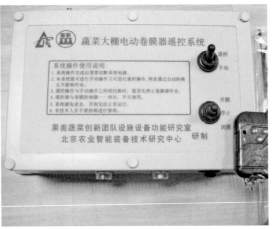

图5　遥控系统实物图

图6 绑蔓器、授粉枪

五、绑蔓器、授粉枪

　　长期以来，西红柿、黄瓜等果类菜的绑架完全是人工手工作业，作业效率低、耗时长，并且作业枯燥单调。绑结蔓器（图6）是针对结蔓作业农艺要求，用塑料带和书钉通过机械手将植株绑在架杆上，从而替代人工手绑作业，授粉枪是一种采用气喷方式方便授粉的工具，操作简单快捷。绑蔓器和授粉属于提高作业效率、减轻劳动强度的一种半机械化的作业器具。使用结蔓器作业效率可比人工作业提高5倍，节约一定的人工成本。

六、蔬菜根部注药机

　　目前困扰设施农业生产的根结线虫，主要危害各种蔬菜的根部，并在幼根的须根上形成球形

图7 蔬菜根部注药机

或圆锥形大小不等的白色根瘤，有的呈念珠状。感染的植株上部矮小，生长缓慢，叶色异常，结果少，产量低，甚至造成植株早死亡。

蔬菜根部注药机（图7）可广泛应用于温室蔬菜等作物根部直接施药，针对重茬栽培的土壤传播病虫害防治，可用于治疗多种土壤病虫害。该设备可有针对性地防治根结线虫，精准控制用药量。

系统采用电动压力泵对药液加压，然后将高压药液直接注射到蔬菜根部的土壤深处。药箱可背负在操作人员背部，实现单人操作施药，方便温室内移动作业。系统采用反复充电的蓄电池作电源，充电快，寿命长。

七、结束语

用于设施蔬菜标准园作物生长期管理的相关新技术、新设备、新机械，是信息化技术武装传统农机装备的结晶，是运用传感器技术、生物物理技术、自动化技术提升设施蔬菜装备的尝试性推广应用，对于完善和发展现代农业技术体系具有重要意义。生长期管理技术关于灌溉、施肥、植保的其他智能设备，此前已有介绍，不再赘述。关于温室气候自动调节的相关设备，市场上有诸多产品可以选择，在标准园建设过程中，应该做到"抓大不放小"，把设施蔬菜标准园管理环节的角角落落都做到规范化。"细节决定成败"，标准园的发展应是一个循序渐进的过程，要有目的、有计划、有步骤地不断在蔬菜标准园管理过程中研究开发更好、更成熟的技术装备服务"三农"！

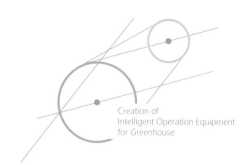

Creation of
Intelligent Operation Equipment
for Greenhouse

设施蔬菜标准园收获后相关技术设备研究应用

设施蔬菜栽培收获后需要完成秸秆的处理及下批次的育苗作业，并为下一轮生产提前做好准备，以便适应设施环境下周年复始的生产方式。由于大面积采用工厂化生产，秸秆等废弃物处理不妥当会引起病虫害发生和交叉感染，影响作物产量和品质。为了阻断病原，同时实现生产过程节能减排、绿色无污染，必须将生产的废弃物有效利用起来，形成生物质资源的循环利用。这种蔬菜标准园低碳循环生产的模式需要配套相关的现代技术设备来处理藤蔓等废弃物，将其变废为宝，生成绿色无污染的有机肥料。穴盘播种是现代设施农业装备另一个的重要方向，要实现从"买种子发展为买苗子"，不仅是思想上的转变，更重要的是产业模式和技术的巨大提升。要实现工厂化商业销售种苗，就必须配备高效的播种设备，既能大幅度提高生产效率又能降低种子的浪费率。收获后要根据土壤养分情况进行施肥，以保证土壤的承载生产能力，因此获取土样进行化验和管理显得非常重要。采用自动化的土壤采集设备和土壤样品管理系统，是标准园科学管理的重要途径之一。

一、设施废弃物处理设备

设施生产中会产生大量的废弃藤蔓、烂果，由于无法及时处理，常常大量堆积在园区内，恶臭熏天，变成滋生病害的温床，成为设施内病害传播的源头。如何有效处理这些废弃物，已成为改善设施生产环境、清洁田园、消除病害传播、改善设施生产环境、消除病害源头急需解决的问题。

藤蔓及设施废弃物处理技术，主要是将田园废弃物与畜禽粪便、作物秸秆粉碎混合，再添加一定的发酵菌剂装袋发酵。上述作业环节都采用机械作业，形成一整套温度废弃物清洁处理及资源化利用的流水生产线。设施废弃物处理设备包括藤蔓切碎机、定量输送机、定量同步菌剂添加机、双轴搅拌机、物料提升机、装袋机等（图1、图2）。经过植物废弃物切碎过程、混料过程、装袋过程和堆料发酵过程等环节，将蔬菜藤蔓及烂叶切碎，然后与畜禽粪便、干秸秆、菌剂按一定比例经过双轴搅拌机均匀混合后装入袋内，经过3周以上的堆包发酵（好氧发酵新技术），使废弃物变成无害化粗肥，再次用于菜田施肥。

　　该系统得到北京市果类蔬菜创新团队的推荐和示范应用，经过在北京密云综合试验站5个月的试验示范，已试生产无害化粗肥8t。成品经北京市土肥工作站检测，达到无害化回田标准。该项技术设备投资小、生产过程操作简便，农民容易掌握。

图1　设施废弃物处理设备　　　　图2　物料提升机和装袋机

二、基于计算机技术的自动化育苗播种成套设备

　　随着设施农业面积逐年增大，专业化、规模化育苗成为发展趋势。传统的农民一家一户育苗方式，由于冬季温室需要持续加温、耗能大，单个温室小面积育苗既浪费能源，又难保证苗期的技术管理；并且农民直接买苗不用担心种子质量问题，种苗比种子更显得直观可靠；同时育苗播种设备日渐完善，农民认识程度逐步提高，从而必将催生育苗的专业化。

　　该成套设备在消化吸收国外先进技术的基础上进行有效的改进和创新，采用操作智能化设计，能准确、高效地将种子播入苗盘中进行培育（图3），对蔬菜和花卉种子进行有效播种，做到自动覆土、浇水一体化操作。采用光电感应，电脑芯片智能化操作，核心部件由可编程控制器PLC控制，做到无盘不播种、苗盘未到准确位置不播种（图4）。系统工作效率为180～360盘/h，漏种率小于3%，系统可播种的种子粒径范围为0.1～5mm，播箱容积为5L。

三、便携式电动土壤采样系统

　　设施果蔬收获后要根据土壤养分情况施肥，以保证土壤中养分适量，根据土地必需的承载生

图3 育苗播种成套设备实物

图4 吸种机构

产能力计算，取土样化验分析，获取土壤养分信息。采用高效的土壤采样装置，快速准确地获得样本量是关键步骤。在实际生产中，大多采用自动化的土壤采集设备和土壤样品管理系统，这是标准园科学管理的重要途径。

该系统（图5）使用自带的大容量蓄电池作动力，可人工手持在田间依靠电机转动采集土壤样品，省时省力，已被广泛应用于设施温室内大面积的多样本土壤取样。系统为便携式设计，采用直流低速大扭矩高性能电机，启动时的大扭矩可有效克服土壤阻力。取土深度最大为600mm，钻头直径为20mm。

a

b

图5 便携式电动土壤采样系统
a.田间作业 b.采样效果

四、土壤样品条码管理系统

土壤样品条码管理系统（图6）包括软件和硬件两部分，可用来对土壤样品从采样、晾晒、粉碎、化验、存放等整个流程进行跟踪管理，广泛应用于实验室、农场、基地等。该系统采用唯一性二维条码作为标识；条码可添加附带信息如采样序号；整个环节可实现无纸化；使用便携式扫码枪无线终端可随时查询样品的经纬度、养分值、采样时间等信息。

系统编码对象包括样品ID、采样类型、试验处理号、重复号和采样日期等。系统使用样品ID

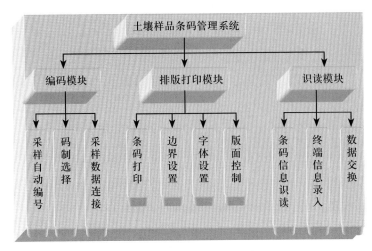

图6 土壤样品条码管理系统结构图

作为唯一性识别信息，码制采用39码；根据土壤样品的特点，设计编码位数为22位。为了让编码直观读取关键信息，采样序号、采样类型、采样日期以文字形式显示在条码上。条码读取采用自带的扫码枪（图7），扫码工作有自动扫描和定时扫描两种模式，土壤样本存放在250mL广口瓶（图8）内。系统设有存放架（图9）用来存放土壤样本，每组存放架包含8个塑料屉，每屉可放置54个广口存放瓶。

图7 扫码枪

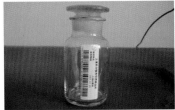

图8 样品存放瓶

图9 样品存放架

五、结束语

设施蔬菜标准园收获后的工作是设施生产的重要延续，在这个承前启后的环节上，要抓住主要矛盾，解决好生产的善后问题，同时为播前做好准备工作。这个环节往往不被重视，相关的设备也比较少，本文涉及小部分技术设备，比较片面，希望能起到抛砖引玉的作用，引起重视，做好这个环节的工作，坚持站好最后一班岗，为蔬菜标准园的每一个生产周期画上圆满的句号。

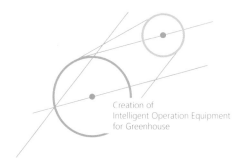

Creation of
Intelligent Operation Equipment
for Greenhouse

现代化园区温室集约化
管理系统装备

近年来，设施农业快速发展，产生了一大批具备现代化技术、产学研一体化的大型和超大型农业生产基地。这些基地具有标准化、流程化、品牌化和规模化的特点，在都市农产品产业供应链上具有重要作用。如何运作这些基地，使得能源消耗、投入产出、节能减排等先进理念融入基地管理中，并将这种模式作为一种系统化的理论研究，国内外很多学者进行了探索。顾寄南（1999）采用"大系统"理论对温室的管理和控制模型方面进行探索，基于系统工程的思路，综合信息化、系统化，以工程技术、社会经济和生态环境等各方面的大系统来看待温室，指出大系统能够运行好、效益高、稳定可靠、优化协调。利用大系统分析、预测、规划、设计中以改善大系统的运行状态，提高运行效益，对于超大温室基地来说是一种科学的方法。顾寄南、毛罕平等（2001）进一步阐释了温室系统综合动态模型，通过建模分析得出，现代温室是具有一定功能、相互间有机联系、由许多要素组成的整体，它存在结构复杂的特征：包括作物、环境的硬子系统，经济软子系统，子系统下还有子系统；目标和功能综合性等。这种描述准确概括了温室系统的特征。李医民等（2002）提出了一种温室系统智能控制方法，指出温室系统是明显具有非线性和时变性、带约束的组合优化问题。以最佳生态位为标准的跟踪反馈控制，并利用遗传算法实现最佳生态系统的模糊控制设计方法，能实现作物对生态环境的整体适应性。这些模型和算法的探索对温室精确控制具有重要意义。李红军（2007）在温室系统中采用优化的模糊控制器，主要用到了遗传算法和BP算法相结合的模糊神经网络。温阳等（2007）运用无线通信技术,应用PTR8000无线收发模块,配合VB和Flash技术组成的上位机系统,建立了具有强大功能、高度智能化、人性化操作平台的监视和控制系统。郑文刚等（2005）推出,自动控制与计算机等数字化信息技术在水的精准控制方面具有重要意义。这些信息化手段的技术探索使得温室精准管理成为现实。

一、系统特点

整个温室基地的环境集中在一个整合平台进行控制,通过子系统实现信息采集、人工经验调节、自动调节、数据分析等功能。菜单包括温室实况、园区气候、果园灌溉、土壤伤情、报警设置、数据分析等功能。

温室当前的数据是通过布置在每个温室的传感器采集的,可分别调控,包括温度、湿度、光照、露点、低温和土壤水分等信息数据的采集、显示和保存。通过温室三维示意图直观地显示传感器设备的布点位置信息。灌溉阀门的安装位置也明显地标示出来,形象直观,易于观察。

自动执行机构和控制程序的设计也考虑实际应用。保温被的卷展控制方式可选择手动控制或自动控制,其中手动方式通过鼠标灵活点击红色启动按钮完成。自动模式下,保温被电机的正反转作业时间可以通过下拉菜单进行设置,例如选择外保温展开程度为50%,系统可算出剩余展开时长,单位为秒（s）。展开时长可以通过设置最大时限起到系统保护作用。展开保温被作业过程中具有一定风险,遇见操作人员被压入等危险情况时,可以通过展开急停开关立即停止。

通风天窗也采用上述的类似控制逻辑进行调节,对开关程度、剩余时长、总时长进行设置和自动控制。采用动态条可以动态显示目前的作业程度,起到直观提醒的作用。视频监控系统屏幕（图1）可便于控制室随时监控每一个温室的视频画面,录制每一个温室的实际情况,并对数据进行备份。园区的气象数据可通过分布在园区温室群中的气象站自动监控,气象数据被发送到控制中心的系统里,在同一平台上对所有数据进行综合运算,有助于根据气候条件灵活调节保温被的展合和天窗的开闭。

通过鼠标可以在系统的三维图上漫游,点击相关的传感器及装备,当前的装备数据就会显示在屏幕上,从而实现在俯瞰整个园区的角度方便地了解不同区域、不同设备运行情况及设备当前的数据。

二、功能拓展

系统开放性的平台可以接纳许多外围的智能设备,如智能通风控制器、无线卷帘控制器、臭

图1 视频监控系统屏幕

氧发生器、二氧化碳补充机、补光灯、环流通风装置等。这些装备在同一个平台上运行有助于构建一个多源数据智能"大系统",实现所有数据的动态分析和决策,提高实用性和准确性。

三、应用

北京农业智能装备技术研究中心在昌平小汤山国家精准农业基地进行该系统的搭建及应用示范(图2)。持续运行多年来,系统性能非常稳定,并通过技术人员的不断努力,系统一直在优化升级。这个系统平台对于整个园区的高效精准管理发挥了巨大作用,所积累的数据对于该系统的持续深入研究提供了很好的参考价值。

图2 小汤山国家精准农业示范基地中控室运行情况

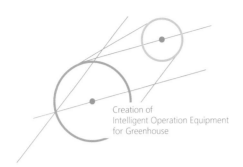

Creation of
Intelligent Operation Equipment
for Greenhouse

蔬菜育苗环境远程监测
物联网系统设计

近年来，物联网传感器技术已经逐步渗透到农业信息化各个领域中。使用传感器获取农作物生长环境数据，通过互联网将数据进行实时的共享和交换成为可能。与此同时，随着移动互联网技术的迅猛发展，智能手机已经相当普及，使用移动设备。随时随地获取农作物生长环境数据能够帮助人们更好地掌控作物生长环境并及时做出决策，减少不利生长环境造成的作物减产或死亡。

蔬菜育苗环境远程监测物联网系统是将传感器技术与物联网技术相结合，并应用于农业生产实践中的产物。蔬菜育苗温室中的空气温度、湿度是极为关键的生长环境信息。本系统集成空气温度、湿度传感器，自动测量温室的空气温度、湿度，通过GSM网络响应智能手机发送的查询请求，并将数据发送给对应的手机，数据最终显示在手机端软件界面上供用户查看。

一、系统设计

蔬菜育苗环境远程监测物联网系统（图1）由温度、湿度采集终端和安卓终端软件两大部分组成，温度、湿度采集终端包括温度、湿度传感器，信息采集模块及GSM信息传输模块（图1）。

系统主要业务流程（图2）：温度和湿度由温度、湿度传感器自动采集，并通过信息采集模块传输给GSM信息传输模块，用户使用安卓终端软件通过单击"获取"按钮即可远程向GSM信息传输模块发送查询指令，GSM模块收到指令后将信息采集模块传输过来的温度和湿度信息打包后远程返回给安卓终端软件，软件对数据进行解析，将温度、湿度信息实时显示到软件用户界面，并记录为一条历史数据。该系统实现了用户随时随地使用手机登录系统监测温室环境的功能。

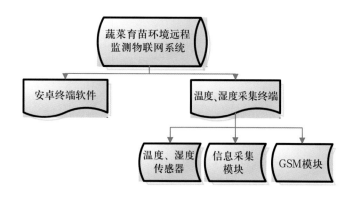

图1 蔬菜育苗环境远程监测物联网系统组成

图2 蔬菜育苗环境远程监测物联网系统业务流程

二、温度、湿度采集终端

温度、湿度采集终端（图3）集成了温度、湿度传感器、信息采集模块和GSM信息传输模块。温度、湿度传感器与信息采集模块通过485总线相连，信息采集模块定时向温度、湿度传感器获取空气温度、湿度的ASCII编码。信息采集模块通过485总线与GSM信息传输模块相连，将温度、湿度ASCII编码传输给对方，最后由GSM模块将ASCII编码通过网络发送给接收端。

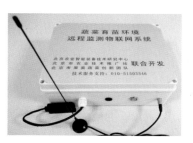

图3 温度、湿度采集终端

三、终端软件

终端软件用来处理GSM模块发送过来的信息。安卓终端软件基于Eclipse平台，使用Java语言开发，可运行于任意安卓系统终端上，比如大家常用的安卓智能手机。

手机软件主界面（图4）左边第一列是温度、湿度采集终端编号，第二列是温度显示栏，第三列是湿度显示栏，第四列是"获取"功能按钮，通过单击可实时查询对应编号的温室温度、湿度。中间上方右侧是号码设置按钮，点击后弹出号码设置界面（图5）。手机号码设置为温度、湿度采集终端内GSM模块的手机卡号码即可。回到主界面点击"获取"按钮，即可查询对应温室内采集终端实时传到手机端的空气温度、湿度数据（图6）。点击主界面的"历史记录"按钮，系统进入历史数据查询界面（图7），点击想要查询的采集终端编号，即可在右侧信息框中看到历史温度、湿度信息。图8是该系统软件流程图。

图4　软件主界面

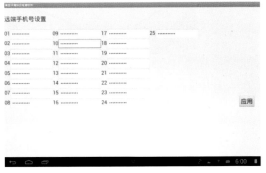

图5　号码设置界面

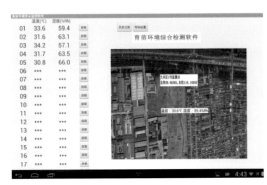

图6　温度、湿度采集界面

图7　历史记录界面

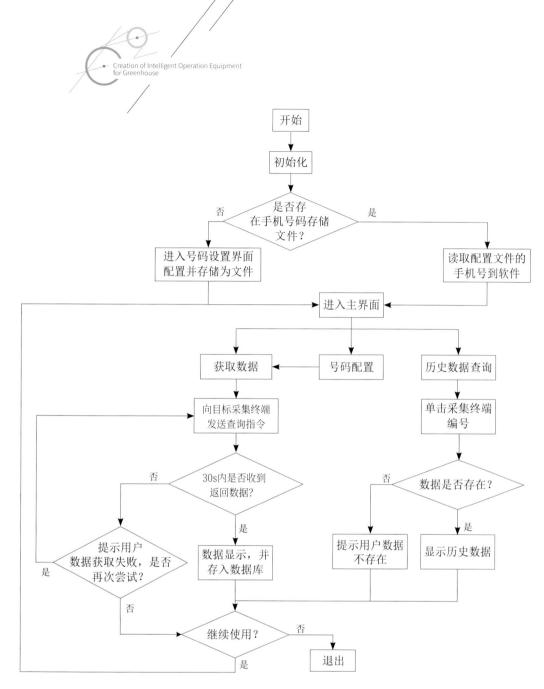

图8 蔬菜育苗环境远程监测物联网系统软件流程图

四、应用

开发的系统经田间实际测试，运行稳定，能随时随地获取温室空气温度、湿度数据。系统在北京房山区的蔬菜育苗温室进行规模化应用，并推广至畜牧业，实时监测家禽生长环境。实际应用表明，系统能较好地满足实际工作的需要，后续将在实践中进步升级和优化。

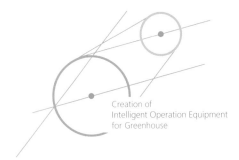

Creation of
Intelligent Operation Equipment
for Greenhouse

开源Web实时传感技术在美国温室的应用现状

    ThingSpeak是一款美国流行的开源Web技术，通过互联网协议对传感器实时数据进行存储，并通过数据驱动曲线或图表来动态显示，也可以通过网页链接在云端下载数据，实现历史数据的调用和恢复。系统有一个扩展性很好的微型主板模块，能通过手机卡的网络、Wi-Fi或蓝牙无线技术方便地连接到互联网上，将温室中的各种传感器注册在网络上，并且可利用第三方平台提供的免费网页创建工具发布这些实时传感的数据曲线。开源Web技术同时还具备社交网络功能，方便不同用户在线进行技术和应用细节的发布和交流。

一、原理

    系统通过兼容性主板传感器连接到当地网络，并将数据通过互联网存到云端，所有的数据运算可以利用Web上免费的工具完成。ThingSpeak在线发布数据，通过网络模块可快速生成网页，该功能通过开源Web形式发布传感器动态数据。用户网页查看的权限有公开、私密和邀请码授权公开3种。该系统技术原理见图1。

Creation of Intelligent Operation Equipment for Greenhouse

图1 开源web实时传感系统原理图

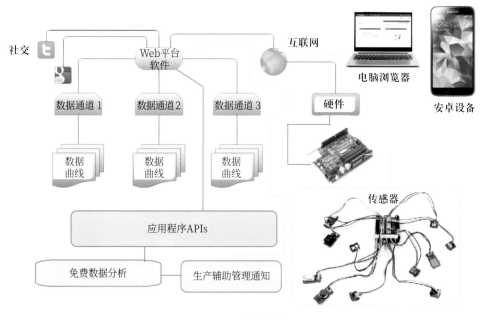

图2 开源web实时传感系统框架

二、系统设计

开源Web实时传感技术分3部分：① 硬件端，包括一个专用的主板，以及扩展板上连接的各种传感器；② 数据端，由ThingSpeak免费提供的工具做的Web页面，以及调用的代码生成的数据分析曲线；③ 用户端，用浏览器登录，输入六位数字授权码查看各种得到授权的传感数据。开源Web实时传感系统框架见图2。

三、美国温室应用该技术的实例

::

美国有部分温室在应用开源Web实时传感技术方面有很多创新尝试。主要的应用除了传统的温室温湿度和光照水分之外，开源Web技术的便捷性和开放性使得更多的传感技术被引入温室生产中。另外，有很大一部分技术应用是个人用户在阳台、家庭花园完成，包括太阳能、气体浓度、加热锅炉和水泵。笔者利用此开源Web系统搭建了一个独立的除草剂监测试验系统，可稳定地获取试验的数据曲线。

很多美国家庭的普通人并不具备专门的电路和软件设计能力，但是依旧尝试搭建并上线运行了该系统，证明开源Web实时传感技术在美国有很好的适应性，易于推广。图3至图12是可借鉴应用界面，按照图例搭建温室传感系统较直观。

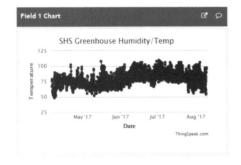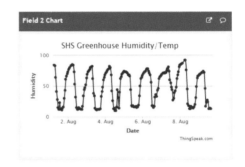

图3 温室温度、湿度的监测实例

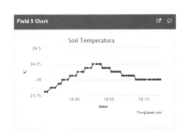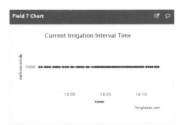

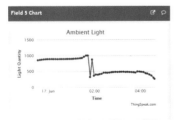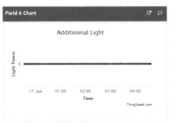

图4 温室土壤的监测实例

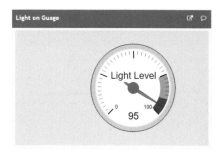

图5 光照的监测实例

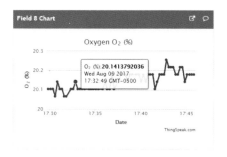

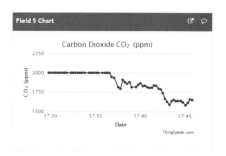

图6 温室二氧化碳和氧气的监测实例

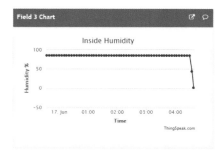

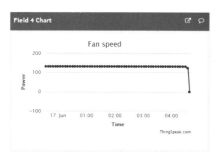

图7 降温风扇转速的监测

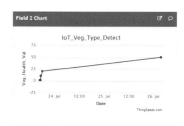

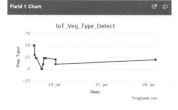

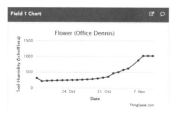

图8 蔬菜长势的监测实例

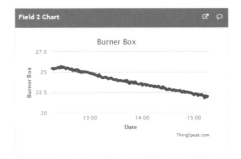
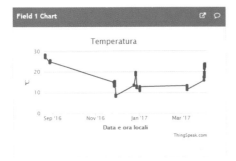
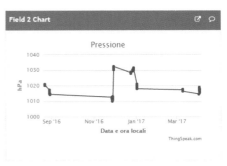

图9 温室加热锅炉的监测实例

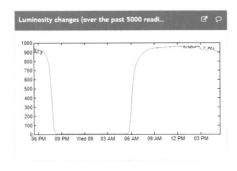
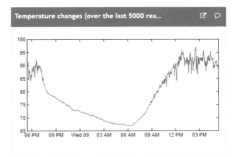
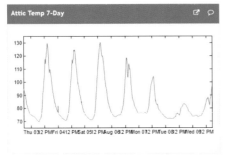
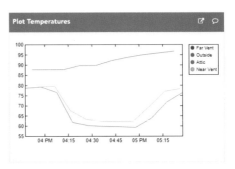

图10 作物生长环境亮度的分析实例

  图解温室智能作业装备创制

Creation of Intelligent Operation Equipment
for Greenhouse

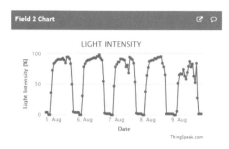

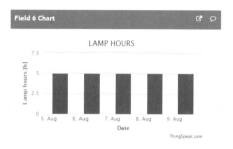

图11　保温被收放时间的监测

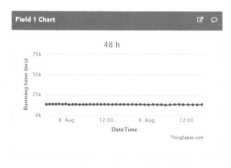

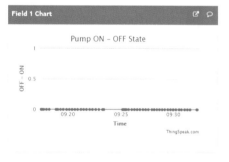

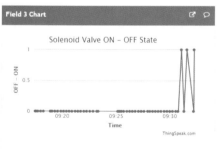

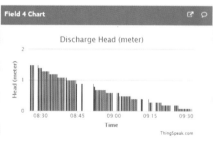

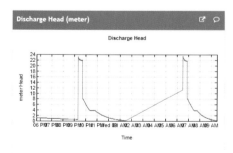

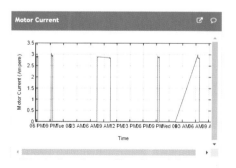

图12　温室水泵运行监测实例

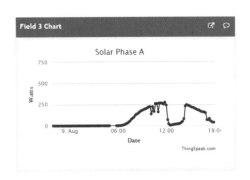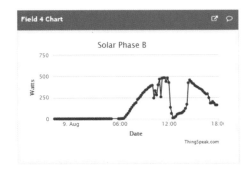

图13 温室太阳能供电系统的监测实例

四、结束语

开源Web技术是成本较低的农业信息化技术。本文所述系统硬件成本不超过1 000元，利用免费的Web工具数小时内即可建立一整套网页版本的实时传感数据系统，可以在任何地区随时登录监管云端的数据，不需要在电脑安装任何软件。国内温室传感技术应用现状缺点非常明显，大多是定制的封闭系统，需要专人维护，成本高昂，国外用户基本无法查看国内温室参数曲线，无法做到通过微信等实时工具进行宣传和展示。长远来看，笔者认为，封闭传感系统是条"死路子"。温室信息全球共享，全方位展示、推广温室管理水平和农产品生产水平是未来发展趋势，对于温室生产而言，开源Web技术是未来温室发展的新趋势。

Postscript
后 记

本书是我十多年来在温室智能作业装备研究和实践中的积累。

最早可追溯到2008年底，我有幸结识了中国温室网的编辑吕艳，当时相商为《农业工程技术·温室园艺》期刊写稿，经商议初步提议定为"温室智能装备系列"，结合我的研究进展定期为杂志写稿，由于此前我未曾有连续为期刊写科技文章的经验，因此对于写哪方面的内容、能写多少，心里都没底。

作为一种尝试和创新，我最终决定坚持去做好这件事情。期间通过编辑部的多方协调，我所在研究团队的出谋划策，以及在北京市农业机械试验鉴定推广站孙贵芹和刘旺等人的协助下，这个系列的文章逐渐进入正轨，并在两年后正式进入黄金期，文章开始和实际研究工作形成互相促进的良性关系，经过近十年的坚持不懈的工作，从2009年2月开始，每个月1篇稿子，到2018年7月，我将这个科技栏目写到了第105篇。

一直有个心愿将该项工作内容整理出版。最早在2015年开始动手整理，期间也有出版社接洽此事，但最终因为个人原因没有成行。2017年在美国做研究期间，偶然看到网上有人销售类似图书，图书的内容全是我近几年发表的文章，此事让我坚定了尽快整理出版自己文稿的决心。

本书的研究工作得到诸多科技项目的资助，包括北京市农业科技项目、果类蔬菜创新团队岗位专家项目、北京市农林科学院创新团队项目和青年基金项目等。本书选取我在《农业工程技术·温室园艺》期刊发表的71篇文章，以及在《中国蔬菜》发表的2篇文章，共计73篇，分为植保、施肥、土壤消毒、精量播种、测控及管理装备五大部分。重点侧重与实际生产密切相关的温室作业装备研究实践，以及精准控制交互系统和一些新方法的尝试。

本书在出版过程中，得到了国家农业信息化工程技术研究中心赵春江院士、农业部规划研究设计院周长吉研究员的诸多指导和建议，以及《农业工程技术·温室园艺》编辑部张瑜编辑为此的联系和沟通，在此表示感谢。

此书修改过程中得到中国农业科学院、中国农业大学等院校老师和朋友的悉心指导，在此一并表示感谢。

马 伟
2018年8月北京

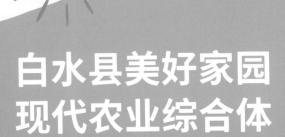

白水县美好家园
现代农业综合体

西部地区规模较大的
北方果树类盆景基地

融合"国粹盆景技艺" + "现代果业综合技术"
生产上配套体系化的
全生产链农业智能化装备

产品涵盖苹果、海棠、杏、桃、山楂五大种属的
设施园艺果树盆景

联系人：张田龙　18220382289　13152363669
地址：陕西省渭南市白水县林皋镇